暖战

THE GLOBAL WARMING WAR

从气候冲突走向气候共同体

刘长松◎著

THE GLOBAL WARMING WAR

图书在版编目（CIP）数据

暖战/刘长松著．—北京：经济管理出版社，2021.8
ISBN 978－7－5096－8214－2

Ⅰ.①暖…　Ⅱ.①刘…　Ⅲ.①气候变化—研究　Ⅳ.①P467

中国版本图书馆 CIP 数据核字(2021)第 165241 号

组稿编辑：郭丽娟
责任编辑：许　艳
责任印制：黄章平
责任校对：董杉珊

出版发行：经济管理出版社
（北京市海淀区北蜂窝 8 号中雅大厦 A 座 11 层　100038）
网　　址：www. E－mp. com. cn
电　　话：(010) 51915602
印　　刷：唐山玺诚印务有限公司
经　　销：新华书店
开　　本：720mm×1000mm/16
印　　张：13.5
字　　数：242 千字
版　　次：2021 年 11 月第 1 版　　2021 年 11 月第 1 次印刷
书　　号：ISBN 978－7－5096－8214－2
定　　价：88.00 元

序

国际社会关于气候变化的认知经历着一个不断深化的过程。最初是对"温室效应"感知的学理探索和观测求证；随后寻求和确认归因，测度和判定人类经济社会发展实践中人为增加温室气体排放的影响；进而展开减缓排放、稳定大气温室气体浓度水平的技术经济分析和法律制度设计，但却发现减排举步维艰而气候变化的影响在加剧、脆弱性在升高，适应任务艰巨。蓦然回首，若隐若现的气候风险恰似灰犀牛就在不远处，气候安全关乎居民生活、关乎经济运行、关乎国家命运、关乎国际秩序、关乎人类未来、关乎生态平衡。

正是人为活动加剧了气候变化，造成一系列气候脆弱性风险，直接表现为因极端天气事件而恶性放大的洪涝旱灾、海平面上升、物种消失、生物多样性锐减，继而引发粮食短缺、生命财产损失、基础设施毁坏、水漫城镇、旱毁乡野；进而催生气候移民和暴力冲突，加剧地缘政治紧张局势。气候安全威胁涉及经济繁荣与发展、民生保障与移民冲突，乃至于战争与和平等多个层面，关乎各国的安全与存亡、人类的生存与发展。

应对气候变化是一场"战争"，确保气候安全是必须坚守的底线。如果说我们应对气候变化旨在确保安全而战胜全球变暖，或战"暖"，那么，这场"战斗"或者说"战争"，不同于零和博弈的地缘政治和国际武装冲突，而是一场要么共赢要么全输的二元选项。国际社会关于气候变化的安全认知在不断深化，但全球气候安全治理却步履艰难、欲进还退。20 世纪 80 年代气候变化纳入国际科学和政治议程。1990 年联合国开始气候变化国际治理的谈判而形成的《联合国气候变化框架公约》，重视原则、羞谈安全、举世关注但只闻雷声、难见雨点。1997 年达成的规定发达国家减限排的《京都议定书》，只是要求进入后工业化阶段的发展饱和经济体在 2010 年相对于 1990 年的基数减少 5%，应该说，相对于世界排放格局和态势，《京都议定书》具有引领价值和象征意义，却在 8 年后才勉强生效，最后，也似乎无果而终。2009 年的《哥本哈根协议》第一次从气候安全的意义上明确了温度升高幅度控制在 2℃ 以内的目标，但"流产"了。然而，国际社会关于气候安全的呼声日渐高涨，防范风险的努力与日俱增。2015年，终于达成了具有保障全球气候安全重大意义的《巴黎协定》，不仅确认了控温不超过2℃的目标，还提出了争取1.5℃的可能；这一次提出的不仅仅是难以落地的温控目标，还是准确无误的行动导向——在2050年后实现净零排放的操作性目标。

尽管美国特朗普政府退出《巴黎协定》，但包括美国在内的世界各国坚守气候安全红线的行动却仍在进行。应该说，减煤去煤，发展零碳可再生能源，推出禁止燃油汽车上市的时间表，提升气候韧性，这些已然成为世界潮流，包括美国在内的各国都在“推波助澜”。当然，目标明确，并不能表明我们能够走多快、走多远。要想走得更快、走得更远，关键还是要进一步深化认知气候风险的毁灭性和气候安全的紧迫性，提升协同治理的水平和能力。气候风险影响国家、地区、全球、人类多个层面，从国内外理论研究与政策实践来看，需要推动建立系统化、综合性的气候安全治理体系才能有效应对。与气候相关的安全风险不仅跨越国界，也涉及多个领域以及多个部门，如经济、政治、军事和环境安全等。将气候安全从理论研究转化为政策实践，需要加强针对气候风险的全面分析，并遵循“恶果—影响—风险”的逻辑链条，科学认知，有效防范，全面应对。世界各国在应对气候相关的安全风险方面面临的挑战仍十分严峻，需要强化协同、协力应对。

气候变化对我国人民生命财产安全造成了重大危害，并对水资源安全、生态安全、粮食安全、能源安全、经济安全、重大工程安全等产生了重大威胁，对国家安全体系的多个要素构成了重大挑战。气候灾害造成的影响往往会引发连锁反应，不仅会造成农作物受灾、人员伤亡等直接经济损失，还会导致基础设施破坏、生产中断等间接经济损失，也会导致社会问题恶化、脱贫后多次返贫、社会不稳定等问题。作为联合国安理会常任理事国和最大的温室气体排放国，在全球应对气候安全问题方面，我国可能会面临更大的减排与出资压力。推进全球应对气候变化进程，我国不仅要积极参与、推动与引导气候安全议题，积极开展应对气候风险的国际合作，同时更要加快推进国内绿色低碳发展转型，加快构建气候适应型社会。

国内外关于气候安全的文献已是汗牛充栋，但全面系统地进行分析论述的专著尚不多见。刘长松博士致力于气候变化研究和政策分析，关注气候安全问题。我欣喜地看到，刘博士撰写的关于全球气候安全问题的专著，梳理了气候安全认知的发展历程，考察了气候安全的概念内涵、相关特征与治理途径，分析探讨了全球气候安全治理的基本思路、目标与基本原则，认为需要加强不同政策工具的协同整合，构建气候风险分级管理政策框架，充分发挥利益相关者的作用，提升气候安全政策的可行性，提升全球恢复力，有效应对气候安全挑战。

需要指出的是，气候安全问题涉及科学认知、伦理道义、地缘政治、国际关系、经济社会等诸多方面，是一个十分复杂、需要学术功力的挑战性选题。作者的分析论述中也有许多地方值得进一步探讨，有些分析论证和结论建议也需要商榷，不尽准确，也可能存误。但作为一种学术探讨和认知深化，这本书的价值无疑是积极的、有益的。

中国社会科学院学部委员、国家气候变化专家委员会委员

2021 年 7 月 1 日于京畿琉璃湖畔

目　录

第一章　冷战结束后气候变化对全球安全的威胁日益受到重视

2019 年 3 月，美国气候安全中心联合创始人兼主任弗朗西斯·费米亚（Francesco Femia）在《国际关系》杂志上撰文指出气候安全问题在后冷战世界秩序中占有重要地位。冷战结束恰逢全球对气候变化风险认识的开始。政府间气候变化专门委员会（IPCC）于 1988 年成立，柏林墙于 1989 年倒塌。1988 年 6 月，世界气候变化大会的主题是：气候变化对全球安全的影响。会议对气候变化问题提出了严肃警告，明确提出气候变化对国际安全构成了重大威胁，并在全球许多地方产生了不利后果。1988 年联合国大会关于“为今世后代保护全球气候”的第 43/53 号决议对此进行警告并采取了后续行动，指出如果不在各个层面及时采取措施，气候变化可能对人类造成灾难性影响，决议提出建立 IPCC，以共同应对气候变化威胁。1989 年的地缘政治变化转移了国际社会对气候变化问题的关注。柏林墙倒塌后，国际安全环境迅速变化，转移了对气候变化等长期非传统威胁的关注。由于全球地缘政治格局巨变，尽管全球层面先后制定了《联合国气候变化框架公约》《京都议定书》等全球协议，但 1988 年针对气候变化的预警并未得到充分解决。2015 年达成《巴黎协议》，各国自愿采取措施遏制气候变化造成的日益严峻的国际安全风险，但近年来相关行动已经放缓。国际社会应对气候变化的行动无法跟上气候安全风险的范围和规模，推进应对气候安全的议程受制于几个因素：在地缘政治格局中气候风险与其他风险问题之间存在竞争；民主国家的短期选举周期导致长期决策变得困难；强大的利益集团反对减缓气候变化的政策行动；各国公共领域对气候问题理解与认识不足。由于各国在气候风险承受能力方面存在差异，特别是富国和穷国之间存在较大差异，许多国家推迟了艰难的气候政策决策，希望依靠技术突破来防止未来的气候变化灾难。冷战结束后世界的政治动荡和地区冲突在许多方面都超出预期，气候变化等更广泛和不显著的全球风险将未能成为国际优先事项。近年来，针对气候变化和地区冲突以及政治不稳定之间关联性的认识在逐步上升。越来越多的研究将气候变化、自然资源压力与社会、经济和政治动荡等联系起来。气候安全不再只是理论上的认识，也表现为各国应对气候变化行动的强化和联合国安理会的积极介入。

第一节 冷战结束后非传统安全问题日益凸显

冷战结束后，国际安全形势出现了新变化，军事威胁对国际安全的威胁进一步降低，气候变化等非传统安全问题的威胁明显增强。自然灾害、恐怖袭击、金融危机、走私贩毒等日益成为影响国家、地区乃至世界安全的重要因素①。随着国际环境和安全威胁发生重大变化，从传统安全到非传统安全，从维持和平到建设和平，一方面反映了国际环境和安全威胁形势的重大变化，国际社会对安全内涵的认识在不断深化，另一方面也体现了联合国对和平与安全问题的最新认识②。由于气候变化与维护和平、建设和平之间密切相关，联合国积极推动气候变化等非传统安全问题治理，并将其纳入国际议程，推动形成国际共识。1994年，联合国开发计划署的《人类发展报告》指出，人类安全包括经济安全、粮食安全、健康安全、环境安全、个人安全、共同体安全和政治安全等方面。2000年，《卜拉希米报告》提出和平行动包括预防冲突与促进和平、维持和平、建设和平三项重要活动。和平行动本质上是安全治理，涵盖传统安全和非传统安全问题。2005 年，联合国秘书长报告提出，21 世纪应当扩大安全的概念内涵，把环境退化等问题列为国际社会面临的新型安全威胁。2009 年，联合国大会形成第 63/281 号决议，要求秘书长向联大第 64 届会议提交一份全面报告，以全面阐释气候变化可能对安全产生的影响。根据联大决议形成的《气候变化和它可能对安全产生的影响》秘书长报告，集中反映了国际社会针对气候安全的最新认知，报告指出气候变化通过以下五个方面对国际安全构成威胁：一是受气候变化的影响最脆弱社区的福祉会受到威胁；二是因气候变化影响与经济发展停滞而导致的不稳定状态；三是气候变化应对措施不成功导致冲突风险增加；四是受气候变化影响一些主权国家可能会失去存续能力；五是受气候变化影响国家之间的自然资源竞争与领土争端加剧。因此，世界各国需同时关注解决传统安全问题和气候变化

---

① 龚丽娜．联合国和平行动与中国非传统安全［M］//非传统安全蓝皮书——中国非传统安全研究报告（2016－2017）．北京：社会科学文献出版社，2017：76.

② 刘倩，范文佳，张文诺，等．全球气候公共物品供给的融资机制与中国角色［J］．中国人口·资源与环境，2018，28（4）：8－16.

等非传统安全问题。

第二节 国际安全形势变化与安全内涵的拓展

冷战结束对国际社会的安全议题产生了重大影响，两大集团军事对抗的终结和新的世界大战爆发的风险降低使传统的安全治理模式受到挑战。随着国际安全形势的变化，安全的内涵与范畴也发生了较大变化。20 世纪 70 年代以来，国际安全开始逐步取代原来的国家安全概念，当今世界面临的安全威胁是国际性的，已经超越了国家安全威胁的界限。总体来看，传统的国家安全观已过时了，安全概念要进一步拓展，自然灾害与生态环境恶化也是构成安全威胁的重要因素。当今世界需要更加注重可持续安全，国家安全理念向现代、整体、集体的可持续安全观转变，不仅关注政治和军事安全，也关注社会、经济与生态安全，不仅关注国家安全，还要关注个体安全。巴里·布赞（Barry Buzan）认为，不仅是国家面临安全威胁，社会和个人也面临安全威胁，安全威胁不只是来自军事政治，经济、社会与环境问题同等重要。美国哈佛大学学者撒捷夫·卡哥拉姆（Sanjeev Khagram）、威廉·克拉克（William Clark）和达纳·费亚斯·拉德（Dana Firas Raad）强调，可持续安全对人类社会的集体安全具有重要意义，包括环境安全、人类安全、国家安全等。卢比·格罗珀斯（Ruby Gropas）认为，安全不应局限在保护国土边界和军事存在，而应关注人的安全，包括经济安全、收入安全、健康安全、食品安全、个人安全、群体安全、环境安全和远离犯罪与恐怖主义。英国牛津大学牛津研究小组（Oxford Research Group）研究员克里斯·阿博特（Chris Abbot）、保罗·罗杰斯（Paul Rogers）和约翰·斯罗波达（John Sloboda）提出，可持续安全主要面临四种相互关联的威胁，即气候变化、资源竞争、世界大部分地区的边缘化和全球军事化。彼得·海耶斯（Peter Hayes）强调生态安全的重要性，指出人类社会的最重要成就是保护子孙后代赖以生存的生态基础，长远来看，国家安全政策必须以生态安全作为根本①，提升生态认知水平对促进国际合作具有重要意义。英国学者肯·布思（Ken Booth）指出，后冷战时代安全内涵的拓展是必然的，安全范围应摆脱军事技术对人的控制，通过多层次、多领域的合作才能解决。乔治·福斯特（Gregory D. Foster）和路易斯·威斯（Louise

① 杨文博．环境变化视域下可持续安全观念建构研究［D］．辽宁大学，2017.

B. Wise）提出，不断深化的环境关切迫使美国外交战略与安全战略做出三个改变：一是从只关注国家安全向国际安全转变，二是承担符合其超级大国身份的全球领导责任，三是更加关注引起危机的不确定原因和预防措施。可持续安全作为寻求解决可持续发展根本问题的安全概念，对国际气候安全治理具有重要的推动作用。

第三节　气候变化引发的安全风险正成为现实

IPCC 评估报告确认了全球变暖的趋势，气候灾害和由此导致的地区冲突对人类社会发展造成灾难性影响，对国际和平与安全构成重大威胁。这主要表现为：气候变化导致洪涝干旱、海平面上升等日趋严重，对经济社会发展造成的负面影响日益严重，加剧了粮食供给、局部武装冲突、资源竞争等问题，北极冰川加速融化正在形成新的地缘政治格局。海平面持续上升，增加了低洼国家和沿海地区的风暴潮和水资源不安全状况，太平洋小岛屿国家面临生存威胁。区域安全和全球安全形势恶化，气候灾害引发的安全问题与人道主义危机日趋严重，2007～2010 年导致叙利亚政治动荡，近 200 万名农民和牧民流离失所。气候变化与社会经济和政治不稳定之间紧密相关，显著增加了种族分化国家发生冲突的可能性。全球气候灾害类型和区域分布不均衡，也加剧了各国应对气候灾害的难度。安理会作为世界应对和平与安全问题的重要机构，如何应对新形势下世界各国面临的气候风险与气候安全问题，维护世界和平与安全就成为其新的历史使命。联合国安理会积极推动解决气候安全问题，突出说明了全球气候安全形势的严峻性、紧迫性与极端重要性。自 2007 年以来，安理会先后针对气候安全问题举行了 5 次辩论，推动达成国际共识，为解决全球气候安全和气候风险问题注入了新动力。针对气候变化给国际社会造成的安全威胁，越来越多的国家从安全视角来认识和解决气候变化问题。

第四节　应对气候安全需更新国际集体安全机制

气候变化作为国际社会的重要议题，《联合国气候变化框架公约》《京都议定书》《巴黎协定》是全球气候治理的重要文件，为国际社会应对气候安全问题提供了重要的战略指引。气候变化是全球性问题，但各个国家受到的气候影响却存在较大差异。气候变化的全球性决定了只有在国际层面加强合作，才能有效应对气候安全威胁，但受气候影响的差异性导致各国倾向于采取自利性的气候政策，难以开展集体行动，各自为政的应对方式难以形成政策合力，进而加剧全球气候变化。因此，全球有必要在气候变化问题上采取集体安全化应对行动，这意味着世界各国要在气候安全问题上达成共识。全球气候治理中，国际社会一直通过《联合国气候变化框架公约》等相关谈判来推动达成共识，但受各国气候变化政策以及国家政治、经济、战略利益考量等因素影响，达成共识十分困难。鉴于联合国在安全领域采取了集体安全机制，可以通过探索发挥这种机制的作用促使应对气候变化实现集体安全化。集体安全的合作应对机制源自集体安全概念，当代安全观已从集体安全发展到综合安全、共同安全以及合作安全，在实践中集体安全机制仍然强调确保各成员国不受他国的入侵。当安全的内涵已经包括非军事因素的时候，集体安全机制要应对的就不只是军事上的行动，应该适当地将某些非军事问题纳入集体安全的管控范围之中。当然，需要纳入的非军事问题应该满足一定的前提条件，即只有通过采取集体行动才能处理的问题，并确保不是所有问题都需要通过集体安全机制才能解决，避免出现过度的集体安全化。当集体安全机制管控范围得到拓展后，针对部分国家出尔反尔的违约行为，其他成员国可以通过集体采用非军事手段来限制该国恣意改变政策，以提高全球治理效率[①]。联合国的集体安全机制可以解决全球气候安全问题，通过集体行动应对气候变化以及其引发的安全问题，属于联合国安理会的职责与使命，根据《联合国宪章》，安理会负有维护国际和平与安全的首要责任，因此，应充分发挥安理会在气候安全治理方面的作用，作为《联合国气候变化框架公约》的有益补充，有利于发挥联合国系统的整体协调作用，推动各国有效应对气候变化。

① 刘青尧．从气候变化到气候安全：国家的安全化行为研究［J］．国际安全研究，2018，36（6）：130－151.

第二章　气候安全问题的发展历程

20 世纪 80 年代以来，气候变化问题开始出现在国际科学与政治议程上。1988 年，美国气候科学家詹姆斯·汉森教授发表了著名言论：气候变化是确定无疑的，需要着手推进议程，研究气候变化、国家安全和环境恶化之间的关联性。同年，联合国环境规划署（UNEP）及世界气象组织（WMO）牵头成立了政府间气候变化委员会（IPCC），积极推动气候变化科学评估工作。所谓气候安全，按照《联合国气候变化框架公约》，是将大气中温室气体的浓度稳定在防止气候系统受到危险的人为干扰的水平上。这一水平应当在足以使生态系统能够自然地适应气候变化、确保粮食生产免受威胁并使经济发展能够可持续地进行的时间范围内实现。发达国家率先对气候安全问题进行深入研究，并将应对气候变化纳入国家安全战略，积极推动将气候安全治理纳入国际议程。受气候变化不利影响较严重的广大发展中国家，对气候安全问题感同身受。气候变化使小岛国和发展中国家成为世界上最脆弱的群体，因海平面上升威胁其生存，小岛国在联合国气候安全问题辩论会议上强烈要求安理会对此做出有力反应。非洲联盟等也要求积极应对气候变化带来的安全风险。

第一节　IPCC 评估报告为气候安全问题奠定了科学基础

IPCC 的历次科学评估报告均确认了全球变暖的趋势，气候变化对人类社会和生态系统产生了广泛而深入的影响，为国际社会制定与采取应对气候变化的政策与行动奠定了科学基础。气候变化科学评估结论表明气候安全形势日益严峻。2012 年，IPCC 发布《管理极端气候事件和灾害风险：推进气候变化适应》特别报告，强调极端气候和灾害事件给经济社会发展造成的经济损失日益加重。据估计，1980～2010 年，每年自然灾害造成的损失从几十亿美元到 2000 亿美元，其中 2005 年卡特里娜飓风最为严重。气候变化对发展中国家造成的经济损失较高。1970～2010 年，小岛国自然灾害造成的损失占 GDP 的比重平均为 1%，最高达 8%。1970～2008 年，发展中国家超过 95% 的死亡源于自然灾害。报告强调要深化对气候风险的理解，不断完善气候风险管理方法和解决方案①。2014 年，IPCC 第五次评估报告明确指出②，如果全球平均温度上升超过 2℃，人类社会将面临巨大的气候风险，超过 4℃将会造成大量物种灭绝、生态系统崩溃，进而对人类社会造成严重损害。2018 年，IPCC《全球 1.5℃增暖特别报告》指出，自工业化以来全球升温大约 1℃③，按目前的温度上升速度，预计 2030～2052 年温度上升将达到 1.5℃。将全球平均温度上升控制在 2℃以内并不能避免气候变化带来的最坏影响，限制在 1.5℃以内可大大减少对生态系统、人类健康和社会福祉产生的不利影响。联合国减少灾害风险办公室的数据显示，2018 年全球所有地区都受到极端天气的不利影响，共有 6170 万人受到洪水、干旱、风暴和野火等影响，造成 10373 人死亡。整体上，气候变化将导致世界生物多样性显著减少，造成洪涝干旱、飓风等极端恶劣天气，导致全球粮食减产、海平面上升等一系列严重后果，对资源、生态、经济、粮食、能源、社会、军事、政治等多个方面构成重大威胁，关系到全球安全和国家安全。随着时间推移，全球气候安全威胁将与日俱增，为使人类社会免于遭受气候灾难威胁，需要各国采取集体行动提高减排力度，主动适应气候风险，提升可持续发展水平。

随着气候变化的影响逐步显现，脆弱地区将面临严重的粮食短缺、干旱、洪灾等问题，造成政治不稳定与能源粮食危机，甚至会破坏整个地区稳定，助长恐怖主义活动并引发武装冲突。与此同时，生态环境恶化也会加剧这一进程，脆弱国家无力应对气候变化而遭受经济损失与安全影响。气候变化对安全产生的影响主要包括：边界冲突、气候难民、能源供应、社会压力、人道主义危机。IPCC 将气候安全威胁明确界定为资源安全、生态系统、经济社会、军事政治等威胁，这几个因素共同作用，产生一系列严重后果，海平面上升威胁到部分国家的安全与可持续发展，水资源严重短缺造成粮食产量急剧下降，沿海地区洪灾频发、珊瑚白化和海洋酸化导致全球渔场衰退，生态环境与气候变化问题相互交织、相互作用，进而导致人口大规模迁移、国内冲突爆发，冲击人们的意识形态，危及区

---

① IPCC. 管理极端事件和灾害风险，提升气候变化适应能力》报告［EB/OL］. http://www.ceode.cas.cn/qysm/ghzl/201204/t20120413_3555344.html.

② IPCC. Climate Change 2014: Synthesis Report. Contribution of Working Groups I, II and III to the Fifth Assessment Report of the Intergovernmental Panel on Climate Change［R］. Geneva, 2014.

③ IPCC. Special Report on Global Warming of 1.5℃［R］. Geneva, 2018.

域和平与稳定，欠发达地区与脆弱国家所受影响最大。

第二节　发达国家率先在国家战略中提出气候安全问题

气候变化作为非传统安全领域的重要问题，导致人类社会赖以生存的自然环境以及全球生态系统发生变化，进而对各国经济、能源、国家安全等产生系统性影响。极端气候事件和气候灾害对人们生计带来不利影响、加剧贫困问题，加剧脆弱国家地区面临的暴力冲突。发达国家率先对气候安全问题进行深入研究，并将应对气候变化问题纳入国家安全战略，积极推动将其纳入国际安全问题议程[①]。从全球层面看，气候变化是全球生态安全形势恶化的重要驱动因素[②]，气候变化与生态安全、国家安全密切相关，受到国际社会高度关注。小岛屿国家较早认识到气候变化产生的安全威胁，20 世纪 80 年代，一些小岛屿国家就开始注意到气候变化对其国家生存的影响。进入 21 世纪以来，发达国家率先关注气候安全问题，深入研究气候变化与安全问题之间的相互关系，推动形成了气候安全分析框架。2004 年，美国国防部委托全球商业网络咨询公司（Global Business Network）研究发布了《气候突变的情景对美国国家安全的意义》报告[③]，在世界范围内引发了广泛关注。2006 年，英国牛津研究小组发布了《一个不确定的未来：法律执行、国家安全和气候变化》研究报告，重点分析气候变化对安全造成的影响，指出气候变化导致国内动荡、族群间暴力和国际冲突三大安全威胁，并强调应对气候变化要从反应战略转向预防战略。2006 年，小布什政府在《国家安全战略》中提出，环境问题对国家安全和国际安全构成挑战，是很重要的非传统安全问题。洪水、飓风、地震或海啸等，超出了地方政府的应对能力，甚至给国家军队带来过重负担，如果不能妥善处理，就会威胁到国家安全。2007 年，美国外交关系理事会发布了一项行动议程，明确将气候变化列为安全威胁，并为

---

① 刘长松，徐华清．对气候安全问题的初步分析与政策建议［J］．宏观经济管理，2018（2）：49－55.

② 当前全球面临的主要生态安全问题包括：①全球气候变化；②臭氧层耗损与破坏；③生物多样性减少；④酸雨蔓延；⑤城市热岛效应；⑥森林锐减；⑦草地退化；⑧湿地减少；⑨土地荒漠化；⑩水土流失；⑪重金属污染；⑫持久性有机污染物污染；⑬土壤污染；⑭垃圾泛滥和固体废物污染；⑮大气污染；⑯水污染；⑰噪声污染；⑱辐射污染。

③ 该报告作者 Peter Schwartz 是美国防部军事顾问，报告引起强烈反响后，五角大楼发言人出来澄清，指出这份由科学家和军事顾问完成的报告，不代表国防部官方立场。GBN 咨询公司在业内非常知名，早在 1995 年就曾对世界贸易中心是否会遭受飞机撞击进行研究。

降低气候脆弱性提供了经济可行的政策选择。德国全球变化咨询委员会发布《气候变化：安全风险》报告，提出了气候变化引发冲突的作用机制：一是气候变化导致淡水资源减少造成冲突；二是气候变化导致粮食减产引发冲突；三是气候变化带来的风暴和洪涝灾害引发冲突；四是气候变化导致生态环境恶化引发移民冲突。其明确提出气候变化产生的六大国际安全威胁：一是气候变化可能导致世界上脆弱国家数量增加，而这些国家往往难以有效管理本国事务，武力的滥用引发地区冲突；二是气候变化加大全球经济发展的风险；三是气候变化加大国际气候变化的主要责任者和受害者之间的分配性冲突；四是气候变化加大了发达国家作为全球治理角色合法性下降的风险；五是气候变化引发并加剧气候移民；六是气候变化导致传统的安全政策效果受限。2008 年，美国国家情报委员会发布《国家安全与气候变化威胁》报告，强调气候变化从三个方面对美国国家安全构成威胁：首先，气候变化导致的环境变化，比如极端气候事件、洪涝灾害、海平面上升、冰川消融、生物栖息地改变及威胁生命疾病的快速传播等改变了人类维护自身安全的方式；其次，气候变化导致并加剧了其他区域的不稳定，使美国可能更多地卷入地区冲突；最后，气候变化引起的国际移民潮和难民潮可能会威胁到美国的国内稳定[①]。2008 年，英国前首相托尼·布莱尔提出，气候安全是国际安全的核心，为保证全球温度上升不超过 2℃，2050 年世界人均年排放量应控制在 2 吨。澳大利亚《国家安全报告》明确指出，气候变化威胁和其他传统威胁一样，给澳大利亚国家安全带来威胁。美国奥巴马政府在《国家安全战略》中明确指出，气候变化是真实、紧迫和严重的风险，它威胁到地区安全以及美国人民的健康和人身安全。气候变化具有紧迫性且事关国家安全。美国军方通过评估气候变化对国家安全的影响得出，全球气候变化是 21 世纪最难解决也是最棘手的问题。气候变化本身不会引发战争，但是它会加剧社会不稳定因素，成为战争冲突的催化剂和放大器。2011 年，美国参议院在针对预防亚洲水资源战争的报告中提出了气候安全风险分析框架，将气候变化对安全的影响过程分为气候影响、气候效应和气候威胁三个阶段，然后从气候变化的自然生态影响、潜在的社会政治影响、安全稳定的潜在威胁和脆弱性等层面进行递进分析，如图 2－1 所示。该报告全面总结了气候变化影响安全的路径与机制，与 IPCC 第五次评估报告的相关结论基本相符。总体来说，气候变化对人类赖以生存的生态环境产生系统性影响，并与经济、能源、政治、军事等问题紧密相连，对国家安全和国际安全构成

① 王志芳. 中国建设“一带一路”面临的气候安全风险［J］. 国际政治研究，2015，36（4）：56－72.

严重威胁，作为重要的全球性非传统安全问题得到了国际社会的高度关注。

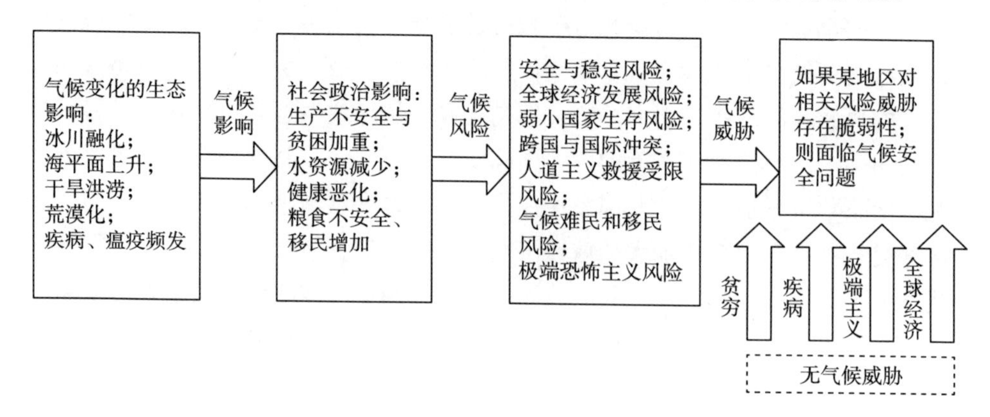

图2-1　气候变化对安全影响的路径和机制

改编自：US Senate. Avoiding Water Wars：Water Scarcity and Central Asia's Growing Importance for Stability in Afghanistan and Pakistan［EB/OL］.［2011-02-22］. http：//www. gpo. gov/fdsys/pkg/CPRT-112SPRT64141/pdf/CPRT-112SPRT64141.

在发达国家的积极推动下，联合国等国际组织积极关注全球气候安全问题，通过召开相关会议和论坛推动国际社会达成共识。2007年，联合国安理会首次就气候变化与安全问题进行辩论，标志着气候变化被纳入全球安全问题议程。小岛屿国家联盟和太平洋岛国论坛成员国等在联合国大会呼吁安理会通过一项决议，将气候变化对小岛屿国家的生存影响作为重要的安全关切。2008年，欧盟理事会发布《气候变化与国际安全》报告，强调气候变化是国际安全威胁的“放大器”，气候变化对国际安全造成的威胁主要包括：资源竞争导致冲突、沿海城市和重大基础设施破坏造成经济损失、领土丧失导致疆域争端、环境恶化导致移民、国家生存能力下降、能源供应紧张带来的冲突和国际治理压力等。2009年，潘基文秘书长向联合国大会提交了报告——《气候变化和它可能对安全产生的影响》（A/64/350）。报告指出，气候变化引发非自愿人口迁移、资源竞争并加重部分国家的治理负担，这些均可能诱发局部冲突或导致紧张局势升级，甚至会形成资源战最终蔓延到全世界。欧盟代表在联合国大会发言时指出，欧盟将气候变化视为普遍性的威胁，它将在全球各区域造成新的安全威胁和动态风险，使围绕稀有资源或即将耗尽资源的竞争冲突变得更加激烈①。2011年，联合国安理

① 欧盟代表在联合国第63届大会第85次全体会议上的发言，参见联合国第63届大会第85次全体会议记录，A/63/PV. RS。

会再次就“维护国际和平与安全：气候变化的影响”进行辩论，并发布了主席声明。2014 年，联合国政府间气候变化专门委员会第五次评估报告首次设置专门章节评估气候变化对人类安全的影响。

总体来看，由于受气候变化的影响与应对能力存在差异，各国对气候安全问题的认知存在差异。相对于新兴发展中大国来说，发展中国家尤其是小岛屿发展中国家和非洲国家在面临气候变化时具有更大的脆弱性，因此，它们关于气候变化的利益需求与新兴发展中大国存在很大差异。尽管如此，发达国家已经率先行动，识别气候安全问题并制定应对方案。发达国家整体上支持气候安全问题以及小岛国的立场，随着气候安全问题凸显，迫切需要世界各国加强合作、协调一致，以有效应对气候安全威胁①。

第三节　发展中国家对气候安全问题的认识不断深化

发展中国家受气候变化的不利影响较深，对气候安全问题感同身受。尤其是对小岛国来说，气候变化是对和平与安全的真实威胁，威胁到它们的国家主权和领土完整，因而属于安理会的传统授权范围。联合国常务副秘书长阿米娜·穆罕默德指出，气候变化是实实在在的威胁，气候风险对国际集体安全构成挑战，需要采取重大行动。联合国环境规划署执行主任阿齐姆·施泰纳表示，气候变化加剧区域水资源匮乏和土地资源争夺，成为引发达尔富尔、中非共和国、肯尼亚北部和乍得湖地区等局部冲突的关键因素。2019 年 6 月 4 日，瑙鲁总统在柏林气候变化安全会议上发言，明确表达了脆弱国家对气候安全问题的认知，对于太平洋小岛国来说，气候变化带来了生存威胁，脆弱国家受到了气候风险的严重影响。全球范围内最脆弱的国家与人群承受了最大的气候风险与负担。即便如此，当 2008 年太平洋地区国家向联合国大会提出这个问题时，一些国家将我们赶出了会议室。

气候变化使小岛国和发展中国家成为世界上最脆弱的群体，由于海平面上升威胁其生存，小岛国在安理会举行的气候安全问题辩论会议上强烈要求安理会对此做出有力反应。第一次辩论，瑙鲁代表太平洋小岛屿国家指出气候变化对其造

① IISD，Human Security and Climate Change，Thematic Expert for Climate Change and Sustainable Energy (US)［EB/OL］.［2015－01－27］. http：//sdg. iisd. org/commentary/policy－briefs/human－security－and－climate－change/.

成危险，迫使大量人口迁移，安理会是维护国家领土完整与安全的重要机构，希望安理会做出积极贡献。第二次辩论，瑙鲁代表小岛国再次强调其面临的生存挑战，要求安理会正式承认气候变化对国际和平与安全构成威胁，将气候变化视为与核扩散或恐怖主义同等的威胁，并任命一位气候和安全问题特别代表，评估联合国应对气候安全影响的能力。第三次辩论瑙鲁代表小岛国强调尽管国际社会通过气候谈判达成了《巴黎协定》，但气候变化并没有放缓，指出在我们有生之年，气候不会回归正常，呼吁任命负责气候与安全问题的秘书长特别代表，在气候变化造成的安全影响问题上促进区域和跨界合作，参与预防性外交和支持冲突后局势。特立尼达和多巴哥代表加勒比共同体（加共体）14 个成员国发言，强调气候变化问题会加剧所有人面临的安全风险，小岛屿发展中国家面临的风险更大。伊拉克指出，安理会审议气候安全风险是国际社会应对气候变化迈出的重要一步，也是减轻气候风险、避免潜在冲突的预防措施。哈萨克斯坦表示，要通过气候外交认清气候变化相关的安全威胁，它是联合国预防冲突的重要部分。科威特指出，气候变化危及某些国家的安全，引发人道主义灾难，安理会是联合国减轻气候变化影响及安全风险所作努力的重要组成部分。

气候变化带来的不利影响是非洲国家局部冲突的重要起因，因此非洲国家要求安理会采取积极行动来预防冲突。第一次辩论，加纳、纳米比亚等国表示非洲大陆广大地区遭受的气候变化威胁日益严峻。干旱与洪水加重，导致粮食短缺、传染病蔓延，大规模流离失所以及社会不稳定等新安全问题。第二次辩论，肯尼亚提出气候变化不仅影响到自身国家安全，也影响到所在地区的和平与稳定。苏丹、美国确认气候变化导致的旱灾和荒漠化是达尔富尔冲突的基本起因之一，安理会要承担起应对新威胁的责任。第三次辩论，埃塞俄比亚表示，根据《联合国宪章》安理会有责任分析冲突和安全影响，采取措施来管控气候变化引发的安全风险和冲突。苏丹表示，武装冲突和国际恐怖主义活动不再是对国际和平与安全的唯一主要威胁，气候变化加剧政治和武装冲突，对国际与区域的和平与安全产生明显的影响。各方必须协调一致，积极预防冲突。

非洲联盟积极应对气候变化带来的安全风险。2019 年 8 月 6 日，非洲联盟和平与安全理事会（PSC）举行第 864 次会议（该组织是关于冲突预防、管理和应对的决策实体），主题为非洲大陆自然灾害和其他灾害：超越规范性框架。PSC 强调，气候变化带来安全影响是各成员国面临的一个重要问题，气候变化影响基础设施和获取重要资源，造成最脆弱的群体流离失所并加剧社区之间现有的紧张局势，并呼吁其成员国加强适应措施，以提升各国应对气候变化的复原力。津巴布韦常驻联合国代表大使担任 PSC 主席，政治事务部主任、非盟委员会和平行动司司长和世界气象组织（WMO）非洲区域办事处主任、非盟各成员国、区域经济共同体和预防冲突、管理和解决方案区域机制（RECs/RMs）以及合作伙伴和国际组织代表等都作了发言。理事会回顾了《关于建立非洲联盟和平与安全理事会的议定书》第 6（f）条款，其中规定理事会的职能之一是人道主义行动和灾害管理，理事会还回顾了该议定书第 7（p）条款，授权理事会支持和促进针对重大自然灾害情况下的武装冲突采取人道主义行动。理事会回顾了非洲联盟关于气候变化的所有大会决定，表示支持受气候变化不利影响的各国政府和人民，强调必须解决自然灾害造成的不利后果，以及引发的基础设施破坏和人口流离失所等问题。理事会强调会员国和合作伙伴需要将重点放在适应措施上，以便在受气候变化影响的社区中建立抵御能力。理事会强调，自然灾害和气候变化会加剧社区之间现有的紧张局势，威胁重要资源的供应和获取，并且最脆弱群体受到的影响最大。理事会强调会员国需要加强措施，以应对气候变化、环境退化和自然灾害的影响，特别是在受冲突影响的国家。理事会敦促各国加倍努力，按照 2020 年非洲“让枪支沉默”宣言的相关要求预防、管理和解决冲突。呼吁各会员国加速综合执行与减缓气候变化影响有关的现有国际和区域承诺及协定，包括《巴黎协定》《关于消耗臭氧层物质的蒙特利尔议定书》《2015—2030 年仙台减少灾害风险框架》，以防止出现新的灾害风险，并确定了减少现有灾害风险的四个优先行动领域：了解灾害风险；加强灾害风险管理；投资减灾以提高抵御能力；加强备灾工作，以便在恢复和重建方面有效应对，实现更好的重建。理事会强调各会员国要建立有效的自然灾害预警通报机制，设立 24 小时运行的指挥中心，密切监测并及时发布自然灾害预警信息，进一步加强国家灾害风险防范和应对能力。在国家、区域以及非洲大陆等不同层面加强协调，共同应对非洲自然灾害，确保应对气候变化可持续的资金投入，部分国家已建立了特别制度。

第三章 气候安全问题的内涵、影响及挑战

20 世纪 80 年代以来，气候变化逐步成为全球重要的国际政治问题，气候变化科学的发展为国际社会应对气候变化提供了重要推动力①。国际气候制度源于 1992 年联合国环境与发展会议通过的《联合国气候变化框架公约》（UNFCCC），该机构基于 IPCC 科学评估结论而成立。2007 年，IPCC 第四次评估报告指出，全球气候变化非常可能是人为因素造成的，到 21 世纪末温度上升可能会达到 1.8℃～4℃，气候变化造成生物多样性锐减，产生海平面上升等相关威胁，改变低地地区降雨模式，导致极端天气事件和媒介传播疾病增加等不利后果，从而会对发展中国家产生较大影响，因为大量人口依赖有限的土地资源生存，而这些国家适应气候变化的能力非常薄弱。2006 年，英国政府委托研究的《斯特恩报告》指出，气候变化造成的经济成本可能会达到全球 GDP 的 20% 左右。气候变化的规模和范围促使一系列利益相关者将其作为安全威胁来处理。气候变化给地球生命带来生存威胁，因而需要将其作为优先的安全问题来考虑。所谓气候安全，是指将气候变化定义为安全问题并作为主要的安全挑战，将气候变化提升至政治影响力高的安全领域，有利于得到优先考虑和资金支持。

尽管存在不同观点，但气候变化与安全相互关联的认识得到了加强，坚实的气候变化科学基础提供了重要推动力。一系列重要的政治机构认可气候变化潜在的安全影响，并将其纳入安全政策。1994 年，联合国开发计划署发布人类发展报告，指出气候变化对人类安全造成威胁。联合国安理会及联合国大会分别对该问题进行讨论，聚焦于气候变化对国际稳定与冲突的影响，并反映在联合国环境规划署给联合国秘书长提供的气候变化与达尔富尔冲突的具体建议中。目前有很多国家和地区组织，如法国、澳大利亚、芬兰、英国和欧盟等已将气候变化正式纳入安全机构的相关政策。然而，现阶段对气候变化安全的认识仍是不全面的，

① McDonald, M Discourses of Climate Security [J]. Political Geography, 2013, 33 (1): 42-51.

对气候安全问题的认知差异涉及如何理解这种威胁，是否将气候变化视为安全保障问题，谁应该以及如何应对气候变化，并面临人为划分界限的风险，例如一方面关注人类福祉，而另一方面强调冲突。

第一节　气候安全问题的科学性与复杂性

气候变化作为重要的全球环境议题，其导致的风险和造成的影响是当今风险社会最具代表性的重大系统性风险。气候风险在空间分布上产生全球性影响，跨越了不同国家和区域的地理边界，影响持续时间长、范围广、后果严重，是其他类型风险所无法比拟的。过去 100 年来全球气候正在经历一次以变暖为主要特征的显著变化，最近 50 年来呈现加速态势，预计 21 世纪全球气候仍将表现为明显的升温趋势。气候变化对人类社会造成全方位的严峻影响，导致海平面上升、生态环境恶化、台风肆虐、热浪频袭、旱涝频发等，进而加剧农业和粮食安全、水资源安全、能源安全、生态安全、公共卫生安全等安全问题，严重威胁人类赖以生存的生态环境系统，对人类社会的发展产生深远影响，甚至危及人类社会的生存，已成为国际社会共同关注的焦点问题。

IPCC 将气候安全威胁与人类文明灭绝联系起来，凸显了气候安全威胁对人类社会所造成的严重不利影响。从自然科学角度看，气候风险是指气候系统变化对自然生态系统和人类社会经济系统造成影响的可能性，尤其是造成损失、伤害或毁灭等负面影响的可能性。气候变化产生的安全威胁主要包括资源、生态、经济、社会、军事政治等方面，这几个方面共同作用，进而威胁到国家安全与可持续发展。气候变化将加剧自然生态系统和社会经济系统目前面临的风险并带来各种新风险，人类社会将面临更加不确定和更严重的灾害风险。热浪、强降水等极端气候事件频繁发生，20 世纪 60 年代以来，全球气象灾害发生的频率增加了 4 倍，造成的经济损失增加了 7 倍。水资源减少和水质下降，导致全球粮食产量与质量下降，粮食安全和水资源安全问题更加严峻。气候变化影响从能源生产到消费的各个环节，恶化能源安全。气候变化对基础设施以及重大工程带来的不利影响更加显著，直接影响到国家安全和全球安全。随着城镇化进程的快速推进，大规模开发建设以及大量人口涌入城市，气候变化加大了城市运行安全风险。

气候变化作为一种新型非传统安全问题，与国家安全各要素具有显著的联动效应，事关经济社会可持续发展，事关应对气候变化和防御自然灾害，事关国家安全和全球安全。气候变化会影响全球政治、经济、军事、环境、外交、科技、文化等诸多领域，引发粮食安全、水资源安全、生态安全、环境安全、能源安全、重大工程安全、经济安全等安全问题。气候安全问题得到了国际社会的高度关注，不少国家官方安全战略文件都作出明确表述，如美国《国家安全战略》《四年防务报告》不仅强调了气候变化带来的不利影响，还明确了军方如何应对环境恶化导致的区域突发事件，这些事件往往涉及自然灾害或人为暴力。气候变化对生态环境造成负面影响的同时，也会引起粮食及水资源短缺、人口大规模迁移、政府治理能力及公信力下降等问题，从而导致更多冲突甚至社会秩序的崩溃。首当其冲的是一些未能适应气候变化的脆弱国家，这些国家人才、资金储备不足或治理制度不完善，生态破坏引发危机将影响整个地区的稳定，甚至催生恐怖主义活动，导致国家之间冲突或发生内战。表 3－1 列出了气候安全相关概念的内涵。

表 3－1　气候安全相关概念的内涵

概念	指称	威胁	代理	响应
国家安全	民族国家	冲突、主权、经济利益	国家	适应
人类安全	人民	生活生计、核心价值观和实践	国家、非政府组织、国际社区、社区本身	减缓
国际安全	国际社会	冲突、全球稳定	国际组织	减缓和适应
生态安全	生物圈	与生态平衡相关的挑战，包括当代政治、社会和经济结构	人：改变政治意识	对社会模式和行为的根本性重新定位

资料来源：McDonald，M. Discourses of Climate Security［J］. Political Geography，2013，33（1）：42－51.

2018 年 10 月，IPCC 发布了《IPCC 全球升温 1.5℃特别报告》，报告指出全球面临一系列气候安全挑战，气候变化加剧了干旱，海平面上升和极端风暴导致地区不稳定和冲突，并影响各国军事力量的部署。随着气温继续升高，全世界面临的安全风险与安全威胁将显著增大①，主要体现为：

第一，全球热点地区与不稳定地区将面临更大的安全挑战。部分热点地区面临较大安全隐患，承受较高风险，包括北极、干旱地区、小岛屿发展中国家和最不发达国家，这些地区中受影响的大多数是社会弱势群体、贫困群体、土著居民

① Femia，W. Significant Security Threats from Climate Change on the Horizon［J］. Defense Dossier，2018（23）.

以及当地社区或沿海地区依赖农业生计的群体。预计北美洲东中部、欧洲中部和南部、地中海地区、西亚和中亚，以及非洲南部面临的极端高温会增加，保持升温不超过 1.5℃可减少约 4.2 亿人经常暴露在极端热浪中，地中海地区和非洲南部干旱频率和数量的增加在温升 2℃时比 1.5℃大得多。政治不稳定且具有战略意义的地区，如中东和北非等冬季降水量和降雨量大幅下降可能导致更多地区不适宜居住，并增加冲突的可能性，2016 年的评估结果表明，气候变化导致种族分化国家冲突增加的可能性。在气候变化如何造成安全影响方面，联合国安理会发布了关于乍得湖流域预防冲突的决议，强调气候变化是冲突加剧的驱动因素。随着气候影响的严重程度增加，包括军队在内的安全机构针对气候危机的相关任务部署将更加频繁。某些地区由于自身特点比其他地区更容易受到影响，气候变化加剧了全球化的危害，俄罗斯、中国发生的干旱和野火导致 2010 年埃及小麦价格大幅上涨，这种传导机制在全球粮食贸易市场造成了巨大影响，加剧了政治动荡。

第二，海平面上升对沿海居民和国家军队造成重大的安全问题。海平面上升对沿海地区产生了影响，通过洪水、风暴潮和海水入侵导致全球军事设施面临的风险增加。保守估计，如果全球气温升高 2℃，海平面将再上升 25% ~40%，可能会影响大约 1000 万人，造成南极洲板块的不稳定并出现不可逆转的损失，格陵兰岛的冰盖融化造成的海平面上升可能带来灾难性影响。即使气温上升在 2100 年停止，海平面也将继续上升，军队和位于海岸线或其附近的战略性资产面临的安全性风险将更加显著，低洼岛屿国家面临的风险将导致地区安全争端和威胁，世界沿海大城市面临的威胁将不断增长，其脆弱性增加可能导致大规模流离失所与种族冲突。对美国的太平洋岛屿来说，海平面上升使低洼岛屿上的关键军事指挥能力面临巨大压力，包括整个地区为美国提供战略防御能力而驻扎部署的部队都会受到影响。

第三，北极融化将对所有国家形成一种新的、不确定的安全环境。研究发现，北极变暖的程度要高出全球平均水平 2 ~3 倍，即使温度上升 1.0℃，由于贸易路线开始开放，无冰的北极对大国以及其他正在争夺影响力的北极国家将产生重大影响。例如，中国宣称自己是近北极国家，中国和俄罗斯已将自己定位于开发新海洋的地缘政治优势。如果没有妥善管理，这个快速变化的领域会产生地缘政治的不确定性，可能处于非常危险的境地。美国海军退役上将 David Titley 和 Katarzyna Zysk 指出，在北极发生的事情不会留在北极。虽然北极可能发生全球范围内最剧烈的变化，但这些变化将对全球其他地区具有重大战略意义，海平面上升将对全球整个地缘战略产生连锁效应，在扩大贸易路线、开发海底资源和扩大军事存在等方面产生地缘政治竞争。

第四，粮食、水和健康安全风险将在战略意义上增加脆弱国家和冲突区域面临的风险。全球数亿人的生存安全受到威胁，非洲萨赫勒、地中海、欧洲中部、亚马逊、非洲西部和南部等地区易受水资源和食物减少的影响，如果温度上升2℃预计这些情况会恶化，特别是在某些地区，“水战”爆发的可能性会大大增加，非国家行为体很可能利用稀缺的水资源作为武器来增加它们对敌人的影响力。全球变暖导致能源、粮食和水资源行业面临的风险在空间和时间上叠加，从而产生新的风险并加剧当前风险造成的危害，使越来越多的人和地区暴露在可能存在的安全影响中，许多部门存在的脆弱性可能会产生连锁灾难，进而导致重大安全问题。

第五，需要针对保护气候安全的相关技术部署与应用进行一定限制和规范。让世界实现温度升高不超过1.5℃的目标会推动地球工程技术的部署，但目前尚未形成国际化的解决方案，如果缺乏充分管理可能会带来安全风险。IPCC认为在气候安全方面有必要对一些技术做出限制，由于缺乏有效的治理机制，相关工作面临较大挑战。例如，大规模重新造林、植树造林和大幅增加用于种植生物燃料的土地数量都是将地球温度上升保持在1.5℃以下的潜在选择，但也会增加粮食安全和土地利用的紧张局势。地球工程作为一个全新领域，目前对其后果与影响的认识仍然不充分、不全面，缺乏统一连贯的方法对国家和非国家行为者以及这些技术的应用现状进行跟踪评估，也未形成成熟的国际使用与管理规范。

第六，不同行业受到的气候风险与不利影响更加显著。农业领域：玉米、水稻、小麦等其他作物产量以及营养质量降幅较大，撒哈拉以南非洲、东南亚作物种植面积减少，如果中美洲和南美洲温度上升2℃，粮食供应也将面临问题，萨赫勒、南部非洲、地中海、中部欧洲和亚马逊等地区的情况可能会更糟。饲料质量的变化、疾病和水的可用性也将对牲畜生长产生不利影响，这将对严重依赖全球粮食市场或严重依赖放牧牲畜的地区产生重大安全隐患，如中东和北非地区。渔业：温度上升1.5℃将改变进入高纬度的鱼类范围，对生态系统造成潜在的不可逆转的损害，减少渔业和水产养殖生产力，增加海洋酸化，使珊瑚礁衰退增加70%~90%。重要的地缘政治环境变化可能会加剧国家内部以及国家之间的紧张局势。南海等地区变暖的海洋正在驱动鱼类资源向北进入具有国际竞争力的水域，从而加剧中国与邻国以及美国之间的紧张关系。尤其在温度上升超过2℃的情况下，紧张局势会加剧，冲突风险也会增加。人类健康领域：气候变暖增加了对人类健康产生的负面影响，与高温热浪有关的发病率和死亡率以及部分人群面临的疟疾和登革热等媒介传播疾病风险增加，如果温度上升超过1.5℃，这些疾病的范围将会扩散并发生转移，特别是岛屿城市也面临高温热浪的影响，气候变暖导致许多疾病媒介迅速扩张，健康风险也将形成重大安全挑战，包括传染病在不利环境与重点人群中的扩散与传播。

第二节　气候安全影响的广泛性与关联性

气候安全意味着全世界共同享有稳定、宜居的气候系统，人类社会免于受到气候变化的威胁。气候安全威胁会造成广泛而深刻的影响，并且影响程度与日俱增，需要在国家安全的框架下加以统筹考虑，并通过国际合作的方式加以妥善维护和塑造。气候变化已经不仅是环境问题，也是人类可持续发展问题，事关国家安全问题，既是国内政治问题，又是国际治理问题，必须在全球范围内给予高度关注。联合国将气候变化所产生的安全影响界定为威胁，旨在与政治产生更多的关联性。气候安全威胁关乎战争与和平、冲突与移民、经济发展等多个方面，甚至关乎国家的安全与存亡，最终影响整个人类的生存与发展。

气候变化与生态环境恶化相互交织、相互作用。自20世纪60年代以来，越来越多的国家出现耕地减少的趋势，90%以上的国家人均耕地面积减少，城市化、工业化是造成耕地短缺的重要驱动因素。为避免耕地短缺引发的粮食危机，不少地区采取了破坏森林、增加耕地的方法，随之而来的森林危机引发了一系列问题，造成诸如温室气体排放激增、冰盖融化、臭氧层空洞扩大等问题，进而导致全球气温升高，对世界各国的稳定产生显著威胁，同时增加了军事政治冲突的可能性。气候安全威胁属于综合性威胁，牵一发而动全身，妥善解决气候安全威胁问题，不能片面改进单一因素，而是应该全盘统筹，积极推动可持续发展进程，这需要世界各国共同努力，降低气候安全威胁①。

气候变化加剧自然资源冲突。21世纪世界面临的主要挑战是不断增长的人口，当前富裕国家消费模式的不可持续性，水和食物浪费以及快速城市化等问题。过度消费涉及的深层次问题是不同群体之间，国际社会中国家之间和国家内部获取自然资源的不平等。气候变化会加剧国家之间和族群之间的自然资源冲突，并危及国家治理能力。气候变化引发的水资源安全问题是资源冲突的典型例

---

① 杨文博．环境变化视域下可持续安全观念建构研究［D］．辽宁大学，2017.

子。气候变化与水资源安全问题具有较高的关联性，进而影响国家安全以及国际政治形势。气候变化直接引发水资源危机，主要表现为：极端气候事件多发频发与水生态环境受到破坏，造成国家内部甚至国际间对水资源的争夺加剧，诱发粮食危机，最终导致水资源移民等一系列政治、军事与文化冲突等。水资源安全的本质是水资源供给能够满足合理的水资源需求，主要包括水质安全、水量安全和水生态环境安全。水资源安全通过与人类安全、气候安全、能源安全、粮食安全等相联系，从而与总体国家安全产生交集，通过跨界河流与水资源共享冲突相关联，进而与国际区域安全形成交集。造成国际水资源安全威胁的主要原因包括：国际水资源分布的不均衡性；经济发展与人口增长对水资源的过度依赖性；国家之间由历史遗留问题造成的水资源所有权争端等。地理因素与资源禀赋造成各个国家与地区间水资源拥有量差异较大，国家之间水资源利用与开发效率也存在较大差异，这会导致水资源丰富的国家忽视国际水资源合作，甚至与水资源匮乏国家产生摩擦冲突。全世界人口从 1940 年的 23 亿猛增至 1990 年的 53 亿，人均耗水量也翻了一番，从年人均 400 立方米增加到 800 立方米。随着更多发展中国家工业化进程的加快，对水资源造成的污染也会更加严重，而地球可使用淡水资源却是十分有限的，可以预见，未来人类对水资源的争夺将会更加激烈，加剧当前全球冲突与不安全局势。历史问题是导致国际水资源冲突和争端的重要起因之一，其根源在于国家边界划分引发对国际水域划分的争议。在第二次世界大战后的民族独立浪潮中，一些前殖民国家出于自身利益的考虑，在退出殖民地之前，在边界划分问题上有意偏袒，由此造成许多历史遗留问题。最具有代表性的例子是尼罗河以及苏伊士运河问题，再加上国家之间意识形态以及文化的差异，为解决冲突造成了客观困难①。未来可能发生严重的跨界水战，没有水资源安全就没有安全保障。根据联合国预测，到 2025 年将有 18 亿人生活在绝对缺水的地区，全球约 2/3 的人口可能生活在水资源紧张的情况下，历史上以色列和阿拉伯国家在 1964 ~ 1967 年曾经发生过“水战”，目的是争夺约旦河流域的控制权。水资源安全面临四个紧迫问题：首先，水资源不平等问题日益严重。其次，问题往往不是水资源短缺，而是水资源管理效率低下和浪费。如中东和北非地区由于灌溉农业用水量占据最大份额，该地区约有 50% 的水被浪费了。部分国家具有较好的水资源利用技术基础，如以色列已实现 90% 的水被重新利用，荷兰农业部门开发了高效的滴灌技术。再次，水资源安全与粮食安全密切相关，因为农业灌溉需要大

① 杨文博．环境变化视域下可持续安全观念建构研究［D］．辽宁大学，2017.

量的水，水资源不足将导致农业产量下降。最后，过去和平解决跨界水资源冲突问题的例子并不意味着这种趋势必然会延续到未来。随着人口增长以及对水资源的需求不断增加，加上气候变化带来的供应风险，未来水资源冲突将更加剧烈。

应对气候变化与维持和平、建设和平密切相关①。建设和平面临的挑战急剧增加，气候变化导致一些国家面临的社会和政治不稳定加剧，国际社会维持和平与建设和平的努力并未系统考虑应对这些新挑战。由于气候变化和暴力冲突之间的相互作用，建设和平会面临气候变化引发的社会、经济和政治等复合型挑战，特别是在农业作为生计来源的地区，会导致与气候有关的安全风险，增加暴力发生的可能性，并且，由于气候影响在时间上和空间上的差异性，不同的政治和经济背景加剧了气候变化进程。社会、政治和经济环境塑造了建设和平与维持和平的外部条件。几十年来人们一直通过自上而下的努力来建设和平，现在认识到自下而上是建设和平的更好选择，有利于提升包容性、解决冲突和战争造成的不利后果。目前，部署国际维和行动人员最多同时受气候变化影响最严重的十个国家，按排名分别是：①索马里；②民主刚果；③南苏丹；④阿富汗；⑤马里；⑥中非共和国；⑦黎巴嫩；⑧苏丹（达尔富尔）；⑨阿卜耶伊；⑩科索沃。

气候变化通过多种方式影响建设和平。气候变化造成的复合性影响作为强大的外生因素会重塑当地的发展背景，带来的不利影响会抑制经济发展，许多受冲突影响的国家的大部分人口依赖农业生存，生计面临破坏。极端天气事件削弱了脆弱国家的治理能力，其无法对突发的气候灾难做出及时反应。气候变化还严重侵蚀了国家制止冲突的能力。总体来说，气候变化作为人类安全问题将改变全球整体安全形势。通过维和行动来建立持久和平正变得更加困难，气候变化直接影响正在发生的持续冲突，全世界遭受的气候风险在急剧增加，气候变化加剧了暴力冲突的可能性。气候变化导致土地退化以及更高频率的干旱和洪水，对人口迁移的影响日益增大，近年来在索马里就出现了这种情况，更广泛的萨赫勒地区以及阿富汗等国家也面临类似问题。索马里暴露于几十年的暴力冲突和经常性的干旱和洪水，土地退化导致 260 多万人流离失所。2018 年 4 月，索马里受山洪暴发影响的人数超过 69.5 万人，21.5 万人被迫迁移。长期干旱导致受灾人数高达 670 万人，2016 年 11 月至 2017 年 9 月就有 92.6 万人流离失所。很多流离失所者迁移到摩加迪沙等城市，居住在临时营地，为人口贩卖和剥削儿童以及索马里叛乱团体青年党招募成员提供了机会，贫困问题的出现抵消了联合国和非洲联盟为

---

① Krampe，F. Climate Change，Peacebuilding and Sustaining Peace ［R］. Sipri Policy Brief，2019.

减少叛乱团体威胁做出的努力。针对这些新型挑战，国际社会在建设和平与维护和平的过程中还没有进行系统的考虑。

为更好地建设和平，必须充分考虑并回应建设和平面临的新挑战与新变化，建设和平的努力必须对气候变化更加敏感，有效回应气候变化的不利影响与各种风险。一是正确评估与气候有关的安全风险问题。主要包括气候变化对维持和平、建设和平与预防冲突造成的风险，气候适应项目对和平前景产生的影响等。鉴于气候变化对和平和安全的影响日益复杂，建设和平不仅需要了解更多与气候冲突有关的背景，还应在实施过程中更多地考虑气候问题，并将其作为重要内容纳入预防冲突与建设和平进程，这涉及以下内容：气候变化对维持和平、建设和平与预防冲突活动造成的风险；气候适应项目有利于降低建设和平的风险；气候不敏感的建设和平与发展干预行动引发的风险。这需要在相关行动部署之前开发培训课程，将与气候有关的安全风险影响告知有关人员。二是增加跨部门的知识交流和学习。气候变化会影响社会、经济等多个方面，对政治进程产生影响，从而影响所有建设和平的行动者，因此，和平与发展干预措施必须具有气候敏感性。所有建设和平的行动者都需要更多的协调和更好的现场信息，加强不同部门之间的知识交流。系统化地收集维持和平行动的经验教训和最佳实践有利于增加跨部门的交流对话，鼓励制定联合应对和员工培训计划，针对阻碍合作与限制竞争的现行资金机制进行修改完善。三是最大化发挥协同作用。气候变化不只是人类安全问题，要实现和平与安全，还必须确保实现更充分的社会经济发展，建设和平的各主体需要更好地考虑气候风险以及气候变化造成的多方面影响。以东非为例①，气候变化加剧暴力冲突的主要途径包括：生计条件恶化导致经济困难；增加移民；改变牧区人员的流动模式；精英阶层对普通群众的剥削加重。因此，需要综合评估气候相关的安全风险，加强不同机构的协同应对，将应对气候变化作为建立可持续和平的重要机会。建设和平需要在应对迫在眉睫的暴力威胁以及满足长期发展等方面取得平衡，许多地方干旱和洪水的发生频率日益增加，使建设和平面临新的困境。建设和平行动需要制定更好的应对方式，在竞争性需求之间使用综合响应策略，针对建设和平行动可能面临的风险，主动识别气候行动作为塑造可持续和平的契机，针对气候行动和发展的相关目标帮助实现短期适应和提升长期韧性。通过与社区合作，加强国家提供公共服务的能力并支持气候敏感型发展，这有助于建设和平。此外，也要采取预防冲突的方法来减少当地的社会

---

① Mobjörk, M., van Baalen, S. Climate Change and Violent Conflict in East Africa – Implications for Policy [R]. Stockholm International Peace. Research Institute (SIPRI), 2016.

不满和边缘化群体，从而消除冲突发生的根源。

综上所述，气候变化正在重塑全球安全愿景与各国安全政策，为更好地实施建设和平的行动与确保安全的关键任务，需要确保更广泛的经济社会发展并充分考虑气候变化问题。为应对气候变化造成的广泛影响，需要建设和平的利益相关者，特别是联合国适应这一新变化。解决气候安全问题是联合国安理会面临的新机遇①。气候变化是全球最大的安全风险，但目前联合国安理会没有系统地处理与气候有关的安全风险。安理会具有四个明确的预防冲突职能：对引发冲突的根源进行政治应对；加强制度建设和改革；协调联合国系统；将气候变化纳入主流的安全行动与政策体系。通过采取气候安全行动，联合国安理会可以加强气候风险决策和协调功能，促进整个联合国系统、协同地应对气候变化。

气候安全问题与外交、安全政策紧密相关。德国强调 1992 年里约地球峰会是气候变化首次出现在世界政治议程上，当时主要将其作为环境挑战进行应对。今天气候变化的影响远远超出了纯粹的环境问题，对世界许多地区的和平与安全构成了威胁，成为世界各国共同面临的一个关键挑战，一是外交和安全政策。旋风、洪水和极端热浪变得日益频繁且剧烈，摧毁了更多人的生计。地中海地区、中东和中美洲的水资源日益稀缺。农业产量下降，捕捞产量越来越小。气候变化导致流离失所和被迫移民等不利结果，成为助长冲突危机的重要因素和催化剂，促使冲突更容易发生，导致整个地区的稳定性处于危险之中。印度、孟加拉国等地区遭遇的飓风持续较长时间。例如，飓风艾达（IDA）猛烈地袭击了莫桑比克、津巴布韦和马拉维，造成 1000 多人丧命，约 100 万人无家可归。加勒比地区因为日益频繁和强大的飓风而面临生存威胁。德国承诺提供 1.5 亿欧元，促进这些地区采取重新造林和移民安置等气候保护措施。因此，德国支持采用前瞻性的政策，将应对气候变化影响的安全政策作为联合国安理会的重点工作之一，并设法在联合国最高层面提出建立气候安全机制以及相关机构的问题，明确将实现国际应对气候变化目标作为外交政策的新要求和核心内容。首先，国际社会需要更好地了解气候变化如何加剧冲突。建议联合国定期发布全球气候风险预测评估报告对此进行深入分析，通过总结梳理气候安全的相关知识，为决策者制定解决方案提供参考。在德国联邦外交部的支持下，波茨坦气候影响研究所目前正开发早期气候风险预警系统，并应用于萨赫勒地区，该系统将分析气候相关的安全风险，特别是在粮食安全方面，有助于国际社会在危机发生的早期阶段采取更有针

① Born, C. A Resolution For A Peaceful Climate: Opportunities For The UN Security Council [R]. SIPRI Policy Brief, 2017.

对性的对策。二是继续加强联合国在气候安全领域的行动能力，向受影响的地区派遣的环境安全专家将很快开始工作，这作为联合国索马里援助团的一部分，将支持摩加迪沙的联合国团队。如果派遣环境安全专家这种方式能够成为所有冲突地区维和特派团采取的常态化措施，那么将会产生重大影响。三是保持政策的连续性。未来我们必须将气候变化、可持续发展、国家安全以及建设和平等作为关联性问题进行处理。自2016年以来，德国联邦外交部一直支持尼日利亚的调解项目，该区域正在实施气候保护和预防冲突项目。德国国内也积极采取应对气候变化的政策行动，2019年初设立气候内阁，通过《气候保护法》把应对气候变化目标纳入国家法律体系，推动制定2050年气候中和方案。其中一个关键路径是逐步淘汰煤电，通过与社会各界充分讨论制定明确的路线图和共同努力的方向；另外是为二氧化碳排放制定适当的价格，最好是世界各国共同推动实施。

联合国环境规划署和七国集团也是积极推动解决气候安全问题的重要机构。联合国环境规划署指出，如果各国政府无法应对气候变化的压力和冲击，国家和社会稳定的风险就会增加。气候变化作为“威胁倍增器”，加剧了脆弱国家面临的不稳定局面，并导致进一步的社会紧张和局势动荡。联合国气候变化问题特使扬·埃格兰（Jan Egeland）要求对萨赫勒地区的气候变化和安全风险进行分析，联合国环境规划署对该地区的气候变化安全问题开展了初步工作。2008年，联合国特使访问了萨赫勒地区，认为由于极端气候条件和高度脆弱的人口，目前该地区对气候变化风险的认识是“零”。2009年，联合国环境规划署与国际移民组织、人道协调厅、联合国大学和萨赫勒地区常年抗旱委员会（CILSS）合作调查气候变化对萨赫勒地区生计、冲突和移民的影响，于2011年形成了报告《生计安全：萨赫勒地区的气候变化、迁移和冲突》，报告指出过去20年来受气候变化影响最严重的19个热点地区，得出的主要结论是气候变化对资源可用性的影响导致人口迁移，并导致一些热点地区对稀缺资源的竞争加剧。作为这项初步工作的后续行动，联合国秘书长于2009年要求联合国环境规划署为联合国大会起草了题为“气候变化及其可能的安全影响”的大会报告（A/64/350）。联合国环境规划署执行主任应邀于2011年在安理会发言，这次专题辩论产生了安全理事会关于气候变化的主席声明（S/PRST/2011/15）。声明中安理会要求秘书长报告气候变化可能对安全产生的影响，因为这些问题是导致冲突的驱动因素，对安理会执行相关任务构成挑战并危及和平进程。另一个重要的国际里程碑是2015年6月在纽约启动由G7外交部委托的《新气候和平》报告。该报告在环境署报告的基础上，确定了七种关键的气候复合型脆弱性风险，并将其作为联合行动的基础，主要包括当地资源竞争、生计安全和移民、粮食价格和供应不稳定、跨界水资源管理以及气候变化政策产生的意外影响。作为七国集团报告后续的行动，联合国环境规划署与欧盟建立了伙伴关系，通过国家试点来解决气候变化对安全的影响。在国家层面，联合国环境规划署将开发和部署最先进的技术，帮助利益相关者划定气候安全热点地图并确定优先顺序。然后，联合国环境规划署将帮助主要的国家利益攸关方确定最适合的资源投入和制度组合，以减少特定的安全威胁。在地方层面，联合国环境规划署将直接与社区合作，通过试验测试创新方法，以衡量和建立针对各种不同气候安全风险的抵御能力，包括恢复生态系统和改进资源管理，开发社会资本和建立早期预警机制，开展培训、监测和地方机构建设等各种构建抵御能力的方法。联合国环境规划署将提供额外资金，帮助现有的适应项目了解和应对气候安全风险，或帮助推广现有好的做法。通过调研最佳做法，并分享给全球和跨区域的相关机构，以改进应对气候变化知识库，进一步为相关政策和计划的有效实施提供支持，这将确保伙伴关系超出试点国家边界从而产生全球影响力。

第三节　气候变化是国家安全威胁

理论研究方面，气候变化与安全性、生存性相关联，被认为是“威胁乘数”而不是引发冲突的原因；也有人探讨气候变化与传统安全及武装冲突威胁之间的关联。联合国机构将达尔富尔冲突与气候变化的影响联系起来形成了新的推动力，最初气候变化并没有成为环境冲突中引人注目的原因。某种程度上，气候变化被视为引发冲突的原因，与其他潜在的环境冲突因素相互交织，如对跨境水资源的争夺。随着气候变化开始占主导地位，这种变化开始影响全球环境议程，一系列分析表明，受气候变化的影响，我们正在迎来国际不稳定与冲突频发的新时代，国际机构需要应付失败国家、人口流动和物质贫困等领域的新挑战。虽然这些分析为气候与安全的关联性提供了支持，而其他从规范性层面的分析则对这种关联性提出质疑。除了质疑气候变化与冲突之间的联系之外，失败国家、环境变化和冲突之间的相互作用受到关注，并且这些会成为发展中国家的威胁来源，应优先考虑这些国家的需求，这在环境冲突的地缘政治分析中表现突出。与此同时，Daniel Deudney（1990）推动将环境变化作为安全问题，这虽然会鼓励军事回应，但并不能有效解决环境问题以及目前全球政治安全面临的挑战，哥本哈根学派理论家在关注的安全化问题中普遍对此持批评态度。Ole Wæver（1995）将气候变化视为安全问题，通过接受其作为安全威胁，可以发现安全问题本身具有增加紧迫性的作用和例外论逻辑，并与军队、国防和国家紧密关联。关注应对气候变化的人可能会更加追求去安全化，即从安全议程中删除该问题，并将其纳入正常的政治领域，认为这有利于公开辩论和相关讨论。

在政策实践中，国家安全较多强调气候变化与武装冲突之间的关系，因为这会威胁国家的主权和制度能力。美国国防部明确指出，气候变化是国家安全威胁，并要求将其纳入国家安全战略和安全机构的工作当中。美国国家情报界，包括中央情报局、国家安全局、联邦调查局和其他联邦机构，于2019年1月在年度《全球威胁评估报告》中明确强调，气候变化对美国国家安全构成紧迫和日益严重的威胁，加剧了自然灾害、难民流动以及粮食和水资源冲突等。这些影响已经发生，并且影响的范围、规模和强度会随着时间推移而增加。美国军方要与盟友一道，为应对气候变化和极端气候事件做好军事准备和任务部署。

气候变化给国家安全带来威胁，导致自然环境恶化，增加特定区域和人群的脆弱性，人们的生存基础和发展环境受到削弱，加剧资源竞争与冲突，直接或间接引发国家安全问题。总体上，气候变化主要通过两条途径对国家安全产生影响：一是气候变化引发非传统安全问题。气候变化对世界发展构成重大挑战，随着温室气体排放增加，全球平均气温上升，导致海平面上升，沿海地区遭受高潮危害；极端气候事件发生频率增加，威胁到基础设施的正常运行；酷暑和洪水等对全球各国都具有较大影响，还对人类健康产生不利影响，城市易遭受洪水灾害，酷暑导致城市居民死亡和疾病；气候变化加剧水资源短缺，干旱和降水量变化导致粮食产量下降，粮食安全形势恶化，世界贫困、环境退化、政治不稳定和社会紧张局势加剧；风暴、干旱和洪水加剧社会不稳定，削弱政府治理能力和气候灾难事件的应对能力。

二是气候变化加剧传统安全问题。气候变化被视为“威胁倍增器”和“动荡或冲突的催化剂”，将会给国家安全造成直接影响和严重威胁。当前世界几个主要局部战争冲突几乎都与气候变化问题相关：①苏丹达尔富尔地区战争，持续干旱加剧了牧民和农民之间的冲突；②叙利亚内战，干旱导致农作物和家畜死亡，引发150多万人迁移，推动了内战爆发；③尼日利亚伊斯兰袭击事件，是伊斯兰极端分子利用自然资源短缺引发的社会问题发动的反政府活动；④索马里内战，极端暴力冲突与气候干旱、极端高温有关。美国安全机构评估了各国政府如何预测气候变化威胁并规划应对气候变化的战略，巩固军队和安全机构应对气候变化的能力。结果表明，70%的国家将气候变化视为国家安全威胁，几乎所有国家都认为人力援助和救灾是军队的重要责任。

气候变化被视为“威胁乘数”，气候变化对生态系统造成的系统性影响，会引发粮食危机、水资源匮乏、大规模迁移及政府公信力降低等问题，对于缺乏足够资源储备来应对气候变化影响的国家而言，将会引发更多的冲突和混乱。首当其冲的是一些脆弱国家，这些国家缺乏相应的资本、人才储备且政治制度不完善，难以应对气候变化带来的影响。随着环境与冲突的关联性越发显著，环境对国家安全的破坏程度就越高，导致难以管制的区域扩大，为了确保自身能源供应安全，美国加强了对世界其他不稳定地区（这些地区往往资源丰富）的管理；与此同时，美国会加大对北冰洋新开发地区海上航线的保护力度。通过调查气候变化对美国造成的威胁，分析指出潜在的生态灾难会威胁国际社会的稳定，甚至造成各国之间的失衡，对所有国家而言，失衡极其危险。该观点强调将美国的安全利益与全球正义联系起来，在某种程度上这种联系会带来正面效应。当弱小国家受到环境压力的威胁，美国会面临诸如移民数量大规模激增、流行病扩散、资源丰富的国家嵌入全球经济而影响政治稳定等诸多问题，进而影响到美国的国家安全。人们逐渐达成共识，美国作为全球安全与和平的捍卫者和援助的提供者，其公信力将受到气候变化的影响。当美国和其他国家都试图减弱气候变化对各自的影响时，这些国家将会失去既有合作的基础，当前国际社会就面临这样的形势。如果不进行合作，美国将难以根除恐怖主义、阻止核扩散和对抗流氓政权。

尽管“威胁乘数”有助于分析气候变化对冲突造成的影响，但仍会引起对该问题的一些误解，将气候变化作为“威胁乘数”有助于强调气候变化带来的严重威胁，如灾难救援、恐怖主义活动增加、国家暴力及政权崩溃，但会导致国防部门更多地关注如何应对气候变化带来的负面影响，而不关注造成这些问题的根本原因在于温室气体排放。美国国防评估报告明确指出，国防部已采取积极措施减少二氧化碳排放，并通过项目支持激励促进科学技术的发展，从而提高能源效率和发展可替代能源。目前所有讨论都立足于应对气候变化带来的负面影响，并预测到国内冲突将会更加频繁激烈，“威胁乘数”反映了气候变化与冲突爆发之间的关联性。

气候变化带来的威胁对民族国家安全造成影响，实践中民族国家为维护其主权和领土完整，会特别应对来自外部的威胁。早期的国家安全研究强调气候变化与武装冲突之间的关系，并提出其会威胁国家的主权和制度能力。民族国家无法在面临领土边界挑战的同时解决气候安全问题，国家安全问题一直由现有的国家安全机构以及政策制定者与相关人员推动解决。美国和澳大利亚国防部都发表了安全声明，提出将气候变化作为国家安全威胁纳入国家安全战略和安全政策进行考虑。澳大利亚国防部在《2009年国防白皮书》指出，全球人口变化和人口流动等趋势性变化，以及气候、环境和资源压力将增加资源冲突风险，大规模的移民流动可能导致政治不稳定，危及脆弱国家的稳定。此前，美国国防部将气候变化定义为一种可能的环境安全威胁，它会削弱国防部制定或实施国家安全战略的能力，产生可能的不稳定因素进而威胁美国国家安全。也有人指出，国防部接受气候变化威胁的尝试被视为在新的全球安全环境中保留现有预算的努力，特别是在后冷战时代。对造成冲突的威胁因素给予持续关注，仍然是国家安全机构与军队的核心任务。

如果国防机构的人员接受了国家安全问题辩论，那么其也会受到公共政策智库的关注，并与政策制定者进行交流沟通。基于美国国家安全面临的挑战与冲突不断加剧，美国不少智库在推动气候变化作为“威胁倍增器”方面表现突出，从而使美国国家安全政策的制定更加复杂。海军分析中心，美国新世纪中心，布鲁金斯研究所和外交关系委员会都发布了气候变化对美国国家安全影响的研究报告，尤其在2006~2007年国际社会对气候变化的关注日益增长。英国和澳大利亚以公共政策导向，关注气候变化对国家安全影响的智库也发布了类似报告，这些机构试图影响政策辩论，研究提出气候变化的战略意义及其对国家安全构成的威胁。

在国家安全政策体系下应对气候变化的对策虽然也包括减缓战略，但更重要的是适应气候变化造成的不利影响，从更广泛的意义来说，对军队和国防部门的建议是，需要针对气候变化引发的冲突制定有效的响应战略，并在气候变化的背景下更好地维护国家利益。减少灾害风险战略是应对气候安全问题的优先选择。

国家适应战略可以在应对气候变化带来的威胁方面发挥一定作用，尤其是面临气候变化一些不可避免的威胁时，国家安全机构鼓励将气候变化视为一种威胁，并且是一种军事威胁，会破坏国家经济增长或人民生活方式，这种关注会鼓励增加军事预算以应对潜在的不安全因素以及“环境热点”地区。例如，在环境热点事件中人们因环境恶化而流离失所造成灾难，故而环境压力可能被视为国家安全威胁。虽然国家适应战略可以在应对气候变化带来的威胁方面发挥一定作用，然而，这种应对方法会产生不良的后果，例如，鼓励不从解决气候变化的根源问题层面做出反应，甚至将受气候变化影响最大的人员视为威胁。这种危险在2003年五角大楼委托编写的《国家安全与突然的气候变化情景相关的威胁报告》中表现明显，报告提出一些相对自给自足的国家可能会制定更有效的边境管制战略来应对确保因气候变化影响而流离失所的大量人口留在国界的另一边。虽然这种针对气候变化的反应是极端的，但却是民族国家最终解决其安全问题的合理选择。

国家安全政策讨论容易得到政治支持，并有助于在发达国家内部提升气候变化问题的认识。这种讨论也促进了对国防与安全机构管辖范围和预算的重新配置，显然符合这些组织的利益。另一些智库则提出，气候变化对国家安全的影响重点是一种分析性而非规范性的选择，特别是针对环境变化与人类脆弱性问题做出了不适当的政策响应。人们因环境灾难或环境压力而流离失所可能被视为国家安全威胁而不是需要安全保护的类型。在极端情况下，能够较好适应气候变化影响的国家很可能会寻求保护自己而不是帮助无法做到的人。

第四节　气候变化是人类安全威胁

从人类安全角度来认识气候变化问题，会倾向于关注基于国家和社区的脆弱性和复原力因素，而不仅仅是物质生存条件。1994 年联合国开发计划署《人类发展报告》指出，气候变化对人类安全而不是国家安全造成威胁，这种对安全问题的重新认识建立在两个重要主张基础之上：一是这些国家在为公民提供安全保障方面不可靠，在某些情况下直接破坏了人民的福祉；二是当代全球政治的现实主要体现在保护国家主权和领土完整，对于面临的安全挑战以及大多数人面临的安全问题反应不足。

一些联合国机构以及相关国家积极推动气候变化与人类安全的关联概念。其中最突出的是联合国开发计划署，它是推动这种认识的核心力量，开发计划署从最初人类安全概念的形成过程中识别出环境安全是人类安全的核心组成部分，并试图阐明气候变化等问题可能会影响人的生命和尊严从而产生安全威胁。最终，开发计划署和其他人类安全方法的倡导者更加关注物质性需求问题，强调发展规划与安全之间的融合。人类安全可理解为一种普遍性的物质条件，并且会潜在地受气候变化的不利影响而削弱。

气候变化对人类安全影响的论述在 2009 年联合国大会报告《气候变化及其可能的安全影响报告》也得到了体现。报告明确提出要关注个人和社区安全，并赞同联合国开发计划署（1994 年）人类发展报告中提出的人类安全概念。因此，联合国大会、77 国集团以及不结盟运动等国家集团开始支持人类安全的论述，在联合国安理会气候安全讨论中重点关注国家安全和国际安全问题时，使用人类安全来调和这两者之间的关系。考虑到不同政治机构在推进特定论述时的相关利益，也要鼓励各个国家建立跨部门应对气候安全问题的治理架构。通过分析英国气候安全相关政策，英国外交及联邦事务部（FCO）提出了气候变化可能对国内和国际安全产生的影响的评估框架，而国际发展部（DFID）则更关注气候变化造成的脆弱性和贫困问题，后者与人类安全的论述更一致，并提出要重点关注海外发展援助，尽量使脆弱性最小化并增强发展中国家的适应能力。

气候变化作为人类安全问题的研究得到了挪威政府全球环境变化与人类安全（GECHS）项目的资助，研究人员将人类安全定义为个人和社区有必要做出选择的情形，减缓或适应对人类、环境和社会权利造成的威胁；有能力自由行使选择，并积极参与追求这些选择。人类安全概念凸显了气候变化产生的各种形式的不利影响，包括政治结构、经济和社会不平等，个人和社区可能会被剥夺对他们自己生计生活的控制能力。人类安全概念强调整体性、综合性和广泛性，为理解气候变化多方面影响之间的关系以及全球不平等结构提供了坚实的基础，提出了基于社区保护和适应能力的核心观念。

通过政策实践提出应对气候变化带来的人类安全威胁的建议。联合国开发计划署和英国国际发展部（DFID）均强调，减缓气候变化和物质资源的再分配是为易受气候变化伤害人群提供安全保障的核心要素。GECHS 项目则提出，提高社区的复原力和适应能力对于应对气候变化的威胁更重要，需要关注的核心问题是减缓战略和消除现有的结构性不平等，允许脆弱的社区成为自己命运的主人。与世界主义相关的人类安全论述，更加关注国家主义所强加的道德约束，并强调人权和道德义务的普遍性，这也意味着做出减缓气候变化的努力承诺。

最后，主张将气候变化与人类安全关联起来的理念正在进行环境行动动员且不损坏国家安全的提供者。在开发计划署早期的计划实施中，人类安全概念最初被视为重新定位国家安全实践，将优先事项和资金从军事准备中转移到纠正全球不平等上来，这清楚地反映了开发计划署的使命与目标，主要是针对贫困和欠发达问题做出响应。

第五节　气候变化是国际安全威胁

气候变化严重威胁国际稳定，需要加强各国的组织协调，共同实施有效的减缓行动，确保发展中国家有足够的适应能力。气候变化带来的安全影响与风险日益显现。2007 ~2008 年的粮食危机引发了世界范围内的社会动荡，一些国家宣布进入紧急状态。造成粮食危机的原因有很多，但世界主要粮食产区面临的不利气候因素显然是主要因素之一。气候变化带来的最大威胁可能不是实际的物理性破坏，而是世界各国应对的不足。重要资源严重缺乏、关键基础设施的破坏，公共服务的中断以及社区的流离失所，所有这些将损坏各部门各行业的复原力，以及社会治理结构的有效性。共同努力应对气候变化是建设和平的有效途径。瑞典森林大火的经历表明，危机为相互合作与学习提供了机会。目前，全球气候变化造成的不利后果已经存在，未来几十年会更加显著。因此，各国必须加强协调行动，以综合方式应对气候相关的安全风险，相应的机构设置也要做出调整。科学评估表明，气候变化通过破坏自然，影响子孙后代的未来与幸福。只有通过共同努力才能解决气候危机。应对气候安全，一是需要联合国建立适当的组织机构，以应对与气候相关的安全风险。欧盟已经建立了初步的气候安全机制。二是需要更好的政策工具，在气候敏感和冲突敏感的脆弱环境中进行早期预警和有效干预。三是需要将科学研究与政策制定联系起来。联合国安理会需要了解不同地理环境中气候变化带来的安全风险，并实施气候危机管理和预防以维持和平。行星安全海牙宣言（Hague Declaration on Planetary Security）强调有效应对气候安全挑战需要知识共享、合作伙伴关系和走出孤岛困境，提出了六个优先行动领域：一是为解决气候安全问题建立专门机构；二是协调移民和气候变化政策；三是促进城市提升复原力；四是支持对乍得湖地区进行气候风险联合评估；五是加强马里气候冲突敏感地区的发展；六是支持伊拉克的可持续水资源管理战略。

将气候变化视为国际安全威胁，既强调气候变化对全球稳定与现状造成的威胁，也要强调应对气候变化对国际主义的推动以及在全球合作中的核心作用。气候变化最终会影响国际社会的安全，是对国际社会规范和规则的一种威胁，特别是在维护特定的全球秩序方面，国际组织是提供国际安全的关键组织，在减缓和适应气候变化方面进行国际合作是应对这一安全威胁的重要措施。气候变化与国际安全之间的关联得到了国际组织的有力推动。联合国环境规划署和联合国秘书长都非常关注气候安全问题，试图将达尔富尔的冲突与气候变化的影响联系起来，气候变化引发的农业生产挑战导致人口流动，这是触发不同群体之间对日益稀缺的自然资源竞争加剧的重要原因。也有人对气候与安全之间的关联提出质疑，他们提出为什么特定行为者推动将气候变化问题“安全化”，联合国环境规划署的关切为国际社会针对环境变化进行动员反应给出了合理解释，如《强化针对关键环境问题的行动》《针对非洲提出更强大的环境国际援助和发展项目行动建议》等，联合国秘书长也针对这些问题做出了明确的建议，在考虑干预达尔富尔种族灭绝问题时，发达国家要在应对气候变化方面承担更大的责任。

联合国将气候变化与国际稳定和安全联系起来的尝试，得到了其他国际组织的有力回应，希望进一步推动国际社会共同应对气候变化。通过对 40 多个国家面临气候引发冲突的风险进行分析，发现应对国际稳定威胁的重点是向低碳经济转型和提升适应能力。联合国环境规划署提出通过技术转让来实现这些目标，发达国家支持发展中国家提升专业知识和相应的资源，以增强它们对气候变化的抵御能力。布鲁金斯学会也在积极推动应对气候安全问题。气候变化严重威胁国际稳定，需要推动国际组织制定协调有效的减排制度并确保在发展中国家有足够的适应能力。它们赞同联合国安理会讨论提出的建议，气候变化将引发深刻的全球变化，这些变化对国际和平构成真正的安全威胁，管理气候安全挑战需要联合国系统协调一致的行动。

国际组织作为关键安全机构发挥核心作用是国际安全治理的重要特征，考虑到代表性机构的突出地位，这些组织积极推动该领域的工作理所应当。目前唯一能够应对全球环境安全与气候变化威胁的机构，似乎是联合国安全理事会。这种认识引起了各国的关注，尤其是在保护国际社会免受气候变化威胁方面，这等同于维护特殊的国际自由秩序以及部分国家在这方面的特殊位置。2007 年和 2011 年联合国安理会的辩论表明，这些问题与巴西、中国、印度和俄罗斯等国家以及 77 国集团和不结盟运动有关，反对将气候变化作为国际安全问题加以应对。有国家质疑联合国安理会作为安全机构可以发挥核心作用，更广泛的批评涉及质疑安理会的代表性不足，以及气候变化有可能成为强国对其他国家进行军事干预的借口。

由于气候变化的不确定性，在国际安全讨论中关于威胁的具体形式和选择具体的参照目标等方面目前仍不清晰。有些研究将重点放在国际和平与安全问题上，这在很大程度上是考虑到对国际稳定的影响，还有一些研究关注国家和人类福利的变化，也反映了国际社会在强调多元化和注重团结之间的摇摆不定。Jasparro 和 Taylor（2008）将气候变化视为跨国安全威胁，并界定为非军事威胁，会跨越边界产生政治和社会威胁，影响到一个国家的完整性，或影响其居民的健康和生活质量。通过承认这些威胁，面临与人类安全及传统国家安全概念之间的交叉，关于气候变化战略影响的分析表明，气候科学家关于气候变化的范围和时间框架的预测将会对人类安全的基本生存问题和国家稳定产生根本性影响。由于气候变化的威胁具有复杂性，需要转变关注的焦点：气候变化引发的后果、暴力冲突的发生和国家脆弱性的恶化都是需要关注的主要问题，这些问题彼此关联，需要进一步聚焦目标。

质疑气候变化对国家机构与人类生存生计构成威胁缺乏实质依据，也缺乏具体可执行的措施，这会促使关键的安全提供者和传统的安全行动者对自身进行重新定位。将人类安全与气候变化联系在一起会促进对这些问题的理解，承认安全威胁并不意味着将气候变化与国际安全联系起来，尤其是某些国家为了维护自身利益和国际现状经常采用这种方式。最终这些针对国际安全的讨论会鼓励国际机构做出回应，加强国际合作以及全球管理（例如减缓），或者在特定领域开展行动（例如适应）。国际组织可以发挥作为核心安全机构的角色功能，以应对气候变化给国际社会及各国人民带来的广泛威胁。因此，争论的重点从气候变化对国际秩序构成的威胁转向维护目前的国际体系。

第六节　气候变化是生态安全威胁

应对气候变化在维护生态安全中扮演着重要角色，但生态安全在气候安全问题讨论中并不突出。生态安全不仅着眼于人和自然环境之间的关系，还需审视政治、经济和社会结构问题，这会直接影响人与环境之间的关系并改变环境过程。例如，地球之友的《红色气候密码》将生态安全侧重于人类与自然环境关系的系统性与结构性变化，印度非政府组织生态安全基金会积极推动生态导向型发展模式，提出与当地社区一起制定行动计划，共同实现生态可持续、社会和生态公平，为穷人提供救济。生态安全问题可概括为保持四个相互关联的动态平衡：①较高消费水平的人口数量和自然资源提供和服务能力之间的平衡；②人群与病原微生物之间的平衡；③人口数量与其他动植物种类之间的平衡；④不同人群之间的平衡。如果人类行为改变或自然环境发生变化导致失衡就会引发不安全因素。因此，需要保护生态平衡或避免对自然平衡造成系统性的损害。由于威胁的广泛性，会延伸到对其他生物的道德义务，在没有完全承认气候安全问题的前提下，应承诺保护和恢复生物多样性。

应对气候安全问题不仅要关注减缓和适应问题，也要考虑气候变化问题的嵌入方式，以及所面临的政治、经济、文化实践等国际社会规范。生态安全要求我们重新审视人类与自然环境的关系，并从根本上改变现有的结构与规范，重组社会、人类与环境的关系。虽然这是一个规范性主张，但有必要认识到生态安全可能会造成日益增多的挑战，并重新定义我们应对安全和环境的实践。关心环境安全应集中在环境安全问题所产生的影响，而不是重新考虑针对环境变化做出响应。

生态安全讨论并没有对政策制定或学术辩论产生显著影响，也没有提出实现生态安全需要的具体条件以及推动特定的政策议程。全球气候变化已经改变了现代发展观、自然世界以及国家政治实体的形式，气候变化的本质是当代生态危机及其对发展产生的威胁。极端气候事件以更高的频率和强度发生，要认真对待气候急剧变化的可能性，并做好应对准备，如果达到气候临界点将造成物理环境发生快速且不可逆转的变化。过去十年中北极海冰的崩溃就是例子，未来气候变化将对全球生态系统造成更大影响，从亚马逊到北方森林，以及加拿大和俄罗斯的永久冻土，热带珊瑚礁系统和海洋浮游植物都会受到严重的气候变化威胁。瑙鲁和密克罗尼西亚作为太平洋岛国，都是气候脆弱国家，遭受了历史性干旱，预计未来干旱还将进一步加剧，其他国家则经历了创纪录的飓风。瑙鲁总统表示气候变化不会消失，在我们一生当中气候将无法恢复正常，其对未来气候变化持悲观态度，即使《巴黎协定》提出的全球应对气候变化目标得以实现，这种情形仍将继续恶化数十年。

第四章　气候安全的理论基础及分析模型

环境安全理论是进行气候安全分析的重要基础。安全涵盖范围极广，涉及政权稳定、地区安全或国际秩序、人民安居乐业，而非狭义的国家安全。环境安全理论主要针对环境因素、政治及冲突之间的关系进行分析，解决民众不满情绪、维护分配公正或者化解结构性暴力，环境恶化意味着土地稀缺、水土流失、淡水资源减少、森林及鱼类资源减少、人口压力等，甚至是石油及矿产资源等战略物资资源短缺等，这些都可能成为冲突的起因。一些国家因资源竞争而产生冲突；地方性组织依靠稀缺资源为反叛者提供经济支持；环境退化或资源稀缺引发不满情绪，导致暴力事件频发；环境问题削弱了政府治理的合法性，为地方冲突提供了可能性。围绕环境安全的理论研究主要形成了三种观点：一是新马尔萨斯学说；二是新古典经济学；三是政治生态学。新马尔萨斯主义、新古典经济学及政治生态学为理解环境冲突与气候安全问题提供了全新视角，人口和环境压力模型深入分析了环境与冲突之间的联系，指出资源匮乏与环境退化导致冲突。新马尔萨斯主义重在研究人口统计学的趋势，强调环境因素导致资源稀缺从而引起暴力冲突。新古典政治经济学侧重于研究人类系统在应对环境问题时表现出的适应性。政治生态学主张贫困及受压迫的群体应得到解放，试图解构专业化知识及理论，消除对边缘化群体的压迫。此外，还有环境安全怀疑论，其主要观点与新古典经济学和政治生态学类似。

第一节　新马尔萨斯主义

新马尔萨斯主义将环境退化与人口增长过快、政治体制不完善联系在一起，从而导致移民数量增加、国家不稳定、国内压迫加大，以及国内不满族群或政治群体的冲突。新马尔萨斯主义强调，未来冲突爆发的主要原因是自然资源及地球生命正常更替的压力加大。20 世纪 90 年代，加拿大多伦多大学荷马・迪克森教授提出，尽管人类社会适应环境变化的能力在不断提高，但随之而来的是更加严重、更加多样化的环境退化与环境危机，以及气候变化带来的更难应对的不利影响。多伦多学派主要通过案例分析探究环境问题与冲突之间联系的复杂性，研究结论表明，尽管环境因素不是必要或充分条件，但毫无疑问环境问题会导致结构性暴力，该结论得到普遍支持与认同。

第二节 新古典经济学

新古典经济学认为资源丰富往往伴随冲突，即所谓"蜜罐假说"，指资源丰富将会激励组织攫取资源。新古典经济学强调人类应对环境变化的能力，这与新马尔萨斯主义的观点存在差异，其认为资源丰富往往伴随着冲突，并且市场机制扮演着极其重要的角色。资源稀缺刺激市场，导致技术及管理创新，从而产生新的应对机制。同样，出于政治目的，代议制政府隐藏资源稀缺的事实以获得更多支持。贵重商品的涌现严重阻碍了市场经济的发展，因为这更多地激励了市场参与者去发现和持有稀缺资源而非推动技术创新。同样地，资源的可获得性使政府忽略公民需求，促使政府不断发展壮大以拥有宝贵的领土，从而依靠租赁资源为生。根据"蜜罐假说"，如果一个国家相对弱小，亚级组织就可以与政府争夺对资源的控制权。这种行为被定义为"贪婪"而非"不满"，从而成为导致国家内部冲突的原因。也存在一些不同的认识，强调在一定的区域范围内，往往通过市场机制或政府积极响应的方式来配置稀缺资源，而这些机制在欠发达国家并不完善，从全球范围内来看，由于当前人口增长的发展趋势，资源消耗和环境约束与过去相比更加严重，甚至是史无前例，这对环境造成了不可逆转的影响。"蜜罐理论"通常适用于不可再生资源，林业、渔业及农业资源只要合理利用就是可再生的，有利于大量人口就业。如果可再生资源消失殆尽，那么会损害更多人的利益，随之出现因不满情绪导致的暴力事件。新古典主义经济学忽略了"资源诅咒"的解释，同样与新马尔萨斯学说相关联，资源报酬的可获得性，即从不可再生资源获取的报酬，会让政府忽视对可再生资源的治理，但实质上可再生资源会让更多人获利。随着时间推移，不同亚级组织之间会因抢占稀缺资源发生冲突，这种极度稀缺可能会让人们加入叛乱团体以攫取高价值的不可再生资源。对新古典经济学的评判主要是针对其提出的环境决定论。批评者指出，新古典经济学忽视了政治体制之间的互动，这导致更容易产生冲突，而且政治体制和思维方式不同也会导致资源稀缺。新古典经济学采用实证主义来分析环境压力与冲突之间的线性关系，但两者的关系并不明确。新古典经济学将环境作为一个自变量，忽视了其他导致内战爆发的推动因素，考虑到协调性及“搭便车”的难题，叛乱其实难以爆发。内战中存在“搭便车”问题：组织叛乱的风险远远高于参与叛乱的风险，导致叛乱很难发生。因此，新古典经济学的批评者指出，过度强调资源稀缺会夸大其对内乱爆发的影响。

第三节　政治生态学

政治生态学结合了后结构主义与不均衡生态理论，进行了大量种族案例分析，深入探究社会与生态之间的复杂关系，关注环境治理体系如何将贫困人口边缘化。皮特与瓦特在《解放生态》中指出，政治生态学研究如何解放边缘化群体。政治生态学的大部分观点与新马尔萨斯学说相悖，从 20 世纪 90 年代中期开始，该学说为美国提供了新的思维方式与战略思想。政治生态学家对新马尔萨斯假说提出批评，认为该假说提出的环境退化、资源稀缺与冲突关联性过于简单。同时，认为新马尔萨斯主义忽略了资源稀缺性受限于很多条件，这些条件不仅是国内及当地消费和生产系统，在某些情况下还包括世界消费和生产系统。但是，政治生态学过多地关注生产与分配领域，而忽略了物质因素的作用。政治生态学忽视了环境压力对冲突爆发的影响，过于强调人口压力与系统失衡是导致冲突爆发的主要原因。政治生态学面临的最大批评是其缺乏政策相关性，政治生态学认为以往研究世界的方式过于简单，其试图颠覆这种观点。因此，该学说的研究充满高度的不确定性。与政策文件截然不同，政治生态学的结论很少能转化成切实可行的行动纲领或政策要点，这曾是政治生态学的优势所在，但也限制了社会主流对该学说的理解。

第四节　环境安全怀疑论

环境安全怀疑论对环境与冲突的关联性持怀疑态度。从某种意义上，环境安全怀疑论对新古典经济学和政治生态学提出质疑，并质疑关注环境安全问题是否具有价值。针对研究文献的统计发现，大量案例将资源、稀缺性与冲突的关系相互混杂在一起。20 世纪 90 年代末，研究发现土壤退化、乱砍滥伐、淡水资源稀缺不会直接导致冲突。豪格与埃灵顿指出，在高人口密度条件下，这些因素导致内战的可能性较大，但与政治因素相比，这些因素均处于次要地位，大型数据库研究并不支持关于资源稀缺、环境退化与冲突爆发关联性的结论。对政治生态学中环境安全模型的批评源于其自身的局限性，环境安全模型将环境作为自变量进行研究，这种方式反映了资源分配与分配格局形成的原因，但将复杂的过程过于简化，在某种程度上，环境退化的程度是可以量化的，但在实际操作过程中面临较大挑战。环境安全学说将冲突视为内部的、群体的或是社会的，但没有分析其与国际政治经济之间的关系，该方法尚有许多问题需要解决，也涉及全球环境公正问题。

第五节　科林·卡尔的人口与环境压力模型

科林·卡尔建立的人口与环境压力模型将环境与政治两个变量作为一个综合变量进行研究，模型中独立变量是复合变量，包含以下因素：人口快速增长；可再生资源减少；可再生资源分配不均。第三变量假设在政治、社会及经济发展过程中，人口密度对资源稀缺性造成的影响。在某种资源总供给充足的前提下，当地却产生了资源稀缺的错觉，往往是因为资源分配不均或管理不善。卡尔提出了人口与环境压力导致冲突的两种主要方式：失效状态与开发状态。失效状态类似于安全困境，为社会群体参与暴力冲突创造了动机。当一种重要资源变得稀缺，资源竞争就会更加激烈。当某个国家出现这种现象，政府在与强势群体的激烈竞争中，不再是领导者而是竞争者的角色。开发状态提出了一个不同的前提，即假设有治理能力的国家能够阻止竞争对手的抢夺，或者通过暴力获取稀缺资源以保护自身利益。卡尔指出，群体性和制度包容性极其重要，会影响人们对人口与环境压力是否导致冲突的理解。针对群体性的研究表明，如果国内的组织出现分裂，那么这些组织就会缺乏忠诚度、丧失提前识别叛乱的能力。而同种族的群体、统一的民族身份或横向认同感有助于减少冲突。同样，包容性强的政府通过制定合法程序，畅通人们表达诉求的渠道，可以阻止暴力冲突的发生。相反，如果人口的群体性特征高、数量广，而政府又排斥、打压，那么就会出现安全困境。国家阻止暴力发生的能力，在决定冲突发生的方式上具有重要作用。当整个国家团结起来抵抗相对较弱的组织时，如果要使较弱群体采取暴力行为进行反抗，则需要进一步加大人口与环境之间的压力。在这种情况下，开发状态是最可能的途径。如果该群体的力量薄弱，国家压制暴力的能力就显得十分突出。在国家相对软弱的情况下，亚级群体更容易获得内部支持，抢占稀缺资源从而挑战政府权威。考虑到人口与环境压力作为独立变量的重要性，卡尔在研究中引进了新马尔萨斯学说中的自变量，通过承认分配体系可能导致资源稀缺，卡尔也意识到了政治生态学的困扰，提出了解决分配不均是避免冲突的途径，并分析了新古典经济学可以揭示环境与冲突关联性的原因。

人口与环境压力模型存在一定的局限性以及一些需要解决的问题。第一，从政治生态学角度来看，卡尔没有考虑到人口与环境压力模型的复杂性，该模型认为权利是世界系统内深层次运作的产物。尽管人口与环境压力模型假设分配不均是一个关键因素，也考虑到弱势群体资源分配不均的问题，但它并没有把这些问题置于全球性的生产和消费系统中去研究，这也是资源稀缺性难以建立模型的原因。例如，卡尔的模型没有研究自变量中导致冲突爆发的压力源于石油危机、利率浮动、商品价格的涨跌还是国家结构的调整。也就是说，分配不均只是发生冲突的原因之一，更深层的原因不应只局限于探索公民社会与地方政府的关系，如果我们关注第三世界弱势国家的福祉，这些深层次的原因就显得更加重要。

第二，从新古典经济学角度看，人口与环境压力模型没有考虑到，高效的体制机制同样可以通过该模型反映，从而减少问题的产生。卡尔没有将体制机制因素纳入考量范围，新古典经济学指出，市场机制和民主制度不仅可以反映国内冲突，还能通过自身的适应过程减少相关问题，这些自适应方式不应被所谓的治理环境的合理方法所限制。例如，许多学者提出了关于土地治理的有效方法，因为卡尔的关注点在于国内冲突，而不是治理环境的过程，所以这些问题并没有得到解决，研究治理环境的有效方式与了解冲突爆发的原因同等重要。

第三，卡尔将人口与环境压力作为一个重要自变量。人口压力和不满情绪凸显了人口与环境压力这个自变量的作用，将这三者作为一个复合变量会忽视每个独立自变量在引发冲突中各自发挥的作用，这会导致模型结论产生较大偏差。相比资源短缺，政治动荡和贫穷更可能导致冲突，因此，有研究指出，应将政治问题和贫穷作为独立变量，而将环境因素作为中介变量来进行研究。

第四，该模型的方法论有待完善。该模型主要依赖两个案例来论证观点，对人口与环境压力模型作了大量赘述，主要通过中介变量——群体性和制度包容性来论证其模型的实用性，之所以采用这种方式是由于很多数据难以量化。同时，统计方法并不能有效解决问题。总体上卡尔的观点是正确的，但方法论仍不足以解决环境安全怀疑论提出的质疑。

上述批评源于人们对卡尔模型的期望值过高，试图通过该模型找到解决问题的所有方法。虽然有些苛责，但给未来的研究指明了方向，未来研究不应局限于求全，而应找到与当前研究的共通之处，如定性案例研究与定量研究之间的关系，以及与新马尔萨斯学说、新古典经济学与政治生态学之间的联系。

环境安全的三种学说促使人们对环境与冲突的关联性有了更全面的认识。尽管人口与环境压力模型并不完美，但是通过结合环境与资源分配机制，该模型避免了其他方法中非此即彼的办法。未来需要摆脱传统观点的束缚，继续探索环境因素如何引发冲突。受环境安全怀疑论的影响，国防规划者开始关注环境因素与冲突之间的相互联系，思考气候变化如何导致国内战争和国际冲突。土壤退化、乱砍滥伐及水资源短缺等环境变量在引起贫穷、经济增速变缓及初级产品出口度高等问题中处于次要地位，环境因素只是导致上述问题的部分原因，甚至是相当小的一部分，环境与冲突的关联性仍然有很大的研究空间，未来应该通过大量的个例研究和更细致的案例分析，探讨不同政治和社会背景下环境因素如何发挥作用。

首先，将研究对象扩大到更小的行政单位（如省级层面），作为国家层面研究的补充，确保研究的全面性。

其次，考证环境安全怀疑论者的观点，即为什么遭受严重政治压迫和结构性暴力的国家并没有正式产生冲突，也即环境促进了不安全感。

再次，要讨论政治制度、政治观点及行动主义对环境这一自变量正反两方面的影响。这意味着要全面调研环境治理文献的重要性，也表明了解国家治理能力对消除环境压力发挥的作用与研究环境压力如何引发冲突同等重要。

最后，研究应避免陷入神秘主义，这会导致把稀缺资源作为强劲的自变量，需要研究国家治理体系在环境压力下应对冲突的能力。

环境与冲突之间并没有必然的直接联系，地区间的政治动荡依赖复杂的政治与生态变量，而这些变量存在高度的不确定性。通过统计数据与案例分析，可以了解环境变量一般化的局限性，同时对新的假设进行验证，从而进一步完善对环境与冲突关联性的认识，这会有利于政策制定者作出决策，可以让决策者了解环境因素在未来全球政治中应发挥的作用。环境安全理论有助于理解 21 世纪冲突爆发的原因及强度，但也要意识到研究的局限性，不管是案例分析还是大数据分析都要以过去已经发生的事实为基础。因为未来具有独特性，所以过去案例研究的实用性是有限的，未来需要采用更精准的方式对环境压力进行预测，认真反思目前研究的局限性，评估未来可能发生的最坏情形并做到防患于未然。

第五章　气候变化与气候灾害的影响评估

气候变化的影响评估，是指通过界定气候变化的利弊影响，定量评估未来潜在的风险，这是制定应对气候变化政策和采取相应行动的科学基础。迄今为止，政府间气候变化专门委员会（IPCC）已经发布了五次气候变化评估报告，对推动关于气候变化影响的深入研究、提升政府部门和社会公众对气候变化的认知发挥了重要作用。历次评估报告的发布均直接推动了国际气候谈判进程，对国际公约的签署和通过以及国际气候治理机制的建立完善均发挥了积极的促进作用，也有力地推动了应对气候变化的国际合作进程。最新的第六次评估报告（AR6）计划于 2022 年发布。

第一节　气候事件、暴露度和脆弱性

气候变化适应和灾害风险管理涉及对极端气候事件的定义及其影响评估，主要包括三类影响：一是自然系统的改变，如暴风雨造成海滩侵蚀；二是生态系统的改变，如飓风导致森林系统遭受损害；三是人类社会经济发展遭受的不利影响，包括负面影响和正面影响。例如，强降雨导致洪水可能会有利于下个季节的农作物生长，严重的冰冻会减少来年作物生长过程中的病虫害。所谓极端影响（Extreme Impacts），通常是指对自然环境、生态系统或人类社会产生非常显著且长时间持续性的影响。极端影响可能是单个极端事件、连续多个极端事件或者非极端事件造成的，或是某种气候条件的持续，以及天气、气候或水文事件的极端影响，如果超过了时间、空间和影响的强度中至少一个阈值条件，就会造成灾害（Disasters）。灾害发生前就存在特定的灾害风险（Disaster Risk），即气候风险事件对经济社会和人民生命财产等造成不利影响的可能性；灾害风险一旦成为现实，就会对经济社会的正常运行造成严重干扰。在以上三类影响中，灾害和灾害风险均强调人类社会受到的极端影响，也与自然环境和生态系统受到的极端影响相关。极端天气和气候灾害造成的经济损失不断增加，但年际变化较大。相对来说，气候灾害对发达国家造成的经济损失和保险损失金额较高；而发展中国家产生的死亡率更高，经济损失占 GDP 的比重更大。

极端气候事件常常出现但并不总是引发灾害，这取决于特定的物理、地理和经济社会条件。在某些条件下，非极端事件容易导致灾害。极端和非极端事件的严重程度及其影响，最终是否形成灾害，很大程度上取决于目标对象的暴露度（Exposure）和脆弱性（Vulnerability）水平。暴露度是相关人员、基础设施、生计资产、资源环境、经济社会处于可能受到不利影响的位置。脆弱性指受到不利影响的倾向或趋势。例如，热带气旋能否造成灾害，取决于它在何时何地登陆。灾害导致经济损失增长的主要原因是相关人员和经济资产暴露度的增加。在面临同等暴露度的条件下，不利影响的程度和类型取决于脆弱性，如高温热浪对不同人群的影响差异较大。从灾害风险管理视角来看，脆弱性概念包括社会风险因素。总体上，暴露度和脆弱性是动态变化的，因时空尺度而异，并取决于经济社会、人口分布、文化因素、管理体制等。天气与气候事件、暴露度和脆弱性是构成灾害风险的三个要素，这三者均与气候变化密切相关，要充分考虑气候变化导致脆弱性、暴露度及灾害风险的增加。IPCC 报告强调，人居模式、城市化和社会经济状况会改变极端气候事件的脆弱性和暴露度。暴露度和脆弱性是决定灾害风险的重要因素。尽管难以完全消除各种风险，灾害风险管理和适应气候变化的关键是降低脆弱性和暴露度，并提高针对潜在极端事件不利影响的恢复力（Resilience）。

2012 年，IPCC 发布的《管理极端事件和灾害风险推进气候变化适应特别报告》强调，气候变化引发极端天气不仅对农业和自然生态系统产生威胁，也对人类健康造成危害，需要制定更全面的灾害风险管理措施和更有效的气候适应措施，提升社会恢复力和可持续发展水平。气候变化导致全球多数地区经受温度更高、时间更长、频繁发生的热浪侵袭。2016 年是有气象记录以来全球最暖的一年，全球多数地区受到严重影响。气候变化带来的负面影响已远远超出预期，并持续加剧。气候变化造成全球降水异常，部分地区暴雨频发形成洪涝，同时部分地区遭受持续干旱。全世界数百万小农户难以应对水资源短缺危机，如果不尽快采取行动，提高粮食生产部门适应气候变化的能力，未来世界许多地区的粮食生产将受到严重破坏，进而危及联合国 2030 年消除饥饿和极端贫困目标的实现。气候变化导致极端气候事件发生频率增加，部分区域面临洪水、干旱和海平面上升等灾害风险。极地地区受到很大影响，冰川融化导致海平面上升，进而严重威胁海岸城市，一些小岛国可能会被淹没。受气候变化影响，部分物种的地理分布范围持续缩小，甚至面临灭绝风险。降水变化对动植物的自然选择过程具有关键作用。部分物种的生存范围扩大容易产生生物入侵，破坏当地生态系统的正常运行，导致生物多样性减少，生态系统的服务功能受到削弱。

第二节　气候变化对主要领域的影响

IPCC 第五次评估报告评估了气候变化的速率和幅度，未来几十年跨领域、跨区域面临的气候风险，以及气候变化对人类社会系统与自然生态系统的不利影响。经济社会发展过程的不均衡和气候因素相互作用，导致脆弱性和暴露度的巨大差异，进而形成了不同的气候风险。气候变暖对不同领域产生的影响不同，会放大已有风险，并引发新的风险。近期极端气候事件，如高温热浪、洪水干旱、热带气旋和森林野火等导致部分生态系统和人类系统的脆弱性和暴露度明显增加，降水变化和冰雪消融正在改变全球很多地区的水文系统，进而影响水资源数量和水质；气候变化对陆地、淡水和海洋生物的地理分布、季节性活动、迁徙模式和丰度产生重大影响，物种之间的相互作用等也发生改变。气候变化加剧了人类社会发展面临的威胁，在全球范围内对粮食生产造成显著不利影响，给人体健康和贫困人群的生计带来不利影响，气候变化的脆弱性和暴露度加剧了部分地区的暴力冲突。人类社会的发展需要综合应对各种气候风险，既包括气候灾害产生的风险，也包括经济社会发展过程中暴露度和脆弱性产生变化引发的风险，可以通过强化适应和减缓行动来减少气候变化的不利影响，有效管理气候风险。第五次评估报告中受气候变化影响主要领域的评估结论如下：

（1）水资源安全与粮食安全。随着大气中温室气体浓度持续增加，气候变化造成的淡水资源短缺风险显著增加。气候变化预估显示，21 世纪许多干旱亚热带区域的可更新地表和地下水资源将显著减少，水资源竞争将进一步恶化。如果缺乏适应措施，粮食生产与粮食安全将受到较大不利影响。与 20 世纪末期相比增温 2℃甚至更高，热带和温带地区主要作物（小麦、水稻和玉米）的产量下降。粮食安全的各个要素均受到气候变化的潜在不利影响，包括粮食的获取、利用和价格稳定等。

（2）陆地和海洋生态系统。气候变化将对陆地和淡水生态系统（包括湿地）

的组成、结构和功能造成突变和不可逆的影响。21 世纪及以后，受气候变化及栖息地改变、过度开发、环境污染和物种入侵等其他外力因素的共同作用，大部分陆地和淡水物种面临灭绝风险，并且物种灭绝的风险随气候变化的强度和速度增加而加剧，许多物种的迁移速度无法跟上气候变化的速度。气候变化会对海洋生态系统造成重大不利影响，21 世纪中叶后，全球海洋物种的再分布和敏感地区海洋生物多样性的减少，将对渔业生产力和其他生态系统服务构成重大挑战。海洋生物空间分布格局的变化将导致高纬度地区物种入侵，以及低纬度地区及半封闭海区物种灭绝率增加，造成中高纬度地区的物种丰富度和鱼类捕获率增加，而低纬度地区减少；海洋酸化将对海洋生态系统，尤其是极地生态系统和珊瑚礁造成风险，并对浮游动植物个别物种的生理、行为和种群动态产生影响。

（3）经济与社会发展。气候变化的全球经济影响难以准确估算，主要经济部门的产出将受到负面影响。据不完全统计，温度上升 2℃左右可能导致全球每年经济损失占 GDP 的 0.2% ~2.0%。21 世纪气候变化减缓经济增长与减贫进程，削弱粮食安全，加剧生计与贫困问题，引发新的贫困。城市和非洲等地区将面临更严重的贫困问题。各国政府通过扶贫政策、保险计划、社保措施和灾害风险管理等措施，有利于提高贫困和边缘人群的生计恢复能力，降低气候风险。

（4）人体健康与人类安全。到 21 世纪中叶，气候变化通过加剧已有的健康问题而影响人体健康，导致食源、水源和媒介疾病风险增加。有利影响包括部分地区与寒冷相关的死亡率和发病率减少、载体传播疾病的能力降低。全球范围内，负面影响的严重程度超过有利影响。许多地区特别是低收入的发展中国家人们面临的亚健康现象显著增加。受气候变化带来的高温热浪和野火的影响，受伤、生病和死亡发生的可能性增大；贫困地区粮食产量减少将增加营养不良的可能性；弱势群体面临工作能力丧失和劳动生产力降低的风险。21 世纪气候变化将对人类迁移和人类安全产生显著影响。气候变化通过放大冲突的驱动因子，如生活贫困和经济冲击等，间接增加内战、群体间暴乱等暴力冲突风险，对许多国家关键基础设施和领土完整造成严重影响，将显著改变其国家安全战略。

（5）城市、农村、海岸带和低洼地区等气候风险重点区域。城市是气候风险的集聚区，高温热浪、极端降水、内陆和沿海洪水、滑坡、空气污染、干旱和水资源短缺对城市人口、经济资产和生态系统等构成重大风险，特别是缺少基础设施和公共服务，以及居住在暴露区的人群面临的气候风险更高。气候变化对农村的影响主要包括对水资源可获取量和供应、粮食安全及农业收入的影响等，世界范围内粮食和非粮食作物的生产区将发生较大变化。人口增长、经济发展和城市化进程相互作用，近几十年暴露在沿岸风险中的人口财产以及沿岸生态系统遭受的气候风险显著增加。海平面上升给海岸系统和低洼地区的生产与发展造成一系列重大不利影响，导致土地淹没、海岸洪水和海岸侵蚀等①。

第三节　气候变化对不同区域的影响

除不同领域面临的气候风险外，不同区域面临的气候风险也存在较大差异。部分类型风险仅限于特定的区域及领域范围，而其他风险则具有连锁效应，会快速扩散到其他区域。第五次评估报告对全球各区域受到的气候变化影响及风险进行评估，气候变化对湿润区与干旱半干旱区、季风区与非季风区、热带与极地等造成的影响存在显著差异。《巴黎协定》提出，将全球平均温度升高幅度控制在2℃以内的结论仅适用于湿润区。温度上升1.5℃与温度上升2℃的阈值判断，是全球气候变化处在“危险”和“极端危险”之间的分界线。从1.5℃到2℃气候风险将剧烈扩散，人类发展将面临“生死攸关”的关键点。无论1.5℃还是2℃的温升阈值都是全球平均的温升值，部分地区温升可能高达4℃以上，这会导致非常严重的气候风险。气候变化敏感区在受到同等强度气象灾害带来的影响时，会面临更大的风险并且产生更大的经济损失，未来如果全球平均温升值为2℃，那么湿润区的温升值将可能达到2.4℃~2.6℃，同期干旱半干旱区的平均温度将比湿润区高0.6℃~1.8℃，温升或达到3.2℃~4.0℃。很多贫穷国家和地区处于干旱半干旱区，温室气体排放量非常小，与温室气体排放量大且处于湿润区的发达国家相比，这些国家和地区将承受更大的损失和气候风险。青藏高原、北冰洋等冰冻圈是对气候变暖最敏感的地区，也是受影响最强烈、最直接的区域。随着全球平均温度上升，冰川消融速度加快，由此引发的冰湖溃决、突发性洪水等灾害会对下游国家和地区产生重大不利影响。与非季风区相比，季风区人口众多且分布密集，面临同等程度的气象灾害风险更高、损失更大。对于非洲中部和美国中部，如果温升值从1.5℃上升到2℃，当地的玉米和小麦产量将减少一半。综上，全球升温所导致的自然生态系统风险、社会经济系统风险存在显著的区域性差异。气候变化也可能带来有利的区域影响。温度升高使中纬度的一些地区存在作物增产的可能，全球木材供应会增加。某些缺水地区的居民可用水量可能会

① 姜彤，李修仓，巢清尘，袁佳双，林而达.《气候变化2014：影响、适应和脆弱性》的主要结论和新认知［J］. 气候变化研究进展，2014，10（3）：157-166.

增加，中高纬度地区居民与冬季寒冷相关的死亡率会降低，出现暖冬也会降低取暖所需的能源消耗。

目前，世界各主要区域开始采取积极行动应对气候变化的不利影响。非洲多数国家开始系统地开展适应气候变化行动，采取灾害风险管理、技术体系调整、基础设施提升、生态系统修复、基本公共健康改善以及实现生计多样化等一系列措施。欧洲制定了涵盖不同层级政府和行动领域的适应政策，把适应规划整合到海岸带和水资源管理、环境保护和土地规划，以及灾害风险管理等相关工作当中。亚洲将气候变化适应性措施纳入国家发展规划、早期预警、综合水资源管理和海岸带植树造林等领域，有效促进了适应气候变化。大洋洲广泛制定了应对海平面上升和南部水资源短缺的规划。北美各国积极推动气候适应性评估和规划制定，提出了保障城市能源和公共基础设施长期投资的前瞻性适应措施。中南美洲制定了基于生态系统的适应性措施，如建立自然保护区、制定保护协议、加强社区管理等，部分地区的农业部门采取了种植抗性作物品种、开展气候灾害预测预警和加强水资源综合管理等措施。北极地区一些社区结合传统文化与科学知识，开始部署适应管理战略和通信基础设施。小岛屿区域国家具有多样化的自然和人文属性，将基于社区的适应措施与其他发展行动协同推动，产生了较好的协同效应。海洋国际合作和海洋空间计划也已开始重视适应气候变化问题，但在空间尺度和管制实施等方面还存在一定挑战。

第六章　气候风险评估的主要内容与方法

气候变化风险管理是以决策为导向，以风险评估为手段，以风险管理为最终目标，科学评估气候变化风险，是应对气候变化的重要途径。联合国政府间气候变化专门委员会（IPCC）报告将气候风险研究作为继影响、适应性、脆弱性以及综合研究后的重要课题。澳大利亚、新西兰等国将气候风险评估与管理作为制定国家适应气候变化战略的重要基础。由于未来气候变化以及经济社会发展存在较大的不确定性，目前针对气候变化影响和脆弱性的研究仍不足，导致很难根据气候变化的不利影响开展针对性的风险管理行动。国际社会对气候风险的认识在不断深化。1992 年生效的《联合国气候变化框架公约》（以下简称《公约》）提出，最终目标是为了将大气中的温室气体浓度稳定在防止气候系统受到危险的人为干扰的水平上。温室气体稳定到该水平所需的时间足以使生态系统自然地适应气候变化，从而保证粮食产量不受影响，经济平稳可持续发展。2009 年丹麦哥本哈根气候大会提出，将气温上升控制在 2℃以内。2015 年《巴黎协定》确定了将人为温室气体排放造成的气温上升保持在 2℃以内，并为实现 1. 5℃而努力的全球长期目标。2018 年，IPCC 发布《IPCC 全球升温 1. 5℃特别报告》，指出温度上升 2℃造成的影响远比之前预测的更严重，将全球平均温度升高幅度控制在 1. 5℃以内与人类社会发展生死攸关。

第一节　气候风险的内涵与特性

应对气候变化风险包括风险集合预测、定量风险损失评估、风险区划与制图以及风险管理等。对气候风险进行识别和定量评估是风险管理和适应气候变化的基础科学问题。气候风险的形成一般包括极端气候事件、未来气候事件发生的可能性、气候变化的可能损失以及发生的概率等。IPCC 第五次评估报告将风险界定为不利气候事件发生的可能性及其后果的组合，体现了脆弱性、暴露度和危险性共同作用的结果。世界银行强调气候风险是特定领域面临的气候变化不确定性的后果。联合国国际减灾战略（UNISDR）从自然灾害角度将风险定义为自然或人为灾害与承灾体脆弱性之间相互作用而造成的有害结果或损失发生的可能性。2009年，国际标准化组织（ISO）将风险定义为一个或多个事件发生的可能性及其后果的组合。从自然科学角度看，气候风险是指气候变化对自然生态系统和人类社会经济系统造成影响的可能性，特别是造成损失、伤害或毁灭等负面影响的可能性。气候风险认知是指个人或群体对已受到或将受到气候变化影响或损失可能性的感知，不仅反映了气候变化对人类社会的客观影响和造成损失的可能性，也体现了个人或群体对影响或损失可能性的主观认识。总体来看，气候风险是气候变化影响超过某一阈值所引发的经济社会或资源环境损失。与传统自然灾害风险相比，气候变化与极端事件被视为风险源；受气候变化和极端气候事件影响的社会经济和资源环境为承险体，暴露度和脆弱性反映了承险体受影响的程度（如图6－1所示）。

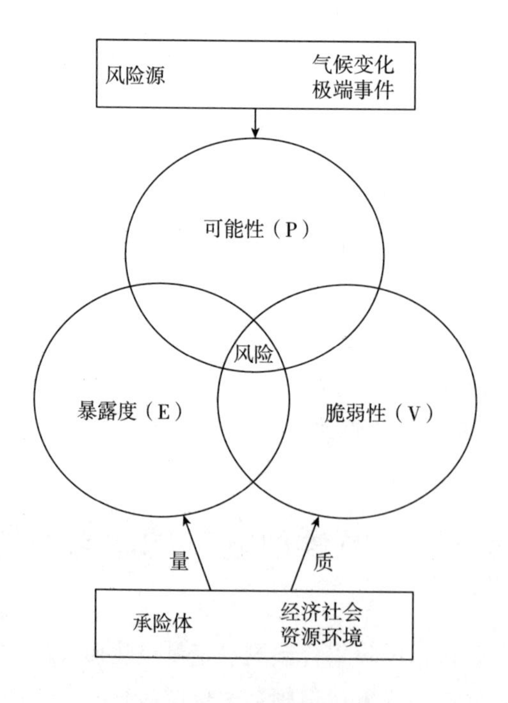

图6－1　气候变化风险构成

资料来源：高江波，焦珂伟，吴绍洪，郭灵辉．气候变化影响与风险研究的理论范式和方法体系［J］．生态学报，2017，37（7）：2169－2178.

非气候因素和不公平等多种因素造成脆弱性和暴露度的差异，导致了气候风险的不同，尤其是社会经济、政治文化、管理体制等方面的边缘化群体在面对气候变化的影响时是高度脆弱的，而且由于人类社会和自然系统的相互关联，未来脆弱性与暴露度还会进一步增大。风险评估方法可以将影响评价的不一致结果纳入评估框架，在充分考虑气候变化影响评价不确定性的基础上，对系统可能受到的风险进行定量或定性描述，从而将风险评价与决策制定结合起来。IPCC 提出了关键风险的概念，即经济社会和生态系统暴露于高危险或呈现高脆弱度时的气候风险，其界定标准包括：影响幅度大、概率高或不可逆，影响的时机，风险造成的持续暴露及脆弱性，通过适应或减缓降低风险的潜力有限；当前在人体健康、基础设施、粮食安全、生态系统等领域已表现出了关键风险。脆弱性、暴露度及可能性是决定气候风险的三个要素。气候风险评估模型的表达式可写为：

RCC = f（V，E，P），式中 RCC 为系统面临的气候风险，V 为系统响应气候变化的脆弱性，E 为系统暴露度，P 为损失发生的可能性。

脆弱性是指系统对气候变化的响应程度或敏感程度，一般来说，脆弱性越高，说明越容易受到气候变化的不利影响，面临的风险越大。系统对气候变化不利事件的敏感性，称为气候变化对系统的破坏力。暴露度是指区域或系统暴露于气候变化的程度。暴露度越高，表示受气候变化不利影响的风险越大。可能性是指气候变化不利事件发生的概率。当前风险量化的评估模型主要有两类：一类建立在传统自然灾害风险评估模型的基础上，风险的定量化程度是气候变化与极端气候事件的可能性、承灾体脆弱性与暴露量的乘积。这类模型具有较好的研究基础，评价指标意义明确，对适应能力也有一定考虑，但模型出发点侧重于气候的危险性，如果对气候变化的影响机制，尤其是间接影响途径不明确，那么将会限制此类模型的应用。通过构建大尺度融合敏感性和适应性的脆弱性曲线，此类气候变化灾害风险评估模型主要应用于我国重大气象水文灾害，包括高温、洪涝、干旱等风险综合定量评估当中。

另一类模型从系统的脆弱性出发，基于系统可应对范围的临界阈值，先对系统的脆弱性进行标定，以数量或频率等指标进行表征，进而考察未来气候变化是否会对既定脆弱性产生威胁，将超过既定标准（阈值）的事件或其发生的概率表征为风险。这类模型适用于气候危险性难以度量、影响途径复杂、风险链不清晰情况下的风险评估。例如，基于未来生态系统生产功能预估，以脆弱性阈值标定了气候变化等级。指标体系方法通常用于建立风险与脆弱性评估模型，主要包括：①压力指标，如升温、降水减少和极端天气等；②状态指标，如生态系统质量、生物多样性、生态系统服务等；③响应指标，如系统的适应度、采取的气候适应措施等。确定评价指标体系后，一般运用系统分析等统计方法将所研究的问题分成若干个层次进行评价[①]。

一般来说，气候变化风险具有不确定性、损害性以及相对性等特征。首先，风险是未来的事件，不确定性是风险的基本特征，未来气候变化的损失具有可能性。其次，气候变化具有不利影响。之所以被称为风险，是因为它具有损害性。最后，气候风险的高低是相对的。对于同一系统，在不同区域或不同时段，其面临的气候风险程度均不同。具体地，气候风险主要具有以下特征。

1. 与气候相关的安全风险是全球风险社会背景下的一种复合型风险

气候风险同时包含自然环境面临的气候风险和人类社会应对气候变化的风险。跨界水资源管理、粮食安全和极端天气事件等关键性气候变化对人类社会影响不仅取决于气候变化的规模和速度，也取决于脆弱性和适应能力，以及政治背景、治理制度、经济发展、社会公平问题等。气候风险的产生、发展以及消失与人类社会发展紧密相连，世界各国都面临普遍性的气候风险，差别之处在于部分区域受气候变化影响的脆弱性更突出，部分区域的气候敏感性不高；部分区域的不利影响更严重，部分区域的积极作用较多。气候变化风险的发展态势、表现形态、影响程度等都非常复杂，确定性与不确定性相互交织，有些风险超出目前科技发展水平而无法预测。气候变化风险并不是一成不变的，随着人类社会实施积极的减缓和适应措施，在一定程度上可以管理或改变气候风险，比如可以将气候影响的程度由强转弱，由隐性转为显性，由不可预测变为可监控可预测，由不可预防变为可防御等。

2. 气候相关的安全风险具有溢出性，与其他类型风险相互交织

短期内，气候变化加剧了水资源压力、恶化了粮食安全问题，极端天气事件增加了海平面上升区域面临的压力。粮食安全问题产生交互作用，政策响应要考虑到气候风险的复合特征，尤其要避免负面的溢出效应。总体上，气候变化会产生多重后果，在全球、区域和国家等不同层面产生不利影响，涉及不同的政策领域，不同的政策措施有针对性地解决不同问题，政策实施效果还取决于社会、经济、政治和制度等一系列因素。相应地，气候风险分析和政策响应要考虑系统性需求问题，同时气候风险分析特别依赖于发展背景分析，需要掌握各种风险管理要素之间的联系，在风险评估预警、战略规划、投融资等风险应对的不同领域与

---

① 高江波，焦珂伟，吴绍洪，郭灵辉．气候变化影响与风险研究的理论范式和方法体系［J］．生态学报，2017，37（7）：2169－2178.

所有环节都有交叉。

3. 气候有关的安全风险随时间和空间传播

气候安全风险可分为缓慢的气候变化与快速的气候变化。部分气候风险（如极端天气事件）会迅速发生，其他（如海平面上升）则是长期性问题。气候变化的缓慢变迁相对容易理解。气候变化的影响跨越地域边界，具有空间溢出效应。干旱对主要农业国产生的不利影响，可能会导致全球范围内的粮食价格大幅波动。一个国家的冰川融化可能会通过跨境河流系统导致下游国家洪水泛滥。在一个相互依存的世界里，进行气候风险分析时要注意风险会随时间和空间传播，并且会与其他全球性挑战叠加产生系统性影响。

对于气候风险类型的划分，按照风险严重程度，可将气候风险划分为极端风险、严重风险、一般风险、轻微风险；按照风险影响的地域范围，可将气候风险划分为全球风险、区域风险与局地风险等；按照风险影响的结果类型，可将气候风险划分为可逆风险与不可逆风险；按照风险影响结果的不同领域，可将气候风险划分为经济风险、政治风险、社会风险与生态风险等。考虑到气候风险由大量风险叠加，涉及自然、社会、经济、政治和生活等各个方面，属于复杂多样的系统性风险。按照人类认知的程度，可将气候风险分为三个层面：已知的（已确定的）、疑似的（可能的）与假定的（推测的）。相应地，可将气候风险分为三种类型：简单风险、潜在风险与模糊风险。简单风险是指通过科学监测、观察目前已确定的风险，潜在风险是经过一定的科学评估且具有较大可能性出现的风险，模糊风险是指对未来气候的模拟与评估且仍带有较大不确定性的风险。IPCC 对全球气候风险的评估是一个不断深化认识的过程，先前一些疑似的影响逐渐得到确认和证实，一些推断或者假定的评估结论发生的可能性大大增加，逐步转变为潜在的影响，最新的科学研究成果是世界各国科学家提出的对未来 20 ~ 50 年气候风险的模拟或推断并在一定范围内达成了共识。为进一步考察不同类型气候风险产生的具体影响，IPCC 第四次评估报告对简单气候变化风险、潜在气候变化风险与模糊气候变化风险的影响进行了梳理（如表 6 - 1 所示）。这种不同的风险类别划分以及识别具有代表性的气候变化影响，有助于增进社会公众对气候变化风险的理解，进一步提高公众对气候变化风险的认知水平并增强其气候风险防范意识。

近年来，受全球气候变化的影响，极端气候事件增多增强，自然灾害的反常性、突发性和不可预见性凸显，灾害风险防范形势更加严峻复杂，减轻灾害风险、适应气候变化是各国面对的共同挑战。气候变化作为影响自然系统和人类社

表 6－1　认知意义上的气候风险分类

认知程度	风险类别	气候变化影响
已知的	简单风险	海平面上升；冰川融化；沿海生态如珊瑚礁等的退化；部分生物物种灭绝；高温天气增多；强降水频率增加等
疑似的	潜在风险	台风洪涝灾害增加；农作物产量变化，农业灌溉蓄水量增加；畜牧业产量变化；海洋养殖业风险；土地盐碱化和沙漠化；生态系统结构功能受损；农作物病虫害增加；局地干旱频发等
假定的	模糊风险	城市大气污染；空气质量造成的呼吸道疾病；大型交通水利工程风险；金融保险业风险；林业资源风险等

资料来源：IPCC。

会的巨大风险，需要世界各国携手应对。政府是气候风险治理的主要力量，企业、社会组织、媒体、社会公众等也可以在应对气候变化风险当中发挥重要作用。2009 年，德国著名社会学家乌尔里希·贝克教授在《气候变化：如何创造一种绿色现代性》中指出，气候政治迄今为止仍是专家和精英话语，要提升社会公众对气候变化以及气候风险的认知水平，按照风险社会治理的相关要求，从社会学视角观察和思考应对气候变化问题，动员和引导全社会的力量，才能更好地防范和应对气候变化挑战①。

第二节　风险评估的主要方法

气候变化对人类社会的各种影响之间具有复杂的相互作用，解决气候变化带来的安全风险首先要加强对风险的评估分析，风险评估采用的主要方法有②：

第一，基于发展背景的脆弱性分析。气候变化对人类社会的影响不仅取决于气候变化的幅度和速度，也取决于脆弱性和适应能力在不同国家及国家内部的不均衡分布，即使是同样的气候变化所产生的不利影响，在不同国家也可能会导致不同的结果，这取决于各国的发展背景，基于发展背景的脆弱性分析非常重要。气候变化对发展背景的依赖会加剧目前已有的脆弱性，气候变化并不必然导致安

① 彭黎明．风险社会视野下的气候变化风险探讨［J］．学理论，2011（13）：116－117.

② Mobjörk，M. et al. Climate－Related Security Risks：Towards an Integrated Approach［M］. SIPRI and Stockholm University：Stockholm，2016.

全问题，但确实加剧了安全风险。

第二，基于风险的分析方法。考虑到基于发展背景的脆弱性会随着时间推移而改变，我们遵循 IPCC 采取的方法，运用基于风险的方法来分析气候变化可能会如何影响安全。基于风险的分析方法具有优势，由于气候变化导致的后果具有很大的不确定性，对气候变化带来的许多风险，缺乏关于其发生的可能性及确切后果的统计数据，但仍有足够的信息来了解并预测气候变化的长期影响。缺乏统计数据会对进行风险分析产生一定影响。气候风险的主要特点是：多类型，会产生洪水、干旱等不同类型的后果；多维度，影响范围涵盖从本地到全球；从时间尺度看，兼具短期、中期和长期影响。气候风险的分析框架需要考虑风险的复杂性，以及快速发生和缓慢发生的不同类型。

第三，综合安全分析方法。气候变化通过各种方式影响生物圈和人类社会，不同的政策研究人员采用了从人类安全到国家安全的不同概念与方法来分析气候变化带来的安全风险。研究人员使用不同的安全概念本身不是问题，但要注意所用不同定义造成的差异。由于气候变化相关的安全风险的广泛性，我们可遵循 IPCC 第五次评估报告中采用的综合安全概念，综合安全分析方法建立在人类安全方法基础之上，解决了不同安全维度之间的相互作用。然而，人类安全方法仍具有一定的特殊性，因为任何其他维度的安全，如国家安全或国际安全，都可能对人类安全产生负面影响，这是进行规范性分析的基础，任何措施都不应以牺牲人类安全为代价。因此，综合安全分析方法可以识别气候变化带来的不同类型安全风险，并为不同的安全评价方法彼此冲突时如何评价提供了基础。

第四，与气候相关的变化。气候变化被定义为可识别的气候状态的变化，表现为平均温度值的改变，通常持续时间较长，一般时间跨度为几十年。目前，相关研究倾向于讨论气候相关的环境变化问题，或是与气候相关的变化，并将其定义为生物物理学的变化，气候状态变化会受到相关条件的影响，气候变化对人类社会的影响主要包括气候因素和非气候因素，如社会和政治应对。因此，与气候有关的变化更好地反映了社会与环境的变化。

针对气候冲突与气候风险的评估指标体系在不断发展完善。基于 Rüttinger 等的研究，表 6 – 2 针对气候冲突的经济影响评估，提出了四个层面的气候冲突风险监测指标体系：第一层为脆弱性冲突监测（如表 6 – 3 所示）；第二层为气候变化脆弱性监测（如表 6 – 4 所示）；第三层为低碳风险因素监测（如表 6 – 5 所示）；第四层为经济恢复力监测（如表 6 – 6 所示）。

表6－2 气候冲突的经济影响评估

气候冲突因素	经济影响
地方资源竞争	土地、水和其他资源日益稀缺，导致市场价格上涨，某些群体无法获得生存资源
生计不安全和移民	较高的人口压力（如迁移到其他城市或国家）导致资源稀缺
极端天气事件和灾难	基础设施、设施和房屋的破坏将破坏生产和经济发展，并对当地市场产生溢出效应
粮食价格和供应波动	食品供应中断将导致社会各界受到影响，当地企业受到干扰
跨界水资源管理	水资源管理方面的不完善可能会严重影响依赖水资源的行业部门，并可能进一步导致动荡和紧张
海平面上升和沿海退化	沿海企业和行业可能会发现关键资源和关键基础设施因特定领域的环境压力而面临风险

资料来源：Rademaker, M., Jans, K., Della Frattina, D., Rõõs, H., Slingerland, S., Borum, A., van Schaik L. The Economics of Planetary Security Climate Change as an Economic Conflict Factor [R]. Hague Centre for Strategic Studies, 2016.

表6－3 气候冲突风险监测指标体系（第一层：脆弱性冲突监测）

安全子域	政治子域	社会人口子域
最大冲突强度	政治得分	婴儿死亡率
死亡率的最佳估计	政治得分的变化	出生时的预期寿命
全球恐怖主义指数	虚拟派系主义	人类发展指数
政治恐怖量表	法治	民族划分
难民产生	控制腐败	女性劳动参与

表6－4 气候冲突风险监测指标体系（第二层：气候变化脆弱性）

降水子域	海洋子域	水子域	土地子域	灾难子域
平均降水变化系数的变化	生活在海平面以上五米以下的人口	水资源压力	一个国家的沙漠面积占比	与天气有关的灾害（干旱、洪水、风暴和极端温度）的脆弱性
平均降水量的变化——绝对值的差异		人均淡水资源	耕地	

表6－5 气候冲突风险监测指标体系（第三层：低碳风险因素）

以下资源的租金：石油、天然气、矿产、森林和煤炭	石油来源的电力生产	可再生能源消耗	温室气体排放量	温室气体排放变化（相对于1990年）

表6-6　气候冲突风险监测指标体系（第四层：经济弹性层）

人均GDP，PPP	外债（$）	经济复杂性指数	信用评级	劳动力	经济自由度指数

资料来源：Rademaker，M.，Jans，K.，Della Frattina，C.，Rõõs，H.，Slingerland，S.，Borum，A.，Van Schaik L. The Economics of Planetary Security Climate Change as an Economic Conflict Factor［R］. Hague Centre for Strategic Studies，2016.

以中亚为例，气候安全风险评估的主要内容包括：①水资源压力。在气候变化背景下，区域内面临的水资源压力上升，上游和下游国家之间的紧张局势加剧。②资源竞争。随着气候变化加剧，自然资源的可获取量减少，由此引发的边境冲突愈演愈烈。③危害区域合作发展能力。未考虑气候敏感性的发展侵蚀了区域的合作能力，导致整个区域缺乏发展现代经济的技术能力，同时也限制了外国直接投资。④社会不稳定升级。不受管理的气候变化影响和能源转型，导致社会不稳定升级，极端天气和气候事件导致能源、粮食获取受到限制，破坏脆弱地区的社会稳定。因此，气候相关的安全风险管理战略需要采取综合应对措施：一是要开放收集的公开数据，支持对气候安全风险进行监测和科学管理。二是针对气候风险预警和合作救灾措施进行成本效益分析。三是提供技术援助，对低碳弹性基础设施建设以及社会转型政策进行可行性评估。四是促进区域性应对气候变化的政策对话与合作交流。

第三节　气候风险评估的主要流程

开展风险评估是进行风险管理的基础，对未来气候变化产生不利影响的程度以及发生可能性的大小进行评估。风险管理是风险评估的最终目标，通过运用各种途径或技术手段，最大限度地降低气候变化可能造成的损失。气候风险评估的主要流程及相关要求如下：

（1）对利益相关方进行调研。通过调研利益相关方，了解不同的责任主体与利益相关方在气候风险管理方面存在的需求。由于不同利益相关方的关注对象和核心关切差异较大，该环节在研究实践过程中容易受到忽视，只有充分了解不同利益相关方的需求，才能全面评估风险并制定更具针对性的风险管理方案。

（2）识别暴露的气候风险点。该步骤的主要目的是确定风险受体，识别暴露于气候变化中的风险点，既包括生态系统、水资源、社会经济系统等不同领域，也包括生态脆弱地区、沿海地区等不同区域。通过识别关键的气候风险点，选取合适的指标体系，进而评估受气候变化影响产生的系统性风险。

（3）识别关键气候风险驱动因素。该步骤的主要目标是识别暴露的气候风险点遭受的关键气候影响因素。不同气候风险点的关键气候因子会存在差别，如洪涝风险的关键气候因子是降水强度，高温风险的关键气候因子则是气温。

（4）建立气候变化情景。风险分析的目标是定量分析影响阈值与不确定范围之间的关系。因此，需要基于特定的社会经济发展情景，预估未来不同的气候变化情景。

（5）进行敏感性分析。识别不同区域系统对主要气候因子变化的响应程度，如升温1℃情景下系统可能发生的变化。

（6）确定关键阈值。确定关键阈值是气候风险研究的关键步骤。气候变化是否达到危险程度，以及是否达到或超过自然生态系统或社会经济系统所能承受的范围，一旦达到或超过该范围，就会产生实际损失，这个范围的临界点即为关键阈值。

（7）可能性评估。可能性即系统达到或超过关键阈值后产生不利后果的概率，通过对不同气候变化情景的集合概率预测得出。可能性评估是气候变化风险评估的难点，主要来自气候情景的不确定性。

（8）风险评估。在敏感性、暴露度及可能性评估的基础上，针对不同领域、不同区域进行气候变化风险评估，持续开展气候风险监测，针对不同区域、不同时段的气候风险进行制图工作。

（9）风险管理。气候风险管理是依据风险评估结果以及各种经济、社会及其他因素进行风险管理决策并采取控制措施的过程。IPCC评估报告强调，应对气候变化是一个持续的风险管理过程，需要通过减缓和适应行动，综合考虑协同效益以及对风险的认知，应对实际和可避免的气候灾害损失。

目前我国的气候风险研究基础还很薄弱，不同领域和区域的气候风险研究需要加强。未来需要继续深入开展研究。

第一，气候风险的集合概率预测方法。由于气候系统的不确定性，可能性预估是气候风险研究中的难点。针对气候风险评估，需要进一步研究降低不确定性的方法，在现有情景预估的基础上，进一步发展集合概率预测技术手段，建立基于多情景多模式的集合概率预测情景方案。加强气候模式模拟研究，降低气候系统模拟的不确定性，完善气候风险研究的技术方法体系。

第二，定量风险损失与风险等级评估相结合。气候风险评估既可以估算气候变化对不同领域造成的定量风险损失，也可识别区域气候风险的不同等级，实现定量风险损失与风险等级评估相结合。在不同领域的气候风险评估中，评估定量风险损失，有利于制定有效的适应行动；在综合风险评估中，划定风险等级可以更直观地反映气候风险的空间差异。

第三，气候风险区划与制图工作。在国家及区域层面开展气候风险区划与制图工作，是开展气候风险管理的重点需求。气候风险地图是气候风险评估结果的空间表达，通过制图可以确保气候风险得到准确展示，对防范气候风险意义重大。在不同领域以及综合气候风险评估基础上开展气候风险区划，按照风险源、风险类型、风险等级等制订气候风险区划的评价指标体系，最终形成全国层面的气候风险区划方案，这对科学规划、管理与应对气候风险具有重要作用。

第四，建立以风险管理为核心的适应技术体系。适应是应对气候变化的重要途径，也是气候风险管理的主要目标。为应对气候变化的不利影响，要协同推动适应气候变化与风险管理相关工作，加强综合观测、信息共享、防灾减灾、预测预警等方面的相互协调。同时，加强对气候风险管理的信息技术支持，基于地理空间信息技术，构建气候风险管理信息系统，建立气候变化信息数据库及未来气候变化情景方案，耦合气候风险评估模型，实现对气候风险的实时评估。构建气候风险管理信息系统预案库，实现气候风险管理预案的即时调用，为各级政府防范气候风险提供充分和有效的支持①。

第四节　关键性气候灾害风险评估

关键性气候风险是指气候变化对人类社会造成的严重影响及不可逆转的后果，主要包括以下类型：一是生态系统退化风险。海洋和海岸生态系统、生物多样性和沿海生态系统（特别是热带和北极渔民）遭受损失的风险；陆地和内陆水生态系统、生物多样性及相关生态系统功能受损的风险。

二是物种灭绝风险。气候变化导致生物多样性锐减，进而削弱生态系统的安全、服务及资源供给能力，威胁人类社会发展的生态基础。气候变化引发气温、降雨量及海平面上升，摧毁森林、湿地及牧场生物栖息地，危及物种安全。气候变化速度已远远超过动植物自然适应的能力范围，导致物种加速消亡，生物多样性减少。评估结果显示，如果温度上升3℃，那么20% ~30% 的陆地物种会濒临

① 吴绍洪，潘韬，贺山峰．气候变化风险研究的初步探讨［J］．气候变化研究进展，2011，7（5）：363 -368.

灭绝。

三是人类发展风险。气候变化影响水资源供给，削弱发展基础并影响发展安全。气候变化改变径流模式，生产生活所需的淡水资源将更加紧张，缺水的国家和地区将因此遭受惨重损失。气候变化加剧冰川消融，增加海水入侵和风暴袭击的灾害风险，严重干扰或破坏发展进程。据估计，若全球平均气温升高3℃～4℃，因此增加的洪灾可能使全球3.3亿人永久或暂时失去家园，面积狭小的太平洋岛国和加勒比海岛国可能会遭受毁灭性打击。气候变化导致更频繁、更猛烈的热带风暴，给沿海区域带来灾难性后果。受气候变化的影响，农民生计问题和收入减少的风险增加，特别是半干旱区域的农牧民面临的风险更大。

四是国家安全风险。最不发达国家和脆弱人群的适应能力严重不足，面临较大的气候安全挑战。低洼地区和小岛屿发展中国家由于风暴潮、海岸洪水和海平面上升面临人员伤亡、亚健康和生计中断风险。高温、干旱、洪水、降水变化和极端事件引发粮食安全和供应中断风险。灌溉用水不足导致农业产量减少，城市与农村贫困人口的粮食供应面临中断的风险。部分区域面临内陆洪水和极端天气事件导致的基础设施网络和电力、供水、健康以及应急服务等关键服务业中断带来的系统性风险。

五是人类健康风险。气候变化诱发并加剧人类的健康风险。高温热浪会提高发病率和过早死亡人口的占比；各类疾病扩散加快，不仅造成生物死亡，还威胁到人类生存；空气污染的发生频率和强度增大，进一步恶化人类健康。极端高温导致脆弱人群和户外工作者发病和意外死亡的风险增加，城乡居民面临严重的亚健康和生计中断风险。气候变化导致全球营养不良人口增加，使消除饥饿的发展努力受到严重挑战。

六是经济发展风险。气候变化对经济系统造成的影响以金融业为主，直接影响是造成保险损失增加并降低风险的可保性。短期内，风险可保性的改变会导致保险市场失灵，部分保险公司可能会退出市场或者缩减保险范围，进而危及保险业的稳定性。气候变化对银行贷款质量造成不利冲击，导致更多的资产减值和核销，降低银行利润，增加监管资本，进而削弱金融系统的整体稳定性。农业属于气候变化高敏感行业，气候条件会对农作物产量产生很大影响①，气候变化会加剧降水量区域分布的不均衡性，增加干旱和洪涝灾害发生的可能性，进而影响农业生产与粮食安全，从而不利于经济发展。

---

① 卢璐，丁丁，邓红兵，严岩．气候变化：风险评价与应对策略［J］．经济研究参考，2012（20）：19－22.

针对以上关键性气候风险，政策管理的目标在于降低气候变化带来的损失风险，制定适宜的管理机制以确保社会经济持续发展，同时权衡应对气候变化政策的成本和收益。适应是人类社会对气候变化严重后果的响应机制，也是降低脆弱性和保障发展的重要途径。除了自然生态系统的被动适应外，人类社会也要强化主动适应措施，将气候适应措施纳入发展规划当中，政府部门、社会公众等利益相关者联合开展适应行动，解决贫困人口和脆弱人群面临的气候风险，有效应对和抵御气候变化与极端气候事件造成的不利影响。

第七章　应对全球气候安全问题的初步思路

《巴黎协定》提出，全球平均气温升高幅度应控制在2℃以内，并努力达到控制增温幅度不超过1.5℃的目标。按照目前各国提出的自主贡献目标，如果不采取更严格的减排措施，21世纪的温度升高幅度可能高达3℃。鉴于气候变化在不同时间与空间尺度上的差异性，人类社会必须尽快应对气候变化引发的各种灾害与生态环境风险，尽快推动气候安全从理论研究向政策实践转化，加强针对气候风险的全面分析，并遵循“恶果—影响—风险”的逻辑链条，从降低脆弱性、提高恢复力、强化适应性措施等方面多管齐下有效应对。气候变化会产生不同的后果（如洪涝、干旱、海平面上升等），这些后果又会影响很多领域（如农业生产、交通运输、能源供应、人体健康等），涉及人类社会的不同层面（影响范围涵盖从本地到全球）。由于气候风险的多维度特征，应对该问题的关键在于综合运用不同的方法和知识，需要各级政府协调采取相应对策，以前这些工作是分别处理的，例如，气候变化对传统建设和平的努力产生挑战，气候变化导致冲突风险增加，加强风险分析并采取整体性应对方法，是成功解决气候相关安全风险的重要基础。当前世界各国在应对气候安全风险方面仍面临较大挑战，需要进一步提升领导力、推动机构变革以协调应对。

第一节　总目标与基本原则

应对气候安全问题的总目标是全面提升各国应对气候风险的能力，管理气候变化带来的不可避免的安全风险，同时避免无法控制的风险，有效提升地方、国家、区域和国际等不同层级安全治理体系中对气候变化问题的防护水平，提升遏制这些可避免的风险以及适应不可避免的风险的能力，可采取的核心原则包括：

（1）常规化。目前，安全治理机构在其日常活动中并没有充分考虑气候变化问题，需要关注安全机构向决策者提供的定期情报简报并纳入气候变化内容，针对该问题持续举办政策对话和论坛活动。对关键性气候安全热点问题进行跟踪监测，确保气候安全问题能够适应政治形势变化，成为全球持续关注的热点问题。

（2）制度化。各国政府内部和政府间组织对气候变化如何影响安全的理解并不充分，需要建立气候安全分析机构，为决策者提供相关信息。例如，在国际安全层面，建立具有一定独立性的“全球气候安全危机监测中心”，定期向联合国安理会提出建议，确保政府间安全机构为应对缓慢和快速气候变化的安全影响做好充分准备，同时也在区域、国家等层面设立气候安全危机监测中心。

（3）提升能力。通常气候风险并未成为各国政府或政府间机构的优先事项，或者该问题没有作为地缘战略优先事项提出。因此，提升处理气候安全问题的机构层级对于确保应对气候风险至关重要。建立气候变化和安全问题高级别职位，直接向联合国秘书长进行报告，定期与联合国安理会沟通，将大大有助于在全球最高层面应对这些问题。

（4）将气候变化问题整合进现有的安全管理体系。为确保气候安全问题不被视为特殊利益问题，安全机构应将气候变化纳入关键性安全优先事项的分析当中，这是加强气候安全分析的做法。同时，要将气候安全分析嵌入各国政府和政府间机构的议事日程，通过建立新的跨部门机构以促进整合。

（5）针对气候紧急风险做出快速反应。制定可识别长期、中期和短期气候风险的规模化预警系统，明确触发气候安全紧急行动的“阈值因素”，确保以可比较的紧急程度针对可预见的气候事件及时采取行动。

（6）针对突发事件及意外情况制定应对措施。尽管各国已做出了最大努力，但仍可能面临某些气候风险带来的意外后果。因此，应设法确定这些潜在的问题并制定应对措施，促进跨部门和跨机构的协调来应对意外后果。

第二节　实施路径：全球治理

气候变化给自然生态与人类社会带来系统性风险，需要通过全球治理来有效管理气候灾害风险。为减少气候治理中的“搭便车”行为，在全球层面建立前瞻性、动态性的风险治理机制十分必要，加大国际气候政策的协调力度，积极落实《巴黎协定》目标，促进各国制定更高的减排目标，加快世界各国的低碳发展转型进程。推动从政府主导的单一型治理模式向网络型多主体治理模式转变，整合不同层面的气候风险协作应对机制。在国家、区域、行业等不同层面建立协同应对机制，促进政府、企业、社会组织和个人等主体采取集体行动。目前，全球气候治理体系结构较为松散，且缺乏法律约束力。联合国环境规划署 2019 年排放差距报告指出，目前各国的减排承诺与全球实现 1.5℃温升目标的要求还存在较大缺口。各国在应对气候变化的进程中存在“搭便车”动机，减排缺乏有效的实施与履约机制，即使不落实减排目标也不会受到处罚，导致各国普遍缺乏提高减排目标的意愿。例如，美国特朗普政府出于自身利益考虑退出《巴黎协定》，导致这种松散型治理模式面临实施挑战。因此，提升全球气候治理效能，需要建立严格的履约机制，加大对违约行为的惩罚力度，激励各国提出更高的减排目标，提高不减排的机会成本，加强各国气候政策的宏观协调，激发各微观主体的气候行动积极性，加快建立绿色低碳的生产生活方式，确保全球气候治理机制的有效性与公平性，是有效降低气候安全风险的重要途径①。

第三节　政策工具选择

应对气候变化不仅需要进行温室气体减排，也要主动适应气候变化。适应气候变化是管理气候风险和提升气候恢复力的重要途径，适应气候变化的不利影响与经济社会发展密切相关，通过采取适应性举措有利于降低脆弱性和暴露度，减轻气候变化对自然生态系统和社会经济系统造成的不利影响。2007 年，《联合国气候变化框架公约》第十三次缔约方会议（COP13）通过的《巴厘行动计划》将适应气候变化与减缓气候变化置于同样重要的位置。2012 年，IPCC《管理极端事件和灾害风险：推进气候变化适应》特别报告强调，不合理的发展过程将加剧灾害风险及其损失，需要采取积极的减灾和适应行动，减少灾害风险并促进经济社会与环境的可持续发展。2014 年，IPCC 第五次评估报告（AR5）进一步指出，气候变化影响、适应与经济社会发展之间不是简单的单向线性关系，需要从更广泛的人类社会系统应对的角度来认识和把握，并强调适应与减缓的协同效益。

① 曾维和，咸鸣霞. 全球温控 1.5℃的风险共识、行动困境与实现路径［J］. 阅江学刊，2019，11（2）：45－52.

一、根据需求选择适应措施：增量适应还是转型适应

自 IPCC 第四次评估报告（AR4）以来，气候风险管理与适应分析已从关注自然生态的脆弱性转向更广泛的社会经济脆弱性，相应地，实现适应目标有更多的发展路径及适应选择。一般来说，适应需求主要取决于：自然生态系统面临的气候脆弱性加剧，适应主体希望分享适应经验，社会组织和私营部门参与适应行动，提升适应资源投入和信息服务能力等。目前最迫切的适应需求是应对气候变化风险引发的安全问题，需要采取适应行动以确保人员、财富和自然资源的安全。从适应措施的类型看，目前生态系统适应、制度和社会层面的适应措施在不断增加，但工程技术措施仍是最常见的适应选择，包括建设防洪堤、提高灌溉效率、发展节水技术、培育新品种、进行保护性耕作、开展灾害风险区划、建设气候风险监测预警系统等。同时，适应措施的选择应以增量适应为主，通过减少气候变化的新增风险及其不利影响来实现目标。为应对气候变化的不利影响，必要时需进行转型适应（Transformational Adaptation），这需要相关部门协调配合采取综合性适应措施，并要避免适应行动中可能出现的不良适应问题（Mal - adaptation），即避免出现某地区或部门采取的适应措施导致其他地区或部门的脆弱性增加，或加剧目标群体的气候脆弱性。

二、适应性规划及实施

适应气候变化正在从研究阶段向战略规划及实施阶段过渡。适应性规划及实施是一个循环往复、不断改进的学习过程。气候变化的不利影响与经济社会发展密切相关，降低气候风险的适应策略需要充分考虑气候脆弱性和暴露度的变化及其与发展目标的关联。国家相关部门在规划编制以及实施等适应性管理方面可以发挥重要作用。目前，已有国家把适应气候变化与灾害风险管理、可持续发展规划等协同推动，以应对气候变化带来的风险。决策制定和适应性规划实施需要有效的政策工具。适应性决策的制定主要有“自上而下”和“自下而上”两种方式。“自上而下”的方式主要结合专家选择以及区域气候情景进行降尺度模拟；“自下而上”的方式主要通过评估特定部门或群体受到的气候变化影响、风险和脆弱性，进而做出适应性选择。由于气候变化的不确定性和社会生态系统的复杂性，需要采用动态规划方法，加强动态监测、模拟及空间整合、早期监测预警以及信息交流沟通等。整合监测和地理信息系统（GIS）有助于提高适应的前瞻性和有效性。由于气候适应的复杂性、多样性以及路径依赖性，关于适应性规划及

其实施难以提出普适性的方法。

三、通过转型适应建立气候恢复力路径

面对日益增长的气候变化威胁，为实现经济社会的可持续发展，需要通过转型适应来建立提升气候恢复力的发展路径。转型适应属于更大尺度和范围的适应，通常采用新技术、新实践、新管理体系，是应对适应极限的重要举措。与审慎的可持续发展不同，被动或主动的转型会给社会经济系统造成一定风险，适应路径选择将决定未来的气候恢复力和风险水平。采取提高气候恢复力的发展路径有助于降低气候安全风险，世界各国积极探索气候恢复力发展路径。非洲国家开展适应管理系统建设，主要采取灾害风险管理、改良技术和基础设施、基于生态系统的方法、保护性农业以及生计多样化等措施来降低脆弱性。欧洲制定跨部门的适应性政策，将海岸带、水资源及灾害风险管理等相关领域纳入适应性规划。亚洲推动综合水资源管理的适应实践产生了协同效益。澳大利亚积极制定应对海平面上升以及水资源减少的适应性规划，但地方与社区层面的转型适应还面临行动障碍。北美各国通过加强城市地区的适应性评估和规划，进而采取前瞻性和战略性的适应措施，积极推动韧性能源和公共基础设施等领域的长期投资。中南美洲普遍运用基于生态系统的适应措施，包括建立保护区、制定保护协议和加强自然保护区管理，这对改善生计和保护传统文化十分有效。气候变化给北极地区的经济社会发展带来重大挑战，该地区居民较早地采取适应气候变化行动。小岛屿国家在综合考虑气候变化对自然生态系统和经济社会发展的不利影响的基础上制定适应性规划。

四、气候变化减缓、适应和可持续发展的协同问题

目前，适应气候变化的内涵正在拓展，从以前仅仅关注自然生态的脆弱性向关注更广泛的经济社会脆弱性以及人类社会的应对能力转变，IPCC 提出了气候灾害风险管理框架，明确了气候风险与经济社会发展之间的关联性，以及提高适应能力在气候变化风险管理中的重要作用，提出了减少气候脆弱性、暴露度以及提升气候恢复力的适应气候变化原则，强调转型适应是应对气候变化不利影响、突破适应极限后的必要选择。应充分发挥减缓和适应的协同作用和综合效应，选择适合的气候恢复力路径以确保经济社会的可持续发展。协同推进气候变化减缓、适应和可持续发展面临较大挑战，在适应性需求等相关决策领域，要更多地关注极端气候灾害事件对人民生计和生命财产造成的安全威胁。在适应性规划实

施方面，需要更多地关注韧性基础设施建设以减轻气候变化的不利影响，通过制定更好的适应策略方法来实现对气候适应资源的高效利用，把适应性措施融入经济社会发展当中可以产生共生效益。关于减缓和适应的路径，需要在对成本、收益、协同以及限制性因素进行权衡比较的基础上做出选择，关于发展路径的选择应坚持提升气候恢复力的原则，深入研究各种发展路径的驱动因素及其可能受到的气候变化影响；充分认识到适应、减缓和发展之间可能存在的互动反馈和关联效应；研究识别对发展构成特别挑战的潜在的气候变化阈值或临界点；研究提出可以兼顾减少灾害损失和实现可持续发展的转型适应方法；不断深化关于极端气候事件对发展影响作用机制的认识；充分研究人类社会和自然生态系统所需要的转型适应措施与路径，以及减缓和适应之间产生协同效应的机制措施等①。

五、通过风险管理增强恢复能力和适应气候变化

IPCC 第五次评估报告进一步阐述了人类社会应对气候变化行动的决策背景。气候风险管理涉及经济、环境等领域，当面临气候变化影响严重程度、发生时间及适应有效性等多方面的不确定性时，人类社会需要通过决策来应对气候风险。当面临持续的不确定性、潜在的严重影响以及多种气候和非气候因素共同作用的复杂情况时，迭代风险管理可作为一种有效的决策方式。跨地区、跨部门的复杂性气候适应行动，实现有效适应需要开展持续的监测和学习。目前，减缓和适应路径的选择将严重影响未来的气候安全风险。IPCC 第五次评估报告主要采用典型浓度路径（RCP）和排放情景特别报告（SRES）来预估气候变化的影响，人类社会和自然系统相互关联，未来面临的脆弱性、暴露度和应对响应的不确定性高。适应措施的有效性取决于各种复杂的限制性条件和各种影响因素之间的共同作用。受限于特定的发展背景，适应具有高度的地域性，需要因地制宜地选择适应措施，通过各部门以及利益相关者的广泛参与，才可能实现效益最大化。适应气候变化的首要步骤，是减少对气候变化的脆弱性和暴露度，按照目标和风险程度在所有治理层面加强适应性规划实施，深化认识社会文化背景、识别不同利益群体等有利于促进决策。通过加大针对环境决策类型、决策过程的多样化支持，通过已有政策工具加强对气候变化影响的预估，有利于提升适应气候变化的能力。适应性规划实施面临一系列不利因素，如人力、财力、资源不足，综合协调治理能力不足，气候影响预估的不确定性，对气候风险的认知不足，气候适应性

---

① 段居琦，徐新武，高清竹. IPCC 第五次评估报告关于适应气候变化与可持续发展的新认知［J］. 气候变化研究进展，2014，10（3）：197－202.

监测工具不足，以及观测监测及运行维护经费不足等。同时，规划不当、过于关注短期问题和预估结果的不确定过大也会导致不良适应；全球适应领域存在较大的资金需求缺口，需要全面深入评估全球适应资本和投资情况等，高度重视减缓、适应以及不同适应措施之间存在的协同作用，不同区域之间也存在相互影响①。

气候恢复力路径是兼顾适应与减缓的可持续发展道路。加强风险管理可以降低暴露度和脆弱性，提高自然系统和人类社会的恢复力。通过迭代过程可以确保风险管理措施得到有效实施。选择可持续发展的气候恢复力路径会影响减缓气候变化的效果，通过气候减缓行动不仅可以降低升温速度和增幅，也有利于适应气候变化。推迟减排行动会减少选择气候恢复力路径的机会，加快经济、社会、技术、政策等多维度转型有助于实现气候恢复力路径，当某个地区根据自身实际情况选择适合的可持续发展目标与路径，适应就是最有效的。实现可持续发展转型需要迭代学习、审慎管理和创新变革②。

六、协同推进气候灾害风险管理与气候适应行动

灾害风险管理（Disaster Risk Management）通过设计、实施和评估各项战略、政策和措施，增进对灾害风险的认识，促进减少和转移灾害风险，并推动备灾、应对灾害和灾后恢复等，以维护人类社会的可持续发展与安全福祉。灾害风险管理包括减灾（Disaster Risk Reduction）和灾害管理（Disaster Management），通过采用不同的方法和措施，在区域、国家和国际等不同层面各有侧重。备灾（Disaster Preparedness）包括预警、针对意外事故和紧急事件制定应对预案，通过备灾可以消除物理事件发生后可能受到的不利影响，如帮助人员、家畜从暴露和脆弱的环境中疏散；同时，也有利于更好地应对已发生的不利影响，例如，通过建设充足的避难所和提供饮用水源来帮助受影响的人员，向受影响的动物提供食物等。

全面的灾害风险管理，要求对减灾、灾害管理等各个环节进行科学合理的配置。将灾害风险管理特别是减灾作为重要内容纳入国民经济社会发展规划，而不只是发生灾害后被动进行响应。与过去注重灾害管理不同，目前减灾成为关注的

---

① 段居琦，徐新武，高清竹．IPCC 第五次评估报告关于适应气候变化与可持续发展的新认知［J］．气候变化研究进展，2014，10（3）：197－202．

② 姜彤，李修仓，巢清尘，等．《气候变化 2014：影响、适应和脆弱性》的主要结论和新认知［J］．气候变化研究进展，2014，10（3）：157－166．

焦点问题。积极主动的灾害风险管理和适应气候变化有助于避免未来发生灾害风险，而不仅仅是减少已有的风险和灾害。气候变化适应和灾害风险管理的联系更加紧密。气候适应包括人类社会适应和自然生态系统适应，人类社会系统适应，是针对实际或预期的气候变化及其影响做出相应调整的过程，以减少危害或利用有利机会。自然生态系统适应是指针对实际的气候影响进行调整的过程，针对预期出现的气候变化需要人类介入并做出相应调整。

灾害风险管理和气候适应均强调运用整体、综合、跨学科的风险管理方法，减少相关风险的产生，促进经济社会可持续性发展。灾害风险管理可以促进适应气候变化，并从应对当前的灾害影响中吸取经验，适应气候变化则有助于更有效地应对未来新的灾害风险。气候变化适应是目标导向，灾害风险管理是重要途径。一般来说，气候变化导致实现灾害风险管理的难度加大，原因在于：一方面，气候变化将显著增加一些物理事件的发生并改变发生的位置，进而导致很多地区的暴露度和脆弱性增加，造成灾害风险增加。另一方面，气候变化导致更难预测和评估灾害风险，尤其是极端气候事件。气候相关决策（Climate - Related Decisions）是指个体或组织做出决策，决策结果可能受气候变化及其生态、经济和社会系统的相互作用影响。例如，在低洼地区进行建筑选址，气候变化造成该地区未来面临的洪水风险增加，于是就需要进行气候相关决策。灾害风险管理部分反映了气候相关决策。许多情况下合理分配灾害管理、减灾和灾害转移等相关资源，受到极端气候事件的发生频率及后果等多方面因素的影响。目前，灾害风险管理机构均面临气候相关决策。自然气候变率和人为气候变化不仅会引发气候事件，而且会影响人类社会和自然生态系统的脆弱性及暴露度，气候事件、脆弱性和暴露度共同决定了灾害或灾害风险造成的影响和后果，灾害风险管理和适应气候变化的关键在于降低对气候事件的脆弱性和暴露度，提高针对无法避免风险的恢复力，将灾害风险管理和适应气候变化作为发展的重要目标，有利于降低未来灾害风险，推动实现可持续发展①。

第四节　气候风险分级管理政策框架

总体上，当前全球气候安全威胁未得到有效管理。通过海平面上升、粮食和

① 郑菲，孙诚，李建平．从气候变化的新视角理解灾害风险、暴露度、脆弱性和恢复力［J］．气候变化研究进展，2012，8（2）：79－83.

水资源短缺以及极端天气事件，气候变化对所有国家产生重大影响，进而影响社会稳定和经济安全，增加脆弱国家发生冲突的可能性。即使面对缓慢的气候变化，也需要提高各国和国际社会安全治理体系的适应和应对能力。

风险管理既是一门艺术，也是一门科学；既是长期问题，也是短期问题。管理传统安全风险，政策制定者和公众都要考虑并解决不确定性问题。风险管理是一个实践过程，为决策者提供了不同的政策选择。根据风险评估结果确定气候安全风险管理框架①，如图7－1所示。

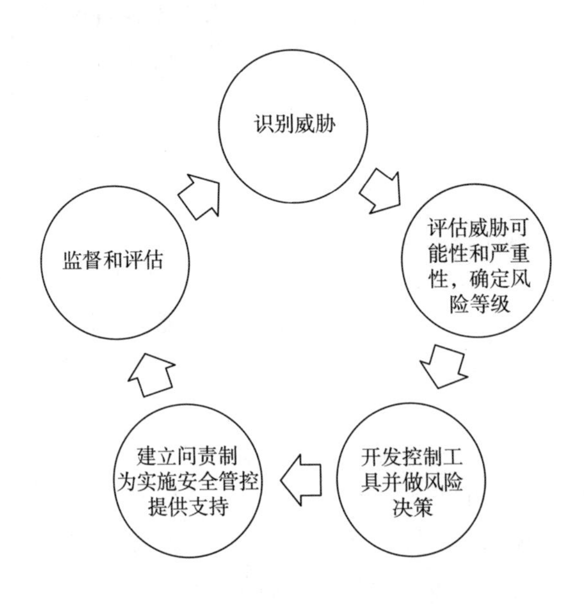

图7－1　气候安全风险管理框架

1. 制定分级管理的政策框架

负责任的风险管理策略需要制定明确的气候行动目标，包括有效的适应政策和应急计划。气候风险管理的有效性取决于设定明确的应对气候变化目标。全面评估气候变化带来的威胁和潜在的脆弱性，努力解决最坏情况发生时出现的问题。识别并管理气候变化不可避免的风险，最终要应对大规模复杂的气候风险影响及其不确定性问题，通过制定明确、综合的风险管理战略，并将其纳入政府的核心工作，在最高层面发挥作用，才能确保在维护国家和全球气候安全方面进行

① Mabey, N., Gulledge, J., Finel, B., Silverthorne, K. Degrees of Risk: Defining a Risk Management Framework for Climate Security [R]. E3G, 2011.

充分、有效的投资。按照风险程度初步将气候风险划分为三个层级：一是实现不高于2℃的温升目标，二是为温升3℃～4℃做准备，三是为温升5℃～7℃制定应急计划。

2. 气候风险管理的政策建议

每个国家都要按照其脆弱性和实际情况选择适合的风险管理举措。

（1）目标是保持温度上升在2℃以下。

第一，制定充分的减排目标。所有国家都必须根据关于影响国家和人类安全的整体风险的评估以及出现极端气候情景的风险，按照明确、可接受的气候风险水平制定应对计划。制定明确的国家减排目标并提供必要的政治支持，才能建立有效的全球应对气候变化机制。然而，由于各个国家气候风险暴露度和脆弱性存在较大差异，仅仅考虑明确的国家目标不足以推动达成全球合作协议，还需要同时推进有效的气候外交和加强全球政治领导力等方面的工作，以建立为所有人提供气候安全保障的全球性制度。

第二，加大对低碳转型技术研发的投资力度。基于技术有效性的应对策略应包括以下主要内容：一是增加主要经济体国家的技术研发投入，承诺增加公共研发投入；二是确保与其他国家开展联合研发和示范应用等合作活动的增长率（如10%～15%），增加双边技术合作；三是开展多边技术合作，确保开发关键的减缓和适应技术，以及发展中国家所需要的技术；四是支持发展中国家建立并完善低碳技术创新体系，以加速现有应对气候变化技术的扩散和应用，并加大针对贫穷国家应对气候变化最重要的创新领域的支持力度。

国际合作应侧重于确定所有对提升全球减排和复原力可以做出重大贡献的关键技术，并评估使其正常运行所需的支持基础设施和其他投资。定期审查和更新现有合作协议的执行情况，以便跟上最新的科学发展步伐。

第三，构建兼顾弹性和灵活性的全球气候制度。未来全球气候制度的设计应具有一定弹性，因为进一步的延迟行动意味着更高的风险。鉴于气候变化影响的重大不确定性，应该对国际和国家气候制度及时进行评估审查，以确保按照最新的气候科学认识制定减缓措施，通过修订减缓目标和行动机制来反映最新的信息与形势变化。发展中国家应该获得国际支持，以建立国家温室气体排放监测和报告系统，加大对建立包括减缓和适应行动的管理系统的支持。

第四，对应对气候变化行动进展和气候风险开展独立评估。如果不把政策制定与监测评估相分离，就可能会导致为了证明初始政策的合理性，出现偏离评估结果的风险。

（2）为面临3℃～4℃温升提升恢复力并建立预算。

第一，适应战略要为出现“完美风暴”和相互依存的气候影响做好应对准备。当前国际气候制度应对的核心问题是预计3℃～4℃的气候变暖，要根据这一温升水平设计和分配资源，以提供有效的恢复力和应对能力。适应性规划不仅仅是一项技术训练，它必须考虑到气候变化本身和必要的适应措施，以及更广泛的政治、经济和社会背景，以避免加剧气候变化对经济发展造成成本增加等影响。

第二，加强预防与人道主义救援方面的合作。21世纪的国际安全需要大力提升国际人道主义和预防冲突任务的协调能力。作为全面评估的一部分，所有国家都应探索预计3℃～4℃的温升将产生的高影响情景，以便推动开展潜在的人道主义需求评估，并加大预防性投资。

第三，增强国际恢复力的资源管理框架。当气候变化的影响处于相对较低的水平时，加强制度建设的时机已经到来。通过加强多边和双边合作来解决在适应和提升恢复力方面存在的现实差距。

第四，为决策者在制定政策方面提供所需要的数据、资料及相关工具。

（3）针对5℃～7℃温升的应急计划。

第一，“减灾”的应急规划和应急投资一般包括：①可以快速使用的大规模碳捕获和封存基础设施，用来减少化石能源电厂和重工业领域的温室气体排放。②开发薄膜太阳能和聚光太阳能热发电技术，使其成为具有全球应用前景的技术，制定应对气候灾害计划。③针对智能电网技术系统及先进储能技术进行前期投资，推动可再生能源快速发展，将更多的可再生能源纳入电网。④就融资机制达成协议，以缓解存量高碳排放资本的大规模提前退出，并通过负担得起的低排放或零排放技术进行迅速替代。⑤加速在先进低碳能源技术方面的国际合作，确保这些技术可在2020～2025年得到大规模应用与部署。⑥针对太阳能辐射管理等地球工程研究计划实施国际监管措施。⑦部署利用风险最低的碳排放去除技术，如碳捕获与生物质储存，“人造树”和生物炭等。⑧在全球层面加快制定核裂变发电厂部署和管理计划。

第二，系统监测气候变化临界点。现有评估表明，每年需要至少增加12亿～40亿美元投资，才能建立应对危险气候情景的预警及协调能力。

改善针对气候安全风险的政策响应。气候变化给全球各国带来了多重安全风险，这些风险在时间和空间上传播。各国面临的气候风险存在较大差异，但整体上气候变化带来了很大的安全风险，某些情况下增加了暴力冲突的风险。目前，各国对气候变化带来的安全风险的理解和认识不同，确定共同的概念有助于促进合作和相互理解，并加强政策的协调应对。为确保相关政策得到有效实施，需要建立明确的组织机构并加强政策协调。克服信息孤岛有两种策略：建立部门间协作机制和借助外部专家单位协调相关工作。激励和资源对决策者至关重要，要推动政府部门和公共机构开展跨部门合作，保持连贯一致的领导对实现该目标至关重要。政策制定者和实施相关方通过更紧密的合作，研究人员通过系统而深刻的研究成果，可以提供气候安全风险的相关知识。政策制定、实践工作和研究可以同时进行，及时进行信息分享，加强不同领域的政策合作研究，牵头单位可以承担这项职能并将研究转化为政策。首先，将气候变化纳入主流政策有助于提高对气候变化安全影响的认识，需要整合相关的应对策略。确保在相关的分析中充分考虑气候风险，工作人员也应拥有必要的资源和能力，以支持后续行动。其次，需要组织开发该领域的分析工具，主要包括气候风险分析和应对方法，预防气候敏感冲突的工具等。最后，不仅要关注现有气候安全行动的政策效果，也要关注其他政策产生的“气候化”后果以及区域协同问题。另外，还要加强不同政策领域的沟通协调。

第五节　充分发挥利益相关者的作用

一、气候风险的短期与长期应对机制

第一，长期发展问题需要联合国环境规划署、开发计划署与欧盟委员会国际合作与发展总司（DGDevCo）各国以及发展机构、国际非政府组织等协同应对，以确保发展是有利于气候保护的，气候行动是发展友好的。目前，部分国家的气候与发展行动都没有融入建设和平议程。因此，气候友好型发展必须要对冲突敏感，而建设和平必须考虑气候问题。这是推动气候安全相关议程的重要指导原则。

第二，短期外交问题要求联合国安理会、区域组织以及各国外交部开展联合行动，将其纳入联合国的斡旋和调解任务以及各国政府之间的双边或多边外交关系当中。针对外交问题的分析必须适当关注气候变化和其他环境问题。在许多国家和地区，气候变化对人类安全造成的挑战日益显著。如果忽视大自然在当今世界政治危机中所发挥的作用，就难以完全解决这些危机以及其所导致的冲突

后果。

第三，在长期和短期问题之间进行抉择。主要包括三个组成部分：首先，提高气候行动的雄心。减少碳排放是其中一个重要方面，提高适应融资和建立复原力的雄心同样重要。总而言之，这些对人类安全和国际社会稳定的破坏可能会被视为气候变化的长期结果，而不是最坏的结果。其次，通过解决初期或实际面临的暴力冲突，有助于将各方凝聚在一起，无论面临何种分歧，应对气候变化挑战有助于使各国团结起来合作应对。最后，在和平谈判和解决方案中纳入气候友好型的行动任务。

二、发挥联合国系统的整体作用

积极推动将气候安全问题以及与气候有关的安全风险分析纳入联合国安理会工作范围对全球应对与气候有关的安全风险和暴力冲突至关重要。短期内这是一个及时且必要的政策工具，有利于突出强调气候变化问题的安全特性。德国作为联合国安理会的当选成员进入两年的任期，明确宣布将气候安全问题作为工作的关键性优先事项之一。其他新当选的成员如多米尼加和比利时，同时也是联合国气候安全之友小组成员，为意大利、荷兰和瑞典等国在这方面所做的努力提供支持。2018 年 8 月，作为筹备工作的一部分，德国邀请了一些联合国成员国，10 月组建了气候安全专家网络。这些行动表明德国希望继续保持近年来积累的势头，以加强联合国系统在优先考虑气候相关安全风险方面的能力。目前已开展了一系列相关活动，德国支持多米尼加共和国在联合国安理会就气候相关灾害对国际和平与安全的影响进行高级别公开辩论，南非和印度尼西亚作为联合国安理会新当选成员，也将加入并支持气候安全倡议，推动整合相关工作。

将气候安全问题纳入联合国可持续发展高级别政治论坛等国际机制加以协同推动。2015 年 9 月，联合国大会正式通过《2030 年可持续发展议程》，提出了 17 个可持续发展目标及 169 个相关目标。在千年发展目标取得成功的基础上，《2030 年可持续发展议程》是国际社会实现可持续发展的重要指南。提高发展的可持续性在地区、国家、区域和国际层面都是核心关切。联合国经济和社会事务部在可持续发展目标的执行、评估和监测过程中与各利益相关方建立密切联系，并协助各国将全球目标转化为国家政策，将相关政策转化为实际行动。2019 年 7 月，一年一度的联合国可持续发展高级别政治论坛在纽约总部召开。联合国经济和社会事务部发布的可持续发展目标进展报告显示，可持续发展目标确立四年后，世界各国在一些领域取得了进展，但仍面临巨大挑战。经济状况、就业与不平等、气候变化、人口增长与移民以及技术变革，是影响可持续发展目标实现的五大风险因素。人口增长影响可持续发展目标的实现。联合国预计到2030年，全球人口将达到85亿。到2050年，全球超过2/3的人口将居住在城市地区，将应对气候变化纳入发展规划，是实现可持续城市化的关键。撒哈拉沙漠以南非洲等地区人口迅速增加，洪水、干旱、耕地和生计丧失，以及暴力冲突等因素，都会进一步加大移民压力。国际社会必须采取协调一致的措施，加强对移民问题的全球治理，以推动实现可持续发展目标。

当今世界面临的气候挑战，在规模和范围上都是前所未有的，气候变化危及可持续发展目标的实现，进一步加剧国家之间和国家内部的不平等，甚至有可能扭转过去几十年在提高人民生活水平方面取得的发展成果。生物多样性遭受了前所未有的威胁，自然环境正以惊人的速度恶化，海平面上升，海洋酸化加速，100多万种动植物面临灭绝的危险，土地退化加剧。环境恶化给人们生活造成严重影响，极端天气条件，更频繁和更严重的自然灾害以及生态系统的崩溃加剧粮食安全问题，导致人们安全和健康受损，许多地区面临的贫困、流离失所和不平等问题加剧。全球二氧化碳浓度水平持续上升，海洋酸度比工业化前时期提高了约26%，如果按照目前的增速持续下去，预计到2100年海洋酸度将比工业化前时期高出100%～150%。部分地区同时面对经济贫困、暴力冲突和自然灾害等多重挑战，全球减贫步伐放缓。全球饥饿人口在长期下降之后，又开始出现上升趋势，迫切需要将全球气温上升相比工业化前水平限制在1.5℃以下。联合国秘书长古特雷斯明确表示，为实现2030年可持续发展目标，需要更快速和更具雄心的气候行动，并积极推动经济社会的全面转型。尽管存在这些威胁，但可持续发展目标之间相互关联，因而也面临转型发展的有利契机。例如，加快经济增长向低碳生产和消费转型，推动形成新的经济增长方式，减少温室气体排放并创造绿色就业机会，建设更安全宜居的城市，这有助于改善人类健康和实现可持续的经济繁荣①。气候变化正在迅速演变成一场危机，灾害频率和强度越来越高，从而产生灾难性后果。小岛屿发展中国家每年与气候相关的灾害损失约占其GDP的10%。这是一项巨大的可持续发展成本，而且是不必要的，各国都难以承担。生态系统越来越脆弱，生物多样性正在迅速下降，许多物种的生存受到威胁。气候变化也成为不稳定、冲突和移民的诱发因素，同时也加剧了收入和财富的不平等。极端天气事件的发生频率和严重程度不断增加，目前世界上有超过20亿人

① 抓住机遇推动实现可持续发展目标［J］．可持续发展经济导刊，2019（7）：6.

居住在水资源严重匮乏的国家和地区。应对气候变化需要国际社会从根本上改变生产和消费方式，通过可再生能源等新技术实现经济增长“脱碳化”，到2030年使全球温室气体排放量下降45%，并尽快向净零排放转变。

联合国可持续发展高级别政治论坛为解决气候安全问题提供了重要推动力。联合国高级别政治论坛监测和审查可持续发展目标（SDG）进展情况，特别关注不平等（SDG10）、气候行动（SDG13）以及和平、正义和强大机构（SDG16）等目标之间的相互关联。将SDG13（气候）与SDG16（和平）联系起来，将不同机构不同领域的专业知识汇集在一起，体现了综合方法和气候安全机制所需要的雄心。通过制定国家战略来加强可持续发展目标之间的相互联系和协同作用，实现社会、经济和环境政策的协调统一。2019年高级别政治论坛为了解可持续发展目标的相互关联提供了独特的机会，并有助于制定整合气候安全风险的长期目标。目前距离实现2030年可持续发展目标只有10年时间，要加快速度调动资源以满足实现可持续发展的需要，增加国内和国际融资，并将其作为可持续发展的优先事项。可持续发展作为一项全球性努力，需要集体努力和协调应对。要成功地保护地球和世界人民，必须确保没有人落在后面。联合国经济及社会理事会副主席瓦伦丁·雷巴科夫（Valentin Rybakov）强调确保包容和平等的必要性，应关注2030年议程与“5P”之间的紧密联系，即人民（People）、地球（Planet）、繁荣（Prosperity）、和平（Peace）与伙伴关系（Partnership）。实现可持续发展目标需要进行全方位的变革，改变经济、社会和环境方面存在的不平等和脆弱性，并通过政策确保不让任何一个人落后。

近年来国际社会在建立气候安全应对机制方面取得了较大进展，将气候相关的安全风险纳入了联合国系统的最高层面。2018年11月成立的气候安全应对机制以及2019年9月的联合国气候峰会为解决气候安全问题提供了重要推动力。气候峰会是制定气候行动议程的关键时刻，目标是提高减少碳排放和气候融资的雄心。联合国秘书长安东尼奥·古特雷斯将气候变化作为“绝对优先事项”。气候峰会提出将在六个领域采取行动：气候融资和碳定价、能源转型、基于自然的解决方案、行业转型、城市和地方行动以及复原力。气候峰会要求所有参与者提出更高的减缓、复原力和适应能力目标。气候峰会为气候安全社区提供在行星安全倡议（PSI）网络中聚集的机会，基于行星安全倡议提出具有决定性气候行动的案例，并为减轻气候安全风险提出具体建议。

第六节　提升全球复原力应对气候安全挑战

自2015年七国集团（G7）发布《新气候和平》[①] 报告以来，全球气候安全形势日趋严峻。《新气候和平》报告强调气候变化与社会经济和政治格局等其他关键要素相互作用，加剧了部分地区的不稳定、不安全与武装冲突等。目前，实现气候系统的安全稳定面临重大挑战。2015年以来一系列创纪录的高温和极端天气事件数量和严重程度不断增加，与此同时，国际政治环境的不稳定仍在持续。中东处于动荡之中，区域和全球层面减轻暴力冲突与建设和平的努力效果不明显，武装冲突的数量已回升至20世纪90年代初期的水平。难民和国内流离失所者创历史新高，由于克里米亚、乌克兰和叙利亚问题，俄罗斯与西方之间的关系在恶化。过去五年来地缘政治对抗愈演愈烈、更加尖锐。总体而言，气候变化的影响不断加剧，持续增加的武装冲突以及地缘政治对抗的深化成为新常态。

积极的因素是国际社会正在努力采取集体行动解决全球气候变化问题。《2030年可持续发展议程》、《巴黎协定》、《世界人道主义峰会》、“人居三”及《新城市议程》等重要文件的发布表明，世界各国正在努力寻找可行的变革路径。七国集团、联合国安理会及其他建设和平的机构，非洲联盟、欧盟等均认可气候变化的安全挑战，并试图应对气候脆弱性风险，但在具体实施上仍面临较大挑战。除气候行动雄心不足外，2015年达成的《巴黎协定》《2030年可持续发展议程》两项协议为全球提升复原力工作制定了框架，但该框架在实施上面临挑战，第一个挑战是政策与机构的整合问题。整合的重点是不同机构及不同部门各自提出的政策行动，尽管本身可能针对正确的目标，但会丧失获得协同效应的机会，造成重复工作的可能性增大，而且风险很大，导致出现意外的负面影响增加。简言之，通过整合有助于提高效率。第二个挑战在地缘政治领域。如果坚持地缘政治对抗而不是按照行星安全的要求，将难以形成一个可行的政治议程。有人提出，环境可持续性目前是一种地缘政治利益。为了环境利益，以及作为行星安全的一部分，各方需要尽可能以和平、建设性与合作的方式处理当前的地缘政治对抗。第三个挑战在国家层面。如果美国等关键国家在气候变化问题上达成一致共识，使《巴黎协定》得以顺利实施，那么将对实施全球复原力议程产生积

---

① Mobjörk, M., Smith, D., Rüttinger, L. Towards A Global Resilience Agenda Action on Climate Fragility Risks [R]. Clingendael, Adelphi and SIPRI, 2016.

极影响。

在对气候脆弱性风险和政策响应的最新进展进行调研时发现，各国政府以及应对气候脆弱性风险的行动主体需要关注以下几个优先事项：一是加大气候外交行动力度。面对全球气候安全的严峻形势，外交政策制定者要进一步加强气候外交努力，以保持《巴黎协定》确立的良好势头。二是保护迄今为止已取得的成果。各国需要找到巩固已有成效的方法，以保持当前良好的势头。建立抵御气候脆弱性风险能力面临的关键挑战是缺乏制度化，可行的做法是建立一个国际分析中心，提供有关气候脆弱性风险的分析和建议。三是继续关注机构变革管理与整合扶持战略。为了实现《巴黎协定》《2030 年可持续发展议程》所确立的框架，目前尚未提出适当的整合方法。《新气候和平》阐述了如何促进全球复原力议程并实现一体化的整合，报告提出的建议可作为行动的切入点。当前，世界面临的应对气候脆弱性风险的任务需要加强领导力，并提出一系列可行的政策建议，当面临的实际风险会导致失去已取得成果的时候，所有的参与者都要提供领导力。政府间组织、各国政府、非政府组织、研究机构和社会公众都要一起推动行动方案的实施。

第八章　全球气候安全风险的总体形势与国际响应

气候变化给全球安全造成重大影响。气候变化的影响加速显现，极端天气事件的数量和严重程度不断增加，严重削弱了世界各国的安全，同时加剧了国际政治环境的不稳定性，2017 年出现了持续恶化的政治冲突和人道主义危机，气候难民与国内流离失所者创历史新高。极端气候事件、毁灭性飓风、洪水和洪水热带风暴袭击了加勒比海、北美洲、南亚和中东等地区，干旱和沙漠化加剧了非洲萨赫勒地区的贫困与饥饿问题，气候变化带来的安全风险不断加剧。各国城市也面临气候变化带来的安全风险，如向低碳能源转型的安全风险等新问题，不断增长的人道主义需求凸显了制定预防行动方案的紧迫性和重要性[①]，为此，国际社会十分重视气候脆弱性风险问题，积极制定应对策略和政策，例如，欧盟制定了全球恢复力战略，联合国安理会通过了关于乍得湖冲突的第 2349 号决议，澳大利亚参议院针对气候安全问题开展调查等，这些都为国际社会加快解决气候安全问题提供了重要基础。当前全球应对气候脆弱性风险的挑战依然存在，要加快推动全球恢复力战略实现从研究到行动的转变，采取跨领域、分阶段的联合行动：一是建立恢复力的合作伙伴。在国际和区域机构、民间社会和私人部门之间开展更紧密的合作。二是坚持预防优先。应对气候危机，要提高国家相关机构预防的能力，并兼顾解决短期与长期问题，短期内通过增加投资，支持可持续和战略性的预防方法的研究。三是从问题分析转向实际行动。解决气候安全问题挑战需要知识共享、合作伙伴关系以及摆脱孤岛困境。行星安全联盟在《海牙宣言》中已提出了行动议程，以加快推进相关工作。

① Vivekananda，J. Action on Climate and Security Risks Review of Progress 2017 ［R］. Clingendael，2007.

第一节　全球气候风险的总体形势

气候变化给人类的生存与发展带来了巨大挑战。联合国政府间气候变化专门委员会（IPCC）第五次评估报告（AR5）再次确认了20世纪中叶以来全球气候变暖的事实，温室气体继续排放造成进一步升温，导致气候系统发生变化，对自然生态系统造成了极大危害，人类社会生存与发展也面临着巨大的气候风险。气候变化的速度及严重程度均超过预期。2015～2019年，全球平均气温较工业化前升高了约1.1℃，与2011～2015年相比升高了0.2℃，升温造成冰盖融化、海平面上升、极端天气事件频发等不利后果。2015～2019年很可能将成为人类有史以来最热的时期。气候变化的速度和严重程度远远超过评估水平，全球正面临关键的气候风险临界点。南极半岛是全球气候变暖速度最快的地区之一，过去50年来，南极西海岸沿线约有87%的冰川出现后退现象，近年来大多数冰川的后退速度加快①。相对于工业化前，如果未来全球表面温度升高1℃或2℃，全球将遭受中等至高水平的风险。如果温度升高达到或超过4℃，全球将遭受极高水平的风险，会造成大量物种灭绝、生态系统崩溃，对人类社会和自然生态系统造成不可逆的影响与损害。

气候变暖会造成极端气候事件频繁发生，引发严重的经济社会后果。世界气象组织发布的《2020年全球气候状况》报告显示，2020年大气中二氧化碳浓度已经超过了415ppm，全球平均温度比工业化之前高出约1.2℃。随着地球表面温度上升，极端高温热浪发生的频率更高、时间更长，强降水事件增多。气候变暖导致水文系统发生改变，并影响水资源数量和水质，全世界200条大河中约有1/3的河流径流量出现了趋势性减少。全球气候变化导致小麦和玉米平均每10年减产1.9%和1.2%。海洋持续增暖造成冰雪融化和海水膨胀，导致海平面上升，进而淹没沿海低地，加大海水入侵面积，加剧海岸侵蚀，恶化海岸环境，加重风暴潮、洪涝等灾害程度。从重点区域和国家角度看，极端气候事件增多增强，不仅给发展中国家造成严重的经济财产损失与人员伤亡，就连发达国家也未能幸免。2003年夏季欧洲中西部发生了罕见的高温热浪，造成数万人死亡；2005年8月飓风卡特里娜在美国南部登陆，造成1700多人死亡，经济损失达100多亿美

① 冯卫东．联合国报告：气候变化速度及严重程度均超预期［N］．科技日报，2019－09－25（002）．

元；2007 年 7 月英国发生 200 年一遇的暴雨与 60 年一遇的洪灾；2010 年巴基斯坦出现世纪大洪水，俄罗斯发生百年大旱；2012 年 11 月飓风桑迪登陆美国，造成 113 人死亡；2013 年 7 月英国出现高温热浪，导致 760 人死亡；2013 年 11 月超强台风海燕登陆菲律宾，导致 8000 多人死亡；2015 年 5 月巴基斯坦、印度高温热浪导致 2000 多人死亡。2016 年 1 月到 2 月上旬，非洲多国持续高温干旱，粮食严重短缺；2016 年 6 月，法国洪水泛滥，美国纽约、费城等地遭遇夺命热浪，创百年最热纪录；2016 年 10 月，印度新德里 PM2.5 浓度超出了世界卫生组织规定安全标准的 10 倍。如果海平面上升 1 米，旅游胜地马尔代夫 80% 的国土面积将被淹没，南太平洋和西南太平洋的很多岛屿国家也将被淹没。海平面长期持续上升也会对中国沿海经济发达地区造成重大威胁。高温热浪、森林火灾、热带气旋以及洪涝干旱等极端气候事件对经济社会发展造成严重不利影响，城市发展面临的脆弱性和气候安全风险不断加剧。只有通过经济社会发展的迅速大规模转型，在能源等关键部门强化降碳措施，才能有效避免全球升温造成的不可逆转的危险后果。

国际社会对气候风险问题的关注度不断提高。2011 年，德国观察（GERMAN WATCH）开始发布年度气候风险指数评估报告，重点关注主要国家面临的气候风险及其对经济的影响。2014 年联合国环境规划署（UNEP）发布《气候适应资金缺口》年度报告，主要关注气候风险造成的损失及影响。2015 年通过的《2030 年可持续发展议程》，进一步推动了应对气候变化与发展融资的深度融合。为提升城市韧性，需要加大气候融资力度，通过构建绿色金融体系，运用绿色金融工具撬动社会投资来促进气候减缓和适应行动，将应对气候变化的要求纳入金融、投资、贸易等宏观经济活动已经成为重要的发展趋势，大多数发展中国家针对可再生能源、韧性基础设施建设等方面的融资需求增加，需要得到气候融资机制的资金支持。同时也要支持提升全球、区域以及发展中国家气候风险管理的能力，防止全球公共物品供给不足危害已有的发展成果。IPCC 强调，只有尽快进行全方位的变革，各经济领域加快“去碳化”进程，加大针对自然生态系统以及保护生物多样性的保护力度，支持发展二氧化碳负排放技术手段，国际社会才能实现《巴黎协定》提出的 2℃或 1.5℃的目标，以避免气候变化造成的破坏性后果①。

① 刘倩，范纹佳，张文诺，等．全球气候公共物品供给的融资机制与中国角色［J］．中国人口·资源与环境，2018，28（4）：8 -16.

2020年美国气候安全中心最新评估报告显示[1]，整体上看，如果全球碳排放得不到有效控制，世界将在近期以及中长期遭受不稳定的剧烈变化，对各国安全环境、基础设施和安全机构等构成重大威胁。

（1）即使是面对最低水平的气候变暖，受气候变化影响最严重的地区也是最脆弱的地区，如干旱地区、最不发达国家、小岛屿国家和北极地区等。这些地区对于军事行动具有战略意义，气候影响很可能进一步破坏脆弱地区的安全与稳定。

（2）工业化国家将面临气候变暖的重大威胁。长期来看，在高排放导致升温的情景下，这些国家可能面临灾难性的安全风险，如大量移民、关键基础设施和安全机构出现崩溃等。

（3）目前，世界的排放增长仍在继续，全球变暖的速度加快。即使是履行《巴黎协定》提出的国际减排承诺，也不足以遏制气候变化带来的安全威胁。如果各国不能在减缓和适应气候变化方面做出协调一致的努力，国际集体安全和各国国家安全就会受到气候变暖带来的严重影响和灾难性威胁。

在近期情景（温度上升1℃～2℃）下，气候变化对全球和各国安全都构成重大威胁。世界很可能经历更强烈和频繁的气候冲击，这会迅速破坏易受不安全、冲突和人口流离失所影响的地区，以及由于潜在的地理与自然资源脆弱性而处于不稳定的地区。所有区域将经历严重的气候安全威胁，从而破坏关键的安全环境、机构和基础设施。由此造成资源短缺、人口移徙以及社会政治灾难很可能在国际层面相互作用，同时产生大国竞争和潜在冲突的新领域。建议采取紧急和全面的预防和准备行动，以避免这种严重破坏安全稳定的情况。而在中长期情景（温度上升2℃～4℃）下，将面临非常大的灾难性威胁。气候变化呈现出一种难以管理、“高度灾难性”的全球安全威胁，必须严格避免出现这种情况。为避免这种情况发生，需要采取全面和紧迫的全球行动，以缩小气候变化的规模和范围，并适应不可避免的威胁。在全球平均变暖2℃～4℃的情景下，世界很可能在地方、国家、区域和国际等各个层面都出现严重的不安全和不稳定。所有区域都将面临潜在的灾难性气候安全威胁，其后果可能导致安全和民用基础设施、经济和资源稳定以及政治机构等出现大规模崩溃。无论是近期情景还是中长期情景下全球各地区气候安全风险的评估结果显示，中国均面临非常高的气候风险。

---

① Guy，Kate et al. A Security Threat Assessment of Global Climate Change：How Likely Warming Scenarios Indicate a Catastrophic Security Future［R］. The Center for Climate and Security，2020.

第二节　全球气候灾害加剧诱发系统性风险

在全球气候变化背景下，各类极端气候事件增多增强，随着社会经济快速发展，承灾体的脆弱性与暴露度增加，孕灾环境日趋复杂化，多灾种频发群发，以综合性灾害链为特征的系统性风险已经成为社会各界高度关注的新挑战。世界气象组织的统计数据发现，全球90%的自然灾害、70%的伤亡人数、75%的经济损失及87%的受保损失都是由水文气象灾害引起的。极端天气事件造成的社会财产和人民生命损失快速增加。从美国保险业统计看，20 世纪 80 年代以来，灾难性天气事件造成的受保损失增长超过 15 倍。全球范围内气候变化引发的各类自然灾害无论发生频率、强度还是影响范围都显著提高。经济社会比全球气候变化速率呈现出更显著的变化，人类活动所造成的影响在许多方面已经超出了地球自然生态系统的承受能力，并导致自然生态系统在一些关键环节、关键领域和关键地区出现了不可逆转的改变。一方面，这些变化使得传统灾害（如地震、泥石流、洪涝、干旱、暴雨等）的孕灾环境更加复杂；另一方面，人类活动范围的迅速扩大，导致社会经济对极端天气事件的敏感度加大，暴露度明显增加，对灾害的应对与承受能力也在下降。当自然因素和社会经济因素叠加耦合时，引发多灾种频发、群发，产生综合性灾害链等系统性风险，是世界各国亟须解决的新挑战。IPCC 指出随着极端气候事件增多，以及社会经济发展趋势（例如人口增加和无计划的城市化过程）所产生的耦合效应，将严重威胁商业资产的价值，降低投资能力，削弱保险、再保险和银行的获利，并可能导致企业破产。2017 年，金融稳定协会（Financial Stability Board，FSB）明确将气候风险视为 2008 年金融危机后需要谨慎应对的系统性风险，通过发布《气候相关财务信息披露建议报告》，为企业披露气候信息提供指引。目前，已有 100 多个市值超过 3.5 万亿元的企业做出公开承诺，加入该倡议。

全球灾害风险研究与应对进入新阶段。随着国际科学界对地球各圈层变化机理的认识和深入研究，将地球自然生态系统拓展到与人类活动的耦合，为全面认识人类活动对地球环境的影响，以及社会经济发展对全球气候变化适应提供了科学依据。自 1989 年起，联合国开始组织各国政府开展以《国际减轻自然灾害十年计划》为核心的全球防灾减灾行动。经过各国政府和利益相关方的共同努力，应对自然灾害风险已经从基于单一学科的科学认识，为单一灾种提供预警预报，为单一行业提供防灾减灾技术工程，为减轻灾害发生所在地区的影响，发展到以地球系统科学为理论基础，充分利用现有最新技术，开展全天候综合性监测，并在行业间、地区和国家间加强信息共享；基于系统科学理论模型，分析灾害风险，在加深对传统单一灾种风险科学认识的同时，加强对多灾种、灾害链等新型风险及其所引发的系统风险的理解与认识；通过科技创新支持，加强多灾种预警系统、备灾、应急、恢复、安置、重建工作和能力提升，加强各相关机构和各部门间在灾害风险防范与管理中的协作，通过机制创新与国际合作，让利益相关方充分参与防灾减灾的决策过程。

2015 年第三届世界减灾大会通过《2015—2030 年仙台减轻灾害风险框架》，明确该框架应与联合国可持续发展目标和应对气候变化行动紧密结合，通过加强国际合作，综合采取经济、工程、法律、社会、卫生、文化、环境、技术、体制、机制等多种措施，防止并减少承灾体的暴露性和脆弱性，加强应急和恢复的备灾能力，全面提升各个领域和各利益相关方综合减轻灾害风险的能力，实现预防产生新的灾害风险和减轻现有的灾害风险总目标。在仙台框架指导下，首先，灾害风险研究要加强多学科交叉研究的深度和广度，进一步认识人类活动对地球系统的影响机理，针对人类社会可持续发展的一系列实际问题，为防灾减灾领域决策提供可用的科学支撑。其次，在经济全球化和互联网信息技术的推动下，全球互联与一体化的程度大幅提高，局地的灾害影响可以从局地或区域，快速扩展到全球层面以及多个领域和多个行业。因此，灾害风险研究要高度关注全球问题与区域问题的结合，就区域之间共同应对全球灾害风险进行交流探讨，减少区域灾害风险对全球体系的影响等。最后，灾害风险研究要更多地从除害兴利和趋利避害方向着力。如何利用极端自然现象所产生的能量，将其化害为利，为人类更好地可持续利用自然生存空间是今后灾害风险研究需要关注的重点问题之一。

第三节　国际气候治理制度面临的不确定性

出于对气候风险问题的关注，始于 20 世纪 80 年代中后期，全球气候变化问题进入国际政治议程，由此开启了全球气候治理进程，国际社会按照预防性原则构建国际气候制度。1992 年，全球 154 个国家的代表共同签署了《联合国气候变化框架公约》（以下简称《公约》），提出所有国家均要应对气候变化，在责任划分上遵循“共同但有区别的原则”，发达国家率先开展减排行动。1994 年《公约》生效后，《公约》缔约方每年举行一次缔约方大会。《公约》是世界上第一个全面控制二氧化碳等温室气体排放，以应对全球气候变暖给人类经济社会造成不利影响的国际公约，也是各国开展应对气候变化国际合作的基本框架。1997年，在第三次缔约方大会上通过了《京都议定书》，确定了各国整体和具体的量化减排目标，落实国际减排目标。2005 年，《京都议定书》正式生效。2005 年后，围绕减排目标制定与分担、减排机制设计、气候资金数量与来源等问题，《公约》缔约方之间及《京都议定书》缔约方之间展开了漫长而艰难的“双轨制”谈判。2015 年，全球 195 个国家和地区在法国巴黎签署了《巴黎协定》，确立了 2020 年后国际应对气候变化的制度安排，明确了全球气候治理的目标是到 21 世纪末将全球升温幅度相较于工业化前水平控制在 2℃以内，并为实现 1.5℃目标而努力。

近 30 年来全球气候治理取得了一定的成绩，但全球气候风险的治理成效并不明显，当前以国家自主贡献为主的国际气候治理体系缺乏法律约束性，受各国气候政策变化的影响较大。例如，近年英国脱欧进程不仅影响英国和欧盟关系，还影响国际社会中的其他行为体。英国脱欧与逆经济全球化，将削弱欧盟在全球气候治理进程中的影响力和领导力。美国退出《巴黎协定》引发的“退群”效应对国际气候治理进程造成了一定的冲击。2017 年，美国总统特朗普宣布退出《巴黎协定》，废除《清洁电力计划》。2019 年 11 月 4 日，美国正式通知联合国将自当天起正式启动退出《巴黎协定》的程序。作为世界主要温室气体排放国，美国的“退群”给国际气候治理体系增加了变数，造成减排、资金和领导力缺口持续扩大，不排除会出现消极的跟随者，加剧国际社会对全球气候治理前景的悲观看法，国际社会需要对没有美国的全球气候治理现状做出反应。自 2013 年华沙气候大会以来，气候谈判进展艰难、国际气候治理行动迟缓、清洁技术与绿色基金投入不足、气候融资缺口较大等均表明了全球气候治理的难度，美国的“退群”行为抵消了《巴黎协定》中雄心机制（Paris Ambition Mechanism）和强化合作（Catalytic Cooperation）打破僵局的政策效应，也对全球应对气候变化行动产生了负面影响。俄罗斯、澳大利亚、土耳其等国家的立场出现了不同程度的后退；在国际气候融资谈判中，发达国家与发展中国家缔约方之间的信任感受到削弱。由于美国大选的不确定性，美国气候政策是否再次转向将引发关注。

《巴黎协定》的自主贡献模式在一定程度上造成了其履约困境。2018 年卡托维兹气候大会后，在《巴黎协定》实施细则的基础上落实国家自主贡献目标是全球气候治理取得进展的关键。目前，各国在提高减排力度上进展缓慢，能否进一步提升国家自主贡献目标，始终面临较大困难。出于保护国家利益以及国家身份定位的需要，部分国家遵从“身份→利益→政治变化”的反馈链条适时调整气候政策，进而重塑和影响政治系统的身份定位，部分国家气候政策出现转向，对《巴黎协定》的有效实施提出了挑战，甚至危及全球应对气候变化目标的实现与达成。如身为基础四国（BASIC）重要成员的新兴大国巴西以财政预算和政府换届为由，放弃申办2019年联合国气候大会。既然“自上而下”约束力更强的京都机制都难以达成全球减排目标，显然“自上而下”强调国家自主贡献的《巴黎协定》的落实前景会面临更大挑战。不论是京都机制还是巴黎机制，都难以有效协调各方参与全球气候治理进程，全球应对气候变化面临的现实困境以及英国脱欧、美国退出《巴黎协定》等全球气候政治的新形势给全球合作应对气候变化带来新挑战。

未来，国际气候治理仍然面临较大的潜在风险及不确定性，各国出于缓解自身发展压力的需要很可能转变政策导向，通过气候外交有效应对全球气候风险面临较大挑战。自2018年卡托维兹气候大会以来，国际社会在温室气体减排、适应、资金和能力建设等方面仍存在较大缺口。国家战略与外交政策之间存在双向建构关系，为实现国家低碳发展战略目标，会影响到气候外交的主体实践、不确定性与全球气候治理风险。气候外交表现为国家间气候政治的互动。英国脱欧、美国退约及中美关系变化等给国际气候治理造成潜在风险，并可能引发国际气候政治的分化或重组。从国家间气候政治来看，随着英国脱欧进程加快，原有的中欧双边气候政治互动将为中英、中欧间新的互动模式所替代。世界多边主义如何与相对失序的欧洲在气候变化等非传统安全议题领域寻求合作共识，还存在较大变数。当前中美的战略竞争和贸易战呈现出扩大化、长期化、脱钩化的发展趋势，将会产生外溢效应，对中美气候变化合作产生影响。气候变化的“议题关联”（Issue - Linkage）特性也会将负面影响进一步扩散到其他领域，如气候灾难会导致贫困、跨境移民、大规模流行性疾病等，给国家安全和国际安全产生较大影响，脆弱国家面临的气候安全风险最大。发展中国家或新兴大国群体，出于国家利益或国家定位的考虑，也增加了集体行动的难度，气候谈判中的国家集团重组和传统联盟政治，也会削弱国际气候治理制度的有效性。总体上看，以发展为导向的国际气候治理机制难以从根本上解决气候变化问题，建立以安全为导向的治理体系很有必要，这有利于维护世界和平与安全，同时也有利于维护世界发展成果。

第四节　气候安全问题的综合政策与整体应对

全球气候变化造成一系列气候脆弱性风险，导致海平面上升和沿海地区退化、极端天气事件和气候灾害频发，进而影响到水资源安全、能源安全、粮食安全等方面，加剧地缘政治紧张局势，引发气候移民和暴力冲突。气候安全风险的影响涉及多个方面[①]：首先，气候变化增加安全风险与暴力冲突发生的概率，产生的负面影响取决于社会治理结构以及应对气候压力的适应能力。其次，气候变化带来的安全风险彼此关联，如水资源短缺影响粮食安全，粮食安全加剧社会动荡和暴力冲突。气候风险涉及不同类型的问题和特定区域，要有效应对这些风险，需要运用综合方法。再次，与气候有关的安全风险随时间和空间传播。一些风险可能被推迟，而其他风险却会导致灾难迅速发生。最后，气候变化作为一种全球性问题，会产生严重的不平等问题，社会弱势群体往往受到最严重的不利影响，并引发公平正义、脆弱性和权力剥夺等基本道德问题。如何在降低这些风险的同时，解决气候变化对不同群体和社区的不平等影响是亟待解决的重要问题。考虑到气候风险影响到人类、社区、国家和国际的安全，要制定综合应对方法。一是识别并确定共同概念促进合作，推动整个社会了解气候相关的政策；二是完善组织机构并加强统筹协调；三是深化对气候相关安全风险的理解，并提出解决风险的政策措施。加强减少气候灾害和气候变化适应之间的协同作用，对降低气候安全风险具有重要意义。

目前，国际社会积极推动气候安全问题的政策响应与国际治理，采取了一系列政策行动。如《2030 可持续发展议程》将可持续发展目标纳入全球抗灾议程，应对气候变化的《巴黎协定》、世界人道主义峰会以及第三届联合国住房和城市可持续发展大会等都高度关注应对气候安全问题。联合国建设和平机构、联合国安理会、七国集团、非洲联盟、欧盟等针对气候脆弱性风险积极采取行动。没有单一的方法可以实现对气候风险的完全有效管理，需要建立针对气候变化风险的综合管理体系。目前应对气候风险的三大支柱包括减缓、适应和安全措施。减缓措施是为减少和避免气候变化而采取的措施，传统上主要通过减少温室气体排放来限制全球变暖。适应是调整和适应地球内部生命所采取的气候变化措施，包括

---

① Mobjörk, M. et al., Climate – Related Security Risks: Towards an Integrated Approach [M]. SIPRI and Stockholm University: Stockholm, 2016.

增量适应，如防御建设，大规模的社会经济变革，如改变饮食、重新培训劳动力，在某些情况下进行气候移民等；气候安全措施反映了直接和间接的气候减缓和适应不足或管理不善的后果，包括应对资源稀缺挑战、无人管理的大规模迁移以及应对气候变化所引发的暴力冲突等。

随着全球迈入风险社会，需重点关注极端气候事件和气候灾难等气候安全问题。风险社会理论认为风险具有内生性、关联性与扩散性，它伴随着人类的决策与行为，是社会制度、法律制度和科学技术共同作用的结果。随着人造自然化程度的不断提高，风险内生性更加突出。气候风险在空间上的影响是全球性的，超越了地理边界和社会文化边界的限制，现有的风险应对方法难以从根本上解决问题，需要构建综合的风险应对机制。2012 年，IPCC 发布的《管理极端事件和灾难风险，推进气候变化适应》强调，极端灾害事件造成的影响很大程度上取决于社会经济系统的风险暴露度与脆弱性。不合理的发展过程会加剧灾害风险及其损失，通过采取积极的减灾和适应行动，可以减轻灾害风险并促进社会、经济、环境的可持续发展。极端气候事件与灾害造成的经济影响主要体现为经济发展成本增加：一是灾害导致直接经济损失；二是适应气候变化的经济成本，包括气候防护基础设施投资、气候灾害预测预警、防灾减灾、灾后重建以及科普教育等投入。为应对气候风险，需要针对极端气候事件灾害治理进行长期规划，协同推动适应气候变化、灾害风险管理与可持续发展，在国家、部门和地方等不同层面整合适应、减灾与发展政策，应对未来人口增加和经济财富增长造成的暴露度和脆弱性增加，充分发挥不同主体在气候适应治理与灾害风险管理中的协同作用等。

第一，适应与减灾的协同。不同时间和空间上的减灾与适应目标可能产生矛盾。例如，修建堤坝虽然短期内有助于应对洪涝灾害，但长期可能会形成潜在的气候风险，原因在于风险预期降低会导致居住在堤坝保护区内的人数增加。尽管短期和长期目标难以协调，但最有效的适应与减灾措施却能够在近期提供发展利益，同时在长期降低脆弱性。采取应对气候变化的无悔措施不仅产生协同效应，还能够带来多重收益促进实现其他可持续发展目标，例如改善生计和社会福利，促进生物多样性保护，减少适应不良现象，为评估暴露度、脆弱性和气候灾害提供决策依据。

第二，减缓与适应的协同。国际气候谈判中我国面临提高减排目标的巨大压力，同时国内气候灾害高发频发，气象灾害损失占自然灾害总损失的 70% 以上，减缓与适应之间面临如何分配有限资源投入的挑战，两者对于可持续发展都很重要，如何在不同发展目标之间进行权衡取舍，是迫切需要解决的现实问题。国家、区域在减缓与适应目标之间的权衡，会产生全球性影响。中国同时面临较大的减排、发展以及减灾压力，需要付出更大的努力来协同减缓与适应这两个目标。

第三，不断创新发展理念与治理方式。面对未来的气候风险，有必要采取多样化的应对路径以及风险管理措施，增强风险应对能力，工程技术、社会管理等措施对降低脆弱性具有重要意义。同时，还要为气候适应行动构建坚实的社会认知基础，更好地理解社会系统的脆弱性特征，以及潜在的社会稳定和气候安全问题等。为此，需要加强跨地区、跨部门的协调配合，对现有的气候治理机制和治理体系进行评估完善，加大信息、技术、资源和能力建设支持，运用新的发展理念和思路制定气候风险管理战略规划，IPCC 提出了提升适应能力和恢复力的新理念与新工具。适应性管理强调“干中学、学中干”，是一个反复学习、不断提高适应能力的过程，通过监督、研究、评估、学习到创新的循环过程，有助于降低气候灾害风险。提升政府的适应性管理能力，需要结合不同的社会经济发展情景，将气候风险评估、适应和减灾相结合，为气候灾害风险的适应性管理提供多种政策选项，同时有效降低未来社会经济发展的脆弱性。近年来，中国不少地区频繁遭受极端气候事件，需要将加强气候风险管理纳入经济社会发展规划，通过加强气候科学评估、提升风险认知、加快信息共享等方式提升气候风险治理的成效。完善适应气候变化与灾害风险治理机制也很重要，英国等国家通过整合部门职能与资源，建立了更具适应性的大部门、小政府模式，有效提升了气候治理效果①，对中国开展气候安全治理具有重要的借鉴意义。

第五节　将气候安全政策转化为实践行动

气候变化产生不同的后果（洪水、干旱、海平面上升等），影响众多领域（农业、交通运输、能源生产、人类健康等），涉及全球的不同层面（从当地到区域、全球层面），并且影响全球所有的地区。气候风险具有多方面的特征，需要从不同维度做出政策反应，努力采用不同的方法和知识，例如，将应对气候变化挑战纳入传统的建设和平的努力进程中，通过强化气候变化行动来减少冲突风险，必须运用综合的方法来解决气候相关的安全风险，开发风险分析和政策响应

① 郑艳．将灾害风险管理和适应气候变化纳入可持续发展［J］．气候变化研究进展，2012，8（2）：103－109.

工具等。与气候相关的安全风险存在边界交叉与部门交叉，不仅在国家之间跨越地理边界，也跨越时间界限。目前广泛达成的共识是，预防是应对安全风险的最好方式。应对气候安全问题的关键是要将之前相互独立的不同领域的知识和应对方法结合起来，这需要建立新的工作流程、方法以及合作方式。因此，制定综合性的应对方法不仅需要跨越制度障碍和资源缺乏等问题，还需要超越不同的指导原则和利益之争。最重要的一步是，缩小不同政策和问题领域之间的差距，这需要所有参与者对所有细节都要加强相互理解，要认识到整合的必要性，改变工作方式，提升能力以及制定综合应对方案。主要措施包括①：

开发跨越不同政策和知识领域边界的相关概念，通过不同的会议论坛来讨论概念并推动达成共识；气候风险评估需要系统考虑气候变化引发的风险挑战以及气候变化与和平、安全与发展之间的相互作用与联系，推动解决结构性和复合性风险；应对气候挑战需要在充分考虑结构性和复合性风险的基础上制定政策，包括新的政策工具和活动类型都是必需的；同时，确保金融工具可以匹配复合型风险以及资源整合进程；制定跨越不同政府和国际组织的压力测试政策措施，确保可以对抗气候变化产生的压力及其社会影响，识别新的潜在的不安全局势，并提升响应能力；加强对政策实施进行监督评估的能力；制定明确的制度变革策略。

气候相关安全风险具有多面性特征。气候变化是塑造未来世界的主要力量之一，也是人类行为如何从根本上影响世界的一个例子，具有深远影响，最坏情况下，可能对人类社会造成灾难性后果，对安全、和平与冲突领域产生重要影响。科学评估证实了气候变化对生物圈和人类生活产生的巨大影响，各国越来越认识到气候风险对人类社会带来的多方面影响，包括基本生活必需品、健康的生活条件、经济繁荣的前景都受到气候变化的影响。不同群体对气候变化的认识不同，这不仅取决于他们所处的地理位置，也取决于他们的社会经济地位。穷人将遭受更多的不利损害，气候变化是发展和治理的双重挑战，它导致的安全风险进入了21世纪的高层政策议程。最初，潜在气候变化对安全的影响是作为针对减少温室气体排放采取紧急行动以减缓全球气候变化的依据。下一步要研究识别气候变化的影响，例如，水安全会进一步影响粮食安全和人民生计，同时也影响社会和政治稳定，造成冲突风险。气候变化问题对建设和平也非常重要，尤其是对于脆弱国家。分析气候变化安全风险需要采用不同的方法来评估气候变化的影响，包括人类安全、社区安全、国家安全以及国际安全。这些分析不仅要涵盖各种问题

① Mobjörk, M., Smith, D. Translating Climate Security Policy into Practice [R]. Clingendael and SIPRI, 2017.

和方法，也要考虑不同问题之间的相互关联。气候变化的影响各种各样、涵盖范围广泛，所产生的安全风险也多种多样。IPCC 第五次评估报告明确指出，气候变化威胁人类安全，增加暴力冲突的风险，影响重要的交通运输、水和能源等基础设施，对安全环境和国家安全政策造成的影响日益加深。因此，受气候变化影响的不同政策和不同领域需要进行整合具有不同职责的组织机构，以及社会不同层面，包括发展、危机管理、环境、国防和外交事务等不同政策领域，这些政策领域往往处于不同的发展阶段，需要将气候变化相关的安全风险整合进它们的工作当中。气候变化也是一个转型过程。它涉及以前人类历史上没有经历过的过程，如海平面上升以及干旱、暴雨、旋风和热浪等，并涉及很多不确定因素，尽管目前的统计数据足够强大，已经可以识别出很多气候变化风险，但还不足以分析气候风险发生的概率和后果，这需要开发出更好的分析工具。

气候相关的安全风险取决于社会发展背景。跨界水资源管理、粮食安全和极端天气事件在不同的社会发展背景下会产生不同的压力。有些地区有能力来适应较高水平的压力，而有些地区即使面临较小的压力也会受到严重影响。气候变化对人类社会的影响不仅取决于气候变化的速度和规模，也取决于脆弱性和适应能力。适应能力在不同社会和不同群体之间分布不均，这意味着在进行气候风险分析时需要充分考虑政治、制度、经济和社会背景等因素，政府治理结构、社会公平问题和适应能力也是研究识别特定气候问题（例如降雨）所产生不利安全结果（比如暴力冲突等）时需要考虑的因素，事实上很难产生统一的研究结论，不仅因为现实世界中的复杂性问题难以解决，而且自身存在的缺陷会对制定应对气候安全问题和风险管理政策产生误导。

气候相关的安全风险具有复合性特征。如水资源压力加剧粮食安全问题，极端气候事件进一步增加了受海平面上升影响的区域的压力。这些相互作用一直存在，并且加剧了气候变化问题产生的不利后果。政策制定者和研究人员需要针对任何特定的区域以及任何特定的气候风险来识别这些相互影响。如果单独研究气候变化对粮食安全的影响，而没有认识到不同问题之间的相互作用，将不能全面反映问题，甚至可能对粮食安全问题产生狭隘片面的认识。相关的政策响应要充分考虑气候变化风险的复合性特征，尤其要避免负面的溢出效应，以及有时会出现的翻转性问题，即当针对某个特定区域的问题采取积极措施却对另一个问题产生负面影响。

气候有关的安全风险跨越时间和空间传播。一些气候风险例如极端天气事件迅速发生，而海平面上升则在较长的期限内出现。一般来说，关于碳排放量持续增长对自然界的影响的识别已经超过了一个多世纪，但在产生影响之前减少碳排放就需要几十年的时间，更不用说完全停止。气候变化的缓慢特性相对容易理解，而对于气候变化跨地域影响的事实相对难以理解。比如一个主要的农业生产国发生干旱，可能会导致另一个国家粮食价格的波动。在跨境河流系统中一个国家的冰川融化可能会引发下游洪水。制定应对这些挑战的响应政策必须基于风险分析，并考虑风险跨越时间和空间传播的特性。在一个相互依存的世界里，不仅有气候变化，还有其他挑战，如金融市场的崩溃也会产生跨越国界的影响。

针对以上气候风险的关键性特征，需要采用适合的综合性风险分析方法。总体上，与气候相关的安全风险研究对政策制定具有重要意义，尤其是这些挑战的共同特征是系统性风险。气候变化涉及多样化的后果；这会影响到不同的政策领域；这些影响在当地、国家、区域和全球等不同层面具有不同的认识与感受；政策效果如何取决于广泛的社会、经济、政治和制度背景；不同的政策社区应对不同层面的问题负责。

相应地，气候风险分析和政策响应也要考虑系统性问题。在进行风险分析时可以采用多灾害或整体性方法，这表明气候风险的分析方法不仅要考虑政治经济等背景因素，也要考虑二级风险和三级风险等。安全风险是需要特别关注的焦点，比较依赖于背景分析，要将特定的脆弱性和适应能力置于分析的中心位置。针对气候变化的风险分析必须掌握各种风险之间的相互关联，并制定有针对性的政策加以解决。为此，需要不同的政策社区合作制定综合性应对方法。目前，社会各界日益达成共识，成功、可持续的政策响应，不仅需要采用综合方法来应对气候变化带来的安全风险，而且在应对气候相关的安全风险的同时要减缓气候变化和提升适应能力。目前这种方法还需要进一步完善，对相关的研究方法、研究主题和政策领域进行整合，借助于一系列不同学科的知识和政策能力，尊重并解决每个问题的特殊性。解决问题的关键在于将以前相互独立的方法和知识进行整合集成，整合一般包括四个阶段，即风险评估和预警、战略与规划、融资、实施，并在所有阶段考虑政策交叉问题。如果整合失败，一个领域的政策响应可能对另一个领域造成负面影响。相比之下，成功的整合可产生共生效益和协同作用，例如适应与发展、发展与人道主义援助、建设和平与预防冲突之间。总体上，有利于增强应对气候变化影响的适应能力，即使在脆弱的环境中也能实现长期的可持续和平。

通过运用综合分析方法有助于推动政策制定的重大转变。主流化的策略和综合性方法存在重要差异，主流化策略的主要优势在于它有助于提升组织的认识水平。为了将气候安全政策转化为实践，需要制定战略确保将气候风险纳入分析与计划当中。因此，综合方法不是简单地将气候变化作为一个新问题进行添加，而是从根本上改变拟提议的政策和计划。风险分析的新方法需要系统考虑气候风险的跨境与复合性特征；制定改进的相关计划需要解决气候变化的短期和长期挑战，以及跨界和跨国风险；将脆弱性和适应能力纳入安全和冲突分析将极大改变预防冲突与建设和平领域的相关分析方法。

目前，国家、区域和全球等不同层面的政策组织，都在各自的责任范围内制定了气候安全政策。如何形成政策合力，进行政策整合还面临一些阻碍因素，存在的主要问题有：政策组织在应对复杂的与气候相关的安全风险采取合理措施方面需要什么支持？如何在不同的组织之间加强合作以促进不同政策领域的相互协调？新的或最近开发的工具是否有助于加强关于气候相关安全风险的认知？鼓励不同机构在放松组织边界与提升领导力方面扮演什么角色？

如何将气候安全相关领域的政策进行有效整合面临诸多挑战。政策实践者与专家之间在讨论时经常面临的一个重要主题是建立问题框架，其中包括气候变化与发展和安全的关系。一是很多人存在认识偏差。误认为应对气候变化的政策响应主要是减缓全球变暖，即减少碳排放，然而在贫穷和受冲突影响严重的国家，这并不是其面临的主要问题，因为他们太穷了，所以产生的碳排放量很少。尽管可以削减快速增长的碳排放量，但未来几十年气候变化仍将持续并产生破坏性的社会、经济和政治后果。在贫困和受冲突影响严重的国家，发展与建设和平非常关键。实际上，为了激励所有国家参与应对气候变化问题，必须识别和确定气候行动与发展之间的内在积极联系，以及实现高质量发展的具体目标，如在获得淡水、加强粮食安全等方面，这比单纯强调适应气候变化更有效。二是气候安全相关问题的讨论经常陷入误区，很多人将安全概念等同于军事术语，即所谓的“硬安全”。这就导致某些情况下在和平建设进程中最能解决气候变化相关问题的组织不愿意明确处理安全性问题。他们自己很谨慎，不愿被视为与安全有关的组织并干涉一个国家的安全问题。这抑制了风险评估，并且使制定任何有价值的气候安全相关政策都变得非常困难。三是进一步的障碍来自于气候风险的复合性特征。这使得识别特定的气候风险问题变得非常困难，并且经常很容易被误导，在气候相关风险与其他结构性风险之间很难划出清晰的界限。复合性特征意味着原因很分散并且难以归因。因此，一切因素都很重要，很难确定政策响应的优先顺序，相应地，也很难识别和评估具体政策的影响及成效。风险的复杂性意味着很难针对需要紧急关注的问题制定政策响应，这会导致难以证明之后的政策成效以及与之相关的政策成本。

实现成功整合需要跨越不同问题和政策领域之间的界限。面临的挑战不仅涉及组织机构的设置方式，也涉及他们的资金来源及资助机制。比如，对解决气候安全风险的相关机构进行拨款就有必要参考终端用户的需求，农业部门就是一个例子：目前农业适应基金只占整体适应基金中的很小一部分，尽管这是《巴黎协定》中很多发展中国家自主贡献的重要内容，该问题要取得更大进展需要制定计划来支持实施，并加强长期融资。解决气候安全问题需要坚持不懈的努力，短期投资通常只能用于解决临时性问题，但要进行相互平衡，为提供资金解决结构性障碍，同时有利于增强抵御能力，必须提升领导力作用，这一点至关重要，这对组织内部创造变革激励非常重要。要实现转变，进行长期思考是必须的。将气候相关的安全风险整合进政策与实践都需要组织运作转型，只有通过坚定的政治领导才能实现。2015 年 12 月达成的《巴黎协议》，就提出了明确的战略目标。制定明确的制度变革战略十分必要，通过教育培训等持续提高相关机构的认识水平，努力实现跨越不同政策领域和问题领域的协作，制定政策措施也要考虑复合性风险以及风险跨时间和空间传播的特征，实现这些目标还要解决一系列技术性难题：处于不同政策社区的行为主体，由于其知识和背景不同难以找到直接的合作点。为推动变革，需要列出所有的可能性和相关工作进展。推动机构改革可以通过“干中学”的方式进行，随着整合进程持续，以后将产生更大的协同效益。

第六节　区域组织应对气候安全风险进展

气候安全风险的规模、深度和跨国特性对各国政府的应对能力提出了挑战。除了在全球层面进行响应外，还应发挥政府间组织（IGOs）在应对气候安全风险方面的重要作用。因此，分析评估区域层面面临的气候相关的安全风险非常重要，区域政府间组织提升应对气候风险的能力，对于应对气候安全问题意义重大。气候相关的安全风险已经纳入欧盟、东盟、南亚区域协会（SAARC）、西非国家经济共同体（西非经共体）和东非政府间发展组织（IGAD）等主要区域组织的政策框架。与气候相关的安全风险日益成为区域组织决策的主流，在 2018 年各区域组织的政策讨论及相关活动中得到了充分反映。例如，非洲联盟举行了和平与安全理事会第 774 次会议，会议主题是气候变化与非洲冲突之间的联系，敦促各国解决气候安全问题。该问题在非盟其他会议上也反复提及，最近一次是非洲联盟南部非洲区域办事处主办的一次会议，会议将气候安全与非盟议程联系起来。阿拉伯国家联盟也很关注气候安全问题，2018 年 7 月联合国安理会气候安全风险的辩论中，苏丹代表阿拉伯集团，支持联合国提高应对气候相关安全风险的能力。阿拉伯国家联盟的成员国在各种论坛上召开会议，讨论应对与气候变化有关的挑战，主要是粮食安全和水资源安全，由 22 个阿拉伯国家组成的阿拉伯水理事会充分认识到气候变化会重塑和平前景。理事会正在确定一项行动计划（2019 ~2021 年），旨在加强协调应对气候变化对该地区水资源的影响。加勒比共同体（加共体）长期以来强烈主张将气候变化视为安全威胁，并制定了气候适应和提升社会复原力的区域合作战略，2014 年加共体和其他小岛屿发展中国家（SIDS）针对这些问题制定了准则文件，号召各国加快行动。2018 年 12 月，加勒比灾害应急管理局（CDEMA）和其他机构制定了一项增强气候风险抵御能力的行动计划，该计划将在行星安全会议上提出，并且每两年进行一次进展监测。2017 年 5 月，安第斯共同体在《2015—2030 年仙台减轻灾害风险框架》基础上引入了灾害风险管理战略，该战略的出发点是气候变化增加了厄尔尼诺南方涛动（ENSO）的频率，从而增加了该地区的洪水和干旱强度，战略旨在通过及时决策来减少灾害风险。

欧盟提出了综合应对气候安全问题的理念与方法，在应对气候安全风险方面走在了世界前列。然而最近的评估结果表明，欧盟缺乏整体一致的政策框架，并且在政策制定与实施效果之间存在着较大差距。欧盟应对气候安全问题，需要解决其与气候外交、发展、安全和防御等领域的重叠。2018 年 2 月，欧盟理事会提出，将在气候外交以及政策领域对气候安全风险做出有效回应。海牙宣言和行星安全会议就是这方面政策行动的典型案例。欧盟强调将分析转化为行动的重要性，要求气候项目更具冲突敏感性，安全应对更具气候敏感性。2018 年 6 月，欧盟外交和安全政策高级代表费德丽卡・莫盖里尼（Federica Mogherini）强调气候变化对和平与安全构成风险的紧迫性。世界各国的部长、联合国高级官员和主要专家在“气候、和平与安全：行动时间”的主题活动中指出了许多真实和潜在的安全风险。区域面临的安全背景以及对气候变化的脆弱性都会影响到与气候相关的安全风险，例如，伊加特地区（IGAD）八个成员国位于非洲之角和尼罗河谷，当地面临的暴力冲突、牧民和农民之间的冲突与气候变化的压力不断增加以及人口变化与经济发展有关，伊加特政策框架承认气候变化是影响其地区安全压力的重要因素。相比之下，西非经共体同样面临牧民与农民之间的冲突，但更关注自然资源问题是造成冲突和不安全的根本原因，这源于该组织对自然资源在区域冲突中所起作用的经验，虽然西非经共体对气候变化具有一定认识，但政策框架目前只关注自然资源而非气候变化的影响。

为了使区域组织能够充分应对与气候相关的安全风险的增加，有必要制定更有效的内部协调机制，跨越组织界限开展政策行动。借鉴最近联合国最高层面针对气候安全问题建立协调机制的成功经验，在区域组织层面采用类似方法有助于促进合作和优化决策。应对与气候相关的安全风险超越了政府间组织的界限，可以通过帮助其成员国提高应对气候相关安全风险的能力。政府间组织应对气候安全风险的方式也反映了区域组织权力结构的影响。因此，在加强应对气候相关安全风险的能力方面，外交、技术和财政支持同等重要。积极推动区域组织改革进程，以适应不断变化的环境，有助于应对全球气候风险。

第七节　推动应对气候安全走向可行性

2018 年世界各国经历的极端气候事件表明，气候变化给国际社会造成了严峻的安全挑战。随着多边机构的削弱以及对国际规范与规则的怀疑日益增加，对世界构成了严重风险，各国均无法独自应对气候变化的全球挑战。将外交政策视为零和博弈的倾向与《2030 年可持续发展议程》《巴黎协定》《2015—2030 年仙台减轻灾害风险框架》提出的一系列目标相冲突。然而，当代国际政治体系也为建立新联盟提供了一定空间。在气候安全政策中，联合国组建了气候安全之友小组，各成员国大力支持，联合国安理会辩论期间及其组织的相关活动中多个国家都采取了积极的立场。尽管地缘政治动荡加剧，但应对气候安全的政策行动仍取得一定进展。通过气候风险评估报告和联合国系统气候安全机制获得了更系统的知识，表明该问题正在发生缓慢但根本性的变化，继续支持将气候安全问题纳入联合国最高层面的主流工作至关重要。除了重新分配任务外，提高应对气候相关安全风险的能力还需要建立新的机构、新的任务和合作方式。经验表明，仅仅为现有组织分配额外任务并不能实现有效转型，变革需要额外的资源和新的激励措施，持久的战略领导力也是支持组织减轻与气候相关的安全风险能力的关键要素。

鉴于地缘政治分歧与气候安全进展之间存在的紧张关系，目前面临的关键问题是未来如何应对气候安全问题，并将气候安全风险纳入国际体系的主流工作。从政策分析到行动的转化面临的困难不仅是对潜在问题认识不足，更重要的是如何走出当前面临的困境。要加强针对气候安全挑战的政策分析，尤其是需要揭示出气候变化如何与社会、政治、经济和人口等相互作用以及所产生的不安全、不稳定因素，如果它们持续存在，在哪些情况下可能会引发暴力冲突。如果存在这种情况，发展、外交、国防或环境等部门需要做哪些工作，最关键的是该问题的性质与解决方案十分复杂，无论是政府内部还是政府间组织都不清楚相关政策响应如何发力。究其原因在于，与气候相关的安全风险并不构成任何特定部门直接面对的问题。从政策分析角度，存在这样一个问题，但从部门工作角度，这涉及很多问题。这既是一个长期发展问题，比如建立复原力；也是一个短期问题，如水资源短缺加剧了某个国家的紧张局势。气候变化的影响在全球范围内引发不安全问题：如果海平面上升速度超过目前的预测，那么生活在低洼沿海地区的10亿多人将面临什么？如果部分国家政府无法照顾脆弱人群的福祉，他们将面临生存生计问题，那么对区域安全乃至全球安全意味着什么？地方层面也存在安全问题，这是非洲大陆局部暴力冲突的诱因，也是也门多年战乱的起因，也是造成当今人道主义灾难的部分背景因素。

人类安全和国际稳定的恶化可能会被视为气候变化的长期结果，而不是最坏的结果。解决该问题的最佳方法是认识到不同的参与者在应对气候相关的安全风险方面可以发挥完全不同但相互补充的作用。短期外交问题可由联合国安理会、区域层面相关机构以及各国外交部通过气候外交加以推动解决。中期应强化应对气候安全风险的行动倡议，主要包括减少碳排放、提高适应融资和建立复原力的雄心。长期发展问题可由联合国环境规划署、联合国开发计划署、欧盟委员会国际合作与发展总司（DG DEVCO），各国发展机构和国际非政府组织作为重点工作进行积极推动。尽快推动解决当前面临的暴力冲突以及气候变化安全挑战可以将各方团结起来。要在和平谈判与解决方案中纳入气候友好型的相关任务。加强领导力是关键，尽管不同层面的组织结构和管理方式有所不同，但均需要建立必要的问责制，明确近期和远期的相关任务，推动形成统一、连贯的综合性整体应对。国际层面的平台和活动有利于推进气候安全议程，但会受到不同国家与地区众多参与者的外交努力、行动和意图的影响，国际权力动态与地缘政治格局也会影响气候安全议程的可行性。

加强气候行动是可行的。2019年，行星安全联盟举办的会议指出，加强和平与安全建设具有可行性，这是20世纪90年代以来取得的重要经验，尽管全球范围内发生了新的战争和暴力事件，但世界和平区域一直在稳步扩大，当前这项工作面临艰巨挑战。全球经济体系建立在不可持续的自然资源消耗规模之上，全球政治体系经历了日益严峻的地缘政治紧张局势。科学评估日益证明气候变化的未来影响会更加严重，世界各国更加清楚地认识到需要开展深层次的气候合作，这面临地缘政治紧张局势的阻碍因素。尽管如此，全球应对气候安全问题的前景仍然比较乐观，评估发现，通过适应议程和机构调整在应对气候变化带来的复杂性挑战方面取得了进展。在应对气候变化的安全影响方面，各国普遍支持联合国发挥适当作用，但也有国家认为该问题具有争议，不支持扩大安理会的任务范围。同时产生了类似的调侃，太平洋地区国家是否期望联合国维和部队入侵各国并关闭他们的燃煤发电厂。2018 年，瑞典 16 岁环保小将格蕾塔·桑伯格（Greta Thunberg）在瑞典议会大楼外举行长期守夜活动，要求政客们采取行动应对气候变化，反映了青年人对气候变化问题的态度和认识。格蕾塔在卡托维兹气候大会上发言时指出，无论喜欢与否，改变都已到来，青年人会时刻关注气候变化问题。这也是当前国际政治和气候政策中面临的一个选择性问题，应对气候变化采取的政策会影响到青少年的未来和全球的可持续发展①，要求各国政府采取更加积极、负责任的应对气候变化政策。

---

① Smith，D.，Mobjörk，M.，Krampe，F.，Eklöw，Climate Security：Making it Doable［R］. Clingendael and SIPRI，2019.

第九章　世界主要国家与国际组织的气候安全政策取向

冷战结束后，非传统安全威胁日趋增强，全球性传染病、自然灾害、恐怖袭击、金融危机、走私贩毒等逐渐成为影响国家、地区乃至世界安全的重要因素。随着气候变暖趋势不断加快，气候变化作为重要的非传统安全问题得到了国际社会的高度关注。气候安全挑战具有全球性，其影响能够跨越国界，国际组织在应对气候安全风险方面具有天然的重要作用，如联合国安理会、联合国环境规划署、欧盟（EU）、北大西洋公约组织等积极将应对气候风险纳入其工作范围。美国是气候安全问题的先行者，在其国家安全战略及国防安全文件中明确提出了应对气候安全问题的思路与措施。英国、法国将气候变化作为国际安全议程的重要问题加以推动。中国和俄罗斯由于缺乏可获得的公开信息，很难看出军方在气候变化方面是否采取措施或者根据新的威胁评估制定军事战略规划，以及相关进程是否出现结构性变化。

第一节　安理会“五常”的气候安全政策

中国：过去20年来，中国对国家安全做出了比较广泛的界定。2014年，习近平总书记在主持召开中央国家安全委员会第一次会议时首次提出总体国家安全观，涵盖政治、军事、国土、经济、文化、社会、科技、网络、生态、资源、核11种安全。总体国家安全观从系统的角度看待国家安全，坚持大安全理念，并且随着社会的发展不断拓展。总体国家安全观包括环境安全和资源安全，生态文明建设战略也涉及气候变化问题。气候安全在某些方面已获得了一定关注，但尚未广泛使用，并没有被国防或外交政策部门采纳。中国主要从可持续发展问题的角度来认识与解决气候变化问题，而不是将其作为和平与安全挑战。

俄罗斯：该国不易受到气候变化的不利影响，甚至可能从全球变暖中获得净收益。自苏联解体以来，气候变化问题在俄罗斯政府事务中的优先级别一直很低，其经济发展严重依赖化石燃料部门。气候变化对俄罗斯的水、能源和粮食生产的影响十分有限，仅仅会对该国生态安全产生一定的威胁，并非军事安全或国家安全问题。俄罗斯坚持认为联合国安理会不是应对气候变化影响的适当场所。北极是俄罗斯感兴趣的区域，在北极地区俄罗斯承认气候变化对国家安全产生影响，会给该地区相关国家的经济和战略利益提供新的机会。

美国：美国一直在全球气候安全领域走在前列，但仍然面临民主党和共和党政治上严重的分歧，分歧会导致相关行动陷入困境，但美国国防部门积极应对。国防部在关于认识和解决气候安全影响的必要性方面达成了明确共识。美国国防评估报告针对两大类气候风险制定了规划，分别是气候变化会加剧全球的不稳定因素，气候变化对美国军事设施与军事资产构成威胁。

英国：英国在积极推动联合国安理会应对气候安全问题方面发挥了重要作用。英国国防部将气候变化视为国际安全和国家安全威胁，并考虑将其纳入防务规划、行动与相关设施运营当中。对于英国政党，气候变化并不是一个分裂的问题，这与美国不同，英国保守党政府延续了先前政府的气候变化政策，继续推动国际气候安全问题相关议程。

法国：法国在气候安全方面采取了与英国类似的立场和行动，2017 年法国更新防务白皮书时突出了气候变化对国家安全的不利影响，气候行动在马克龙总统的事项中处于优先位置，这有助于推动该议程。然而，目前还没有针对气候变化问题提出新的特定的安全政策。表 9－1 是世界主要国家应对气候变化战略的实施情况。

表 9－1　主要国家应对气候变化战略实施情况

	行动	美国	英国	澳大利亚
一般性	将气候变化融入战略规划与政策制定	实施	实施	未实施
	常规性环保工作 可持续发展计划	实施	实施	实施
减缓	雄心勃勃的可落实的减排目标	已实施（到 2020 年在 2008 年的水平下降 34%）	已实施，但没有明确的目标或时限	未实施
	雄心勃勃的国家减排量 2020～2025 年的目标	未实现（只承诺到 2025 年比 2005 年至少下降 26%～28%）	实施（到 2025 年比 1990 年减少 50%）	未实现（到 2020 年比 2000 年减少 5%）

续表

	行动	美国	英国	澳大利亚
适应	气候适应策略制定	已实施，每两年审查更新一次	已实施	未实施
	评估国防资产面临的气候风险	已实施	已实施	进行中

第二节　英美气候安全政策比较分析

英国较早将气候变化问题纳入国家安全体系，积极推动联合国安理会讨论气候安全问题。同期，美国也逐渐开始将气候变化纳入国家安全领域，但由于民主党与共和党之间的党派之争以及政策理念差异，不同时期美国政府的气候政策存在较大差异，例如，美国特朗普政府关于气候变化问题的立场和政策与奥巴马政府时期相比发生了巨大转变，2017 年特朗普政府宣布退出《巴黎协定》，废除《清洁电力计划》等。

进入 21 世纪以来，英国对气候安全问题的认识不断深化，积极推动国际气候安全治理的政策行动。在英国的大力推动下，2007 年联合国安理会首次就气候变化问题进行辩论。时任英国外交大臣的玛格丽特・贝克特（Margaret Beckett）明确指出，气候变化正改变着全世界对安全概念的认知，科学评估结论表明，全球面临的气候风险规模与日俱增，对世界各国造成的影响大大超出了环境范围，不仅会对国家安全造成严重威胁，也会直接影响全球安全议程的核心。将气候变化问题纳入安理会议事日程，充分表明了气候变化问题对国际安全影响的重要性和紧迫性。针对气候变化对国家安全的影响，英国在国家安全战略文件中作了明确阐述。2008 年《国家安全战略》明确指出，气候变化对全球稳定与安全构成重大挑战，也对国家安全产生重大影响。2009 年《国家安全战略》进一步指出，气候变化从国内和国际两个方面造成安全威胁。从国内来看，气候变化将加大英国国家安全面临的严峻挑战，对英国国家安全环境造成直接或间接威胁。气候变化造成的突发性国家紧急事件将显著影响国家安全，对公共交通、能源、农业等基础设施造成破坏，对经济发展、人体健康以及粮食供应等造成严重不利影响。基础设施、财产、健康、粮食等问题关系到社会稳定，如果国内社会稳定状态受到破坏，国家安全环境将会恶化。长期来看，气候变化会在更大范围内增加相关部门的脆弱性，如果没有及时采取有效的气候变化减缓与适应行动，气候变化将对维护国家安全的能力造成威胁，主要表现在两个方面：一是增加国家安全维护面临的压力；二是对维护国家安全能力的独立性构成挑战，进而给国家安全环境造成新的客观威胁。从国际来看，气候变化增加了世界范围内的地缘政治风险，气候变化的系统性与扩散性影响，会对粮食、能源等战略物资造成不利影响，粮食供应短缺、能源竞争等扩大了英国维护国家安全的任务与范围，这需要英国加大在国外层面的军队部署，进而给本土防卫力量带来更大压力。英国前能源与气候变化大臣克里斯·休恩（Chris Huhne）明确指出，尽管英国自身能够应对最严重的气候灾害影响，但是在一个相互依存的世界里，英国仍会遭受气候变化造成的全球性影响。气候变化引发战争冲突、大规模移民以及粮食短缺等问题，进而威胁英国的国家安全。气候变化产生全球性影响，再加上在其他许多领域引发的连锁反应与系统影响将超越各国边界，对国家独立维护安全的能力构成重大挑战。英国认识到不能独自解决全球性的气候变化问题，只有和其他国家合作，采取集体行动才能有效应对，这需要提升其他国家对该问题的关注。因此，自2007年以来，英国积极推动国际社会探索解决气候变化引发的安全威胁，外交大臣贝克特将气候安全作为重要的安全与外交问题，将应对气候威胁作为优先事项，强调气候变化是一个安全问题，但不是狭义上的国家安全问题，它涉及各国在一个脆弱和相互依存世界中的集体安全。正是因为认识到气候变化对本国的安全环境与安全维护能力造成了严重威胁，再加上气候变化问题的道义性质，英国在应对气候变化问题上态度十分积极，不仅在国内采取积极应对行动，在国际层面也大力推动气候安全治理，支持联合国安理会讨论气候变化问题。

美国不同时期的政府在气候变化问题上的政策立场差异较大。克林顿政府与小布什政府的气候政策存在差异，但均将其与经济发展相关联，强调应对气候变化不能损害美国的经济利益。在这种认知背景下，八国集团领导人峰会强调，能源安全、气候变化和可持续发展问题相互关联，并提出通过促进可持续的发展来削减温室气体排放、提升全球生态环境治理以及加强能源安全。美国军方非常重视气候变化与国家安全之间的关联，认为气候变化对美国的军事部署、军事资产以及安全环境产生负面影响。2007年，美国海军分析中心（Center for Naval Analyses，CNA）发布《国家安全与气候变化的威胁》报告，强调全球气候变化使国家安全面临全新的威胁。在世界上最不稳定的地区，气候变化是社会冲突的“威胁倍增器”（Threat Multiplier），气候变化对美国国家安全构成重大挑战。2010年，美国国防部发布《四年防务评估报告》，进一步指出气候变化与能源安全将对美国的安全环境产生重大影响。气候变化给自然地理环境造成破坏，进而会影响军事活动的开展，导致国家安全环境恶化。美国国防部正在制定一系列政策与行动计划，以应对气候变化对军事部署、任务以及设施的影响，通过采取积极应对气候变化的行动来提升美国独立维护本国安全的能力，并降低气候变化对国家安全造成的威胁。2007 年安理会召开的气候安全辩论会议上，美国表示气候变化带来了严峻挑战，但并未明确提出气候安全问题。2011 年安理会辩论会议上，美国代表康多莉扎·赖斯（Condoleezza Rice）表示，气候变化导致国家能力受到削弱，尤其是遭受战乱冲突、经济贫困、灾害风险的国家受到的影响更为严重。随着海平面上升，小岛屿国家可能会被淹没，面临国家生死存亡的威胁。美国认可整个联合国系统在应对全球气候变化方面的重要作用，支持安理会负有处理气候变化对和平与安全影响的基本责任。

与英国不同，美国更关注气候变化对其军事实力带来的不利影响。美国一直重视保持在军事领域的优势地位，以确保其在国际社会的领导地位，如果气候变化对美军事实力造成影响和损害，势必会削弱美国的相对实力，加剧美国面临的安全环境威胁[①]。美国气候安全问题不仅得到了军方的大力推动，而且在国家安全战略层面的认识也不断深化。气候变化和水资源专家彼得·格莱克（Peter Gleick）通过梳理 100 多份有关气候变化的国家安全文件以及数十年的国家安全战略文件，识别出气候变化安全问题在美国的发展脉络。20 世纪 80 年代后期，美国开始注意到国家安全受到环境因素的威胁。1990 年，美国海军战争学院报告提出了潜在的气候变化危害，指出未来半个世纪的海军行动可能会受到全球气候变化的严重影响，为了使海军在未来的气候变化应对上做好充分准备，必须加大资源投入。1991 年，布什总统的国家安全战略承认气候变化是一个安全问题。2003 年，五角大楼委托编写了《气候变化的突变情景及其对美国国家安全的影响》报告，强调气候突变情景可能会破坏地缘政治环境的稳定，导致冲突或引发战争。气候突变形成的压力导致暴力和破坏，对国家安全造成威胁；气候变化带来的风险不断增加，如果拖延行动，情况就会变得更糟。2007 年，一群退休将军与海军分析中心合作撰写了《国家安全和气候变化威胁》报告，建议美国应该承诺加强国内和国际角色，帮助稳定气候变化，避免对全球安全和稳定造成重大干扰。气候变化成为世界上最动荡地区不稳定的威胁倍增因素，是美国面临的重大国家安全挑战。因此，需要尽快采取行动应对这些紧急挑战，通过国家安全

① 刘青尧. 从气候变化到气候安全：国家的安全化行为研究［J］. 国际安全研究，2018，36（6）：130-151.

规划，更好地解决气候变化带来的日益增加的风险。2008 年，国家情报委员会指出，30 多个美国军事设施已面临海平面上升带来的高风险。2010 年，《四年防务评估报告》警告气候变化带来的安全威胁，情报界的评估表明，气候变化可能对全世界产生重大的地缘政治影响，造成贫困、环境恶化以及进一步削弱脆弱政府的治理能力。气候变化将导致粮食和水资源短缺，加剧疾病蔓延，并造成大规模移民。虽然气候变化本身并不会引发冲突，但它可能会助长不稳定或冲突，给世界各地的政府机构和军队加重负担。2013 年，奥巴马政府通过颁布行政命令，促进美国针对气候变化的不利影响做好应对准备，要求联邦政府在现有工作的基础上制定新战略，以提升国家针对气候变化的预防及应对能力，最大限度降低气候变化对美国造成的不利影响。2014 年，奥巴马政府再次通过行政命令的方式，强调气候变化的不利影响会削弱美国的国家安全水平，并产生可能引发资源冲突的风险。同年，美国国防部发布《四年防务评估报告》，进一步指出气候变化对美国的军事行动与军事基地产生深远影响，将会大大增加未来军事行动的频率、规模以及复杂性，同时会削弱美国开展军事训练以及相关军事活动的能力。美国强调气候变化起到威胁倍增器的作用，对本国和整个世界构成了一个重大挑战。随着温室气体排放增加，全球平均气温上升，海平面上升，这些变化加上其他全球动态变化，包括经济增长、城市化、更多的人口以及印度、中国、巴西和其他国家的快速经济增长，将破坏房屋、土地和基础设施。气候变化可能加剧水资源短缺，从而导致粮食价格上升和资源竞争，同时给世界各地经济、社会、国家治理带来额外负担。这些影响是威胁倍增器，加剧贫困、环境恶化、政治不稳定和社会紧张局势，进而可能导致恐怖活动和其他形式的暴力。考虑到气候变化对国家安全造成的直接威胁，2014 年，美国国防部制定了气候变化适应路线图。2015 年，美国《国家安全战略》强调气候变化给美国国家安全造成新的威胁，气候变化的不利影响会增加军事防御任务的频率、规模与复杂性，军事基地的运营成本将会大幅度提升，同时战斗部队与军事设施的使用也会受到较大影响。国防部在国会询问时表示，气候变化正构成目前的安全威胁，而非严格意义上的长期风险，该部正在开始将气候变化的影响纳入战略风险管理框架和行动计划。2017 年，美国特朗普政府在气候变化问题上与奥巴马政府时期相比再次发生重大转变。与小布什政府类似，特朗普政府在气候变化问题上更强调其经济影响而非安全影响。总体上，美国非常重视其军事、经济以及本国综合实力是否受到气候变化不利影响而被削弱。如果其军事实力受到气候变化的不利影响导致其相对优势被削弱，那么美国将积极应对气候变化，以保证维护国家安全的能力免受气候变化的威胁；当美国经济受气候政策的影响削弱了本国相对于其他国家的实力，则其倾向于维护经济发展而消极应对气候变化[①]。

奥巴马政府时期，美国国家安全界对气候变化形成了较统一的认识，气候变化对美国国家安全构成潜在威胁。美国国家安全体系逐步将气候变化因素纳入其战略规划与日常实践。特朗普执政后，美国安全政策中的气候因素并没有消除，相反在某些方面还有所强化，但也出现了新变化：一方面，军方对气候变化的侧重点从长期威胁转向近期威胁、从间接威胁转向直接威胁、从全球性灾难转向特定灾害。另一方面，军方应对气候变化的措施从减排和适应并重转向侧重适应。这些变化不仅是基于现实的安全利益考量，而且反映了美国决策者的风格。预计未来美国军方的气候政策进程仍将持续，但军方的气候政策是否会产生“外溢效应”，仍存在较大的不确定性。气候变化对国家安全的影响不断显现，奥巴马政府从战略上将气候变化视为国家安全威胁，这不仅反映了应对气候变化的紧迫性，也为应对气候变化问题开辟了新途径，使防务和安全机构可以在发展先进绿色技术方面发挥重要作用，同时有助于确保国家能源安全；美国军方积极提升自身的治理能力和抵御能力，减轻未来遭受气候灾害与灾难冲击的程度，亦有助于增强美国在未来对其他国家具有的战略优势。

由于认识到气候变化对国家安全造成的不利影响，布什政府和奥巴马政府期间，美国安全界已采取措施，以减少气候变化带来的风险与安全威胁。气候的快速变化加剧自然灾害以及水、粮食、能源和健康等方面的不安全因素，可能导致武装冲突、国家不稳定和国家失败，气候变化也会加剧军事准备、行动和战略的负担，加剧现有的安全威胁。鉴于气候变化会影响安全环境的所有方面，包括与其他国家威胁和非国家威胁的相互作用，实施这些行动是必要的。美国国家安全界两党中越来越多的人达成了共识，气候变化给国家安全和国际安全带来了具有战略意义的重大风险，必须采取更全面的行动，以确保美国的政策响应与气候风险相称[②]。特朗普政府时期，美国军方应对气候变化的进程并未中断，美国安全政策中的气候因素不仅没有终结，相反在某些方面还有所强化。美国国防部已经开始管控气候风险的投资，支持美国军方做出反应的不仅是科学认知，也是基于

---

① 刘青尧．从气候变化到气候安全：国家的安全化行为研究［J］．国际安全研究，2018，36（6）：130－151.

② The The Climate and Security Advisory Group. Briefing Book for a New Administration［EB/OL］．https：//climete and security. org/briefingbook/September 14，2016.

现实的财务动机以及国会的相关要求[1]。

2019 年 1 月，特朗普政府的国防部报告中再次提出了对气候安全问题的担忧，报告强调 79 个军事设施面临气候脆弱性，并且因洪水、干旱和野火等气候变化的不利影响而加剧。世界上最大的海军基地——诺福克海军基地经历了频繁的洪水泛滥。

美国智库从研究与操作层面针对如何应对气候安全问题提出政策建议。气候安全咨询小组（CSAG）[2] 强调，为拯救生命和减少支出，加强国家安全，展示全球领导力，美国政府必须努力减少并管理气候变化的安全风险。建议美国在所有的国家安全规划层面全面解决气候变化安全风险，提升并整合不同政府部门对气候风险的关注，加强现有机构并创建新机构以解决问题。CSAG 提出了具体的政策建议[3]：总统指派一名内阁级官员领导国内气候变化和安全问题；国家安全顾问在国家安全委员会（NSC）工作人员中设立高级气候安全领导职位，直接向国家安全顾问报告，帮助整合并解决气候相关问题的计划对国家和国际安全优先事项的影响；国防部长在国防部长办公室指定一名高级气候变化和安全负责人，负责应对受气候变化影响的基础设施、运营和战略风险；参谋长联席会议主席应在建议中阐述气候变化对安全的影响，并将其纳入联合战略规划系统的所有要素，为作战司令部提供指导；国务卿设立气候安全办公室，并由气候安全特使来领导，促进气候变化和安全问题的跨部门整合，并作为主要政府部门与国防部、国务院等有关部门和其他相关机构在气候变化安全问题方面加强交流；美国国际开发署署长确保将气候变化和安全分析纳入美国援助计划中；美国驻联合国大使在联合国安理会（UNSC）处理气候安全问题；国土安全部部长与其他联邦和非联邦实体合作制定国家适应和恢复战略，以提高国家的气候适应能力，为应对气候变化和极端天气做好准备；国家情报局局长以及情报界机构和实体，加强国家情报委员会环境和自然资源主任的能力和权威，并优先考虑气候变化有关的安全评估；能源部部长为美国能源部国家实验室分配资源，以进行和实施有关气候变化对美国国家安全的潜在影响的研究评估。

---

① 赵行姝．特朗普政府初期美国军方管控气候风险及其行为逻辑［J］．国际安全研究，2018，36(3)：23－41＋156－157.

② 气候安全咨询小组（CSAG）是一个自愿的、无党派的团体，由美国的军事、国家安全、国土安全、情报和外交政策专家组成，来自广泛的机构，专注于制定政策，应对气候变化对安全的影响。CSAG 由气候安全中心与乔治·华盛顿大学埃利奥特国际事务学院共同担任主席。

③ The Center for Climate and Security. A Climate Security Plan for America［R］. Washington, DC, 2019.

正如《四年防务评估报告》和其他报告所指出的，气候变化的影响会导致冲突、国家不稳定和国家失败，也使军事准备、运营和战略面临紧张局势，并恶化已有的安全风险。因此，美国政府应明确三个战略目标：一是在各级国家安全规划中提升针对气候变化安全风险的能力，确保气候威胁与其他具有重大战略意义的安全风险一样得到全面处理；二是在所有与气候变化安全问题相关的政府部门和机构建立制度化安排；三是通过结构、流程行动整合气候变化安全问题相关的美国政府部门，以便更有效、经常性地降低与应对气候相关的风险。美国总统可采取多种方式降低气候变化对国家安全和国际安全带来的风险：

（1）提升气候安全领导力。分配内阁级别的官员直接向总统报告，并提升国内气候变化和安全问题的领导力。该职位将直接协调国家安全顾问、国家安全委员会（NSC）工作人员以及相关部门和机构的领导和人员。相关机构包括但不限于美国国家海洋和大气管理局（NOAA），美国国家航空航天局（NASA），美国环境质量委员会（CEQ），白宫科技政策办公室（OSTP），美国内政部（DOI）和美国国防部（DoD）。

（2）在国家战略文件中系统考虑气候安全风险。继续考虑将未来所有气候变化预测和相关风险直接纳入国家战略文件，包括国家安全战略、国防战略、国家军事战略、国防规划指导、四年防务评估、四年能源评估、四年外交和发展评估、四年国土安全审查、年度威胁评估和所有相关的战略指导性文件；确保关键性国防基础设施和供应链的安全。

（3）提高收集和分析气候安全信息的能力。增强美国收集、整合、分析和传播气候变化信息的能力，包括建立联邦政府气候变化信息库，整合评估多种气候预测和相关风险（包括来自物理科学和社会科学等领域的数据）。

（4）提升在极地地区气候安全问题上的跨部门协作。加强所有负责监督美国北极政策的联邦机构之间的沟通协调，加大对美国国土安全部（DHS）、美国海岸警卫队（USCG）、美国商务部（DoC）、美国内政部（DOI）和美国国防部（DoD）的资金支持，确保它们获得充足的资源与装备（包括足够的破冰船队）进行防御、国土安全维护、环境灾害响应以及北极地区的搜救任务等。

（5）建立与战略计划相匹配的预算支持。美国公共与预算办公室（OMB）每年根据需要进行交叉预算审查，确保与应对气候安全风险相关的机构预算需求得到充分保证，确定并解决相关的预算缺口；在美国国务院、美国国际开发署和美国国防部内部建立具体的预算项目，以支持面临风险与预防冲突的国家和地区制定应对计划、工具和战略。

（6）解决关键性地缘战略水上交通航线面临的气候安全风险。保护美国在关键地缘战略水上交通航线的战略利益，包括北极和南海，确保将这些地区的风险评估纳入气候变化所造成的安全影响。

（7）在气候安全问题上与盟国和合作伙伴加强合作，促进美国在亚太地区的再平衡，启动气候安全亚太倡议，通过统一的气候安全计划全力支持美国国家安全、外交政策和在亚太地区的国防战略。国家安全顾问要协调不同机构的战略和能力，向总统提出有效的建议，向内阁高级气候与安全领导官员，以及有关部门在准备和管理气候变化的国内和国际安全风险方面提供建议。

（8）提升气候安全领导力。在美国国家安全委员会（NSC）的工作人员中任命高级气候安全主任，该职位直接向国家安全顾问报告，其取责包括在授权范围内考虑国际和国内安全因素，任命相关人员从政府的整体性视角来解决气候变化安全问题，并与其他机构合作评估和解决这些风险。

（9）建立并领导一个强大的气候安全机构。建立一个跨部门的气候变化安全小组，由国家安全委员会高级气候安全主任来领导，成员包括有关部门和机构的助理部长或同等级别官员，重点加强数据监测和评估方法，开展机构内部以及跨机构整合，更好地预测和应对气候变化安全问题。

（10）提高工作人员应对气候安全的能力。确保美国国防部、国务院和情报部门等的领导人在其责任范围内拥有应对气候安全问题的能力和资源。

第三节　国际组织的气候安全政策

国际组织在应对气候变化安全风险方面具有重要作用，联合国相关机构和主要区域组织已将应对气候风险纳入各自的工作范围。气候安全作为不可避免的全球性风险，政府间国际组织（IGOs）有助于提出解决方案并加强国际合作。欧盟、欧安组织和北约目前都在积极推动将气候安全纳入区域和平与安全的努力当中，相对来说目前北约的介入程度仍然比较有限，仅限于在灾难应对与反应方面。图9-1展示了新兴的政府间国际组织及其气候安全应对领域。

气候变化给世界带来了新的安全挑战。通过改变生态系统和加剧极端气候事件，造成饥荒风险增加，基础设施、建筑和住所遭到破坏，引发暴力冲突等不利影响。由于气候安全挑战具有全球性，其影响通常会跨越国界，因此越来越依赖政府间组织（IGOs），例如，联合国环境规划署、欧盟（EU）、北大西洋公约组织（北约）等都对此做出了回应。政府间组织（IGOs）的重要性日益增长，同时也产生了一些新问题，如传统的安全组织（北约或联合国安理会）应该如何应对气候变化问题，联合国难民事务高级专员公署（UNHCR）在面临气候安全挑战时如何扩大其工作范围，政府间组织在多大程度上为了有效应对气候变化需要协调不同的政策领域（如环境、健康和安全）。虽然政府间组织越来越重要，但对它们在什么条件下应对气候安全挑战，以及何时有效应对等还了解不够。环境社会科学、国际关系与政治科学等方面的研究为政府间组织在应对气候安全挑战方面提供了重要支撑。

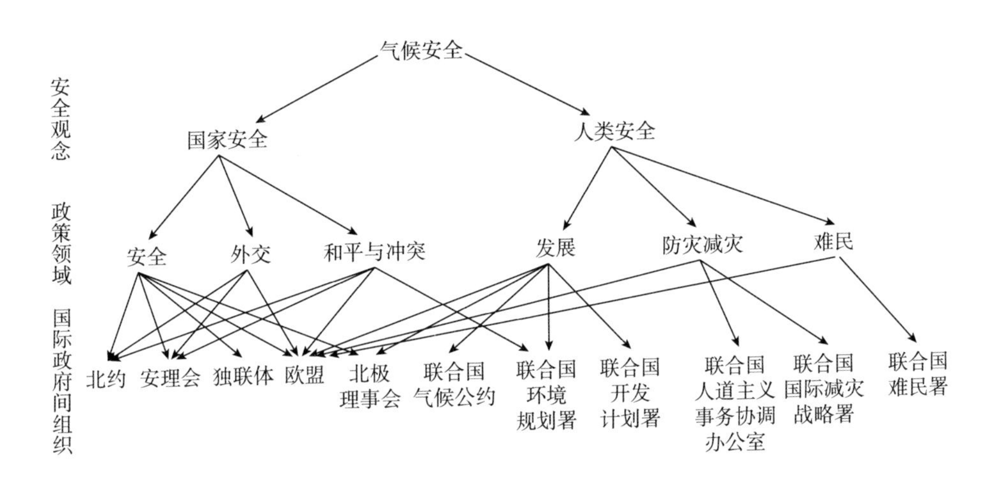

图 9－1　新兴的国际政府间组织与气候安全应对

资料来源：Dellmuth，L. M. et al. Intergovernmental Organizations and Climate Security：Advancing the Research Agenda［R］. WIREs Climate Change，2017.

针对政府间组织（IGOs）和气候安全之间关系的研究主要围绕国家安全和人类安全两大概念（如图 9－1 所示）。通常将国家安全理解为国家拥有能力来管理气候相关的威胁并维护国家主权，以及通过国际体系中的军事力量和政治力量来保障；人类安全通常定义为个人和社区有能力管理、减少或预防突发或缓慢的气候相关风险，如饥饿、疾病和权利侵犯等。为弥合这些区别，气候安全指的是人民、社区和国家都有管理压力的能力，最终防止气候变化及其带来的风险。气候变化同时影响国家安全和人类安全。基于不同的安全概念，研究主要集中在一些政策领域。国家安全是安全、外交、和平与冲突研究关注的重点；人类安全主要与发展、减少灾害风险和移民研究相关。

政府间组织和气候安全应对是一个新兴的研究领域，关于政府间组织如何应对气候安全挑战，特别是在国家安全背景下如何回应，主要通过政策讨论和完善治理两种方式。政策讨论方面，国际组织在政策领域逐步将气候变化作为安全问题来处理，例如：北约试图将气候变化问题安全化以维护其军事力量；欧盟试图将气候变化引发的移民问题安全化；联合国开发计划署重点关注气候变化与人类安全之间的联系。因此，气候变化已经更多地与安全问题相关联，同时与国家安全、人类安全有关。考虑到未来的发展趋势以及政府间组织在气候安全问题上的应对模式，大多数研究建议由处理国家安全问题的相关组织来应对，如欧盟、北约和联合国安理会，也有研究认为，欧盟、联合国开发计划署和环境规划署应根据气候变化对人类安全和脆弱性的影响来制定应对框架，很少有研究能够将政策讨论转化为具体的政策实践并解决问题。

政府间组织应对气候安全挑战的响应得到了广泛理解与认可，在安全、发展和移民等特定政策领域管理挑战。然而，组织决策者在解决气候安全问题跨界风险方面也面临压力，需要通过跨领域的政策治理来应对气候安全挑战。从治理角度看，无论是正式制度还是非正式安排，涉及环境、发展和人道主义事务的主要政府间组织，如欧盟、北约、联合国安理会和联合国相关机构等，通过建立工作组对气候风险进行综合评估，从国家安全和人类安全领域更多地参与气候安全治理。在国家安全方面，政府间组织的治理响应如下：北约主要通过加强评估活动，提高其成员国的军事能力以抵御气候变化的不利影响。欧盟的综合安全应对方法更适合解决气候安全挑战，目前该方法的潜力尚未充分发挥。联合国安理会能否在当前任务范围内解决气候安全问题也存在一定的不确定性。目前世界在应对气候变化安全影响方面尚未形成国际协议，在联合国安理会提出有效的治理方式也面临较大困难。

在人类安全方面，主要是联合国各机构通过发展、移民和减少灾害风险等不同的政策响应来应对气候变化的不利影响。例如，2007 年，联合国开发计划署开始制定治理战略，以应对与人类安全相关的气候风险。移民领域，联合国难民事务高级专员公署一直在寻求通过参与联合国气候变化框架公约（UNFCCC）谈判来解决气候变化引起的人口流离失所问题，但目前还没有产生任何具体的政策变化，该问题被认为不属于难民署的任务范围。在人类安全研究中，实行综合治理是减少灾害风险的一个重要因素，包括适应气候变化，以及在发展领域重塑联合国机构应对气候变化的有效性。通过以人为本和以权利为基础的方法来解决气候安全问题十分重要，目前于政府间组织对如何参与综合治理仍然知之甚少，特别是如何有效地应对气候安全挑战方面。通过回顾国际关系领域制度变迁和有效性的相关文献发现，实现全球气候安全的有效治理主要包括以下条件：

首先，气候安全挑战在全球治理中日益重要，需要提出有效可行的解决方案。世界各国是这方面的重要参与者，但政府间组织需要提升能力以有效应对气候变化的跨界挑战。其次，目前亟须提升政府间组织在应对气候安全方面的可行性和有效性，比如跨越传统的政策领域，综合运用发展和减少灾害风险等政策工具来应对气候安全问题。潜在的综合治理方案包括建立工作组、开发风险评估工具、收集数据、针对现有风险与治理工具进行分析评估等。在现有的项目评估中纳入气候安全风险，推动信息共享、联合融资和人员培训教育，建立新的制度安排来解决政府间组织内部和相互之间的信息孤岛。政府间组织需要根据新的气候安全问题重新思考组织的宗旨与任务，并考虑气候变化问题如何影响它们的任务。最后，政府间组织应该反思采取什么样的治理方式可以提高有效性，在气候安全挑战涉及不确定性和长时间尺度的情况下，如何理解和衡量有效性。长期内如何进行预防，各机构如何提高它们预估气候安全危机的能力，尤其是需要汇总相关的多种风险数据（如干旱和冲突）和现有的适应能力时，政府间组织如何支持脆弱国家提升适应能力以有效应对气候安全挑战。

总而言之，解决当前气候安全挑战的重点在于通过与政府间组织加强合作，找到相应的方法与知识将本地脆弱性、适应能力和机构建设与全球治理响应结合起来，并探索这些要素之间的相互关联，这也是加强政府间组织应对气候安全挑战的关键。表 9－2 展示了欧洲联盟（EU）、欧洲安全与合作组织（OSCE）和北大西洋公约组织（NATO）在应对气候安全方面的作用及其差异。

表 9－2　欧洲联盟、欧洲安全与合作组织和北大西洋公约组织的组织逻辑及其作用

	欧洲联盟	欧洲安全与合作组织	北大西洋公约组织
组织逻辑	国际安全 通过区域一体化和有效的多边主义来推动	国际安全 通过民主和区域合作来推动	国际安全 通过军事合作与威慑来推动
在与气候有关的安全风险国际合作上的作用	显著，如通过欧盟气候外交与发展援助、支持伙伴国家提升抵御能力	潜在显著，由于其在环境安全方面经验丰富且与当地伙伴合作，但是缺乏气候合作相关资源	不突出，但可能成为国际灾害响应领域组织重要的应对

资料来源：Bremberg，N. European Regional Organizations and Climate－Related Security Risks：EU，OSCE and NATO［R］，SIPRI，2018.

欧盟充分认识到气候变化对国际安全构成的威胁，除非得到全面审慎的管理，否则21世纪气候变化给全球带来的风险将显著增长。气候安全在欧盟的全球战略中占据突出地位，外交与安全政策强调气候变化与环境恶化加剧潜在的冲突，并认为气候变化是水资源短缺、粮食短缺、流行病和流离失所的催化剂和威胁倍增器，该战略是指导欧洲对外行动的重要文件。欧盟为应对气候风险制定的管理框架（R2Prepare），包括应对气候安全问题的常规化、制度化、提升和整合等一系列措施，在政策制定过程中提出加大资金支持等政策工具，以提升针对气候突发事件的快速反应能力，可以为各国制定应对气候安全威胁的战略规划提供重要参考，并发挥指导作用。2018年2月，欧盟外交部长会议通过了理事会关于气候外交的决定，指出气候变化问题对国际安全与稳定产生直接和间接影响。气候变化风险管理政策框架要实现常规化，将有效解决气候安全风险作为外交政策和安全治理机构的例行程序和工作任务。欧盟外交政策和安全机构强调以系统的方式应对气候风险挑战，已经取得了积极进展，外交事务委员会决定进一步将应对气候变化安全纳入冲突预防、发展和人道主义行动以及灾害风险应对策略等主流政策对话。为了使气候安全成为欧盟外交和安全政策制定的常规性活动，可以考虑综合采取以下行动：定期召开政治和安全委员会（PSC）会议推动解决气候安全问题；加强欧洲对外行动服务处和欧盟代表团在理解和沟通气候风险方面的能力，特别是在针对最容易受气候变化影响和气候突变影响的国家。增强欧盟军事人员在应对气候安全风险方面的参与能力，在各成员国提出相关概念并达成应对气候风险的共识①。

欧盟将气候变化视为安全风险，2016年欧盟全球战略明确指出，管理好气候变化风险对实现欧洲的安全和繁荣至关重要。大量的科学评估证据表明，温室气体排放量持续增加会加快气候变暖，增加极端气候事件的频率和强度，引发剧烈的气候变化，严重威胁到人类社会和生态系统，造成不可逆转的严重后果。这些变化将通过破坏社会稳定的支柱——粮食、水和其他资源，产生严重的政治、经济和社会影响。世界银行估计，到2025年，全球将有24亿人面临绝对缺水状态。2012年，乐施会估计，到2030年，玉米等主食的平均价格可能会翻一番。这些压力因素爆发可能会危及全球数百万人的生命，导致当地资源冲突和大量移民。欧洲国家已经越来越多地认识到这些影响，并将气候变化作为各个国家和欧洲大陆面临的最大威胁之一。欧盟全球战略强调气候变化与环境退化加剧了潜在

---

① Fetzek, S., Schaik, V. L. Europe's Responsibility to Prepare: Managing Climate Security Risks in a Changing World [R]. The Center for Climate and Security, 2018.

冲突，造成荒漠化、土地退化、水和粮食短缺、流行病和流离失所等问题，气候变化成为威胁倍增器。①

早在十多年前气候安全挑战就进入了欧洲安全政策讨论，但随着全球金融危机的爆发与里斯本条约的制度变迁，该问题未能在议事日程上提升至更高位置，直到过去几年来欧洲决策者更加关注邻国的安全性、稳定性和移民问题。从欧盟全球战略和欧洲理事会的气候风险声明可以看出，它们均强调将面临的气候安全问题转化为有效的政策。欧盟正在积极推动将气候因素纳入所有相关的主流政策领域和行动计划，2014～2020 年预算中约 20%（约 1800 亿欧元）将用于气候变化有关行动。从欧盟内部看，2013 年适应战略为欧盟的气候防护行动制定了框架，确保欧洲的基础设施更具弹性，促进灾害保险发展，资助跨境水资源管理，进一步扩大针对干旱或火灾风险地区的保护。在灾害管理方面，欧盟紧急事件响应协调中心（ERCC）负责监测世界各地的紧急情况并协调欧盟的政策响应。这得到了《2015—2030 年仙台减少灾害风险框架行动计划》的支持，为所有欧盟国家提供灾害风险应对方法与政策，重点关注抵御能力的提升。这些行动有助于提升欧洲内部气候适应力，也有助于支持外部国家采取气候行动，帮助提升欧洲在气候谈判中的可靠性。

从欧盟外部看，气候安全问题正在成为欧洲对外行动服务处（EEAS）和一些委员会关注的焦点问题，特别是欧盟委员会国际合作与发展总司（DG DEVCO）、欧盟委员会人道主义援助部（ECHO）和欧盟委员会气候行动总司（DG CLIMA）。目前欧盟不同机构已开始关注气候安全问题，并采取了一些举措，相关行动正在进行。例如，欧盟委员会各部门积极推动不同类型的冲突和脆弱性风险评估，以不同方式纳入了气候变化的影响。预防冲突是欧盟外交政策的主要目标之一，欧盟已经建立了早期冲突预警系统（EWS）。EWS 使用一系列来源广泛的信息输入对潜在风险进行评估，识别可引发特定国家或地区暴力冲突的长期风险。系统旨在帮助欧盟尽早开展预防行动并采取连贯的措施来解决这些风险。2013 年，欧盟首次运用 EWS 系统对八个萨赫勒国家进行了分析测试，2014 年底对五个中亚国家进行评估，通过 EWS 得出的冲突指数包括水资源压力和粮食短缺等与气候安全有关的问题。现在面临的挑战是确保 EWS 能够成功识别不断变化的气候安全风险，确保那些致力于应对气候安全的国家能够充分使用这些信息。

---

① Planetary Security Initiative. The EU and Climate Security [EB/OL]. 2017－02. http://www.planetarysecurityinitiative.org/sites/default/files/2017－03/PB_ The%20EU_ and_ Climate_ Security.pdf.

对于国家发展来说，将气候安全与目前已建立的发展和人道主义进程进行整合也面临挑战，这些问题与政治、安全及其他核心领域的活动之间的关联也存在一定争议。例如，欧盟委员会国际合作与发展部（DEVCO）可以通过全球气候变化联盟（GCCA +）支持最不发达国家适应、减缓、减少灾害风险和荒漠化等活动。它也为新气候和平项目做出了贡献，启动了欧盟—联合国环境规划署气候安全倡议，通过加大针对脆弱国家的资金支持来提升其稳定性与和平。

在欧洲对外行动服务处（EEAS），气候外交已成为一个独特的崭新领域，气候安全问题现在已经成为一个中心支柱。目前正在制定最新的气候外交行动计划，得到了欧洲理事会的大力支持，推动欧洲外交官在多边和双边谈判讨论时将气候安全作为重要问题提出。对气候弹性的关注不断增加，因为欧洲南部和东部国家社会的气候弹性是欧盟全球战略的关键组成部分。通过绿色外交网络可以将气候安全问题与欧洲外交努力进行有效整合，使欧洲外交官更专注于环境与气候问题。

在国际合作方面，欧洲在政治层面就气候安全的重要性达成了广泛共识（如通过欧盟理事会决议）。欧洲绿色外交网络的振兴以及致力于气候问题的外交官，都会促进在气候问题开展更广泛的合作，这也是拓展讨论气候安全问题的重要平台，但欧洲的合作政策也受到了一定批评，因为28国（2020年1月31日，英国正式退出欧盟后为27国）利益的多元化而陷入困境，当然，28国在气候安全领域各自潜在的卓越之处也是一个优势，例如，德国领导的跨界水资源共享倡议和荷兰支持的行星安全倡议。

随着欧盟试图塑造针对气候安全风险的整体回应，并将其作为优先事项进行处理，一些相关领域值得特别关注。

第一，没有单一的气候风险管理战略框架。尽管气候安全问题已被纳入欧盟新的全球战略，成为欧盟气候外交的重要内容，并且更多地通过重点发展战略来增加弹性。但是，欧盟目前并没有制定总体的气候安全策略，以优先针对特定风险做出最有效的回应。由于目前缺乏这样的政策框架，可能很难针对特定的气候变化风险选择是否需要建立新的机构或流程，不能更好地将气候风险整合进现有的发展、外交和气候适应过程。解决该问题需要清楚地了解欧洲的利益和安全问题的优先事项，以便制定欧盟气候风险管理战略的核心目标。欧洲集体拥有应对气候变化和资源安全挑战的重大外交、安全、技术和财政资源。为强化气候行动争取更大的政治支持，会涉及众多的欧盟相关机构与国际行动任务。当前面临的挑战是运用政治支持来确保在资源分配上遵循明智的策略。

第二，对于欧盟机构和成员国来说，针对已确定的气候风险缺乏正式的合作机制共同做出适当反应。尤其是考虑到持续的制度性差异是很困难的，欧盟在界定并应对气候安全问题时，目前缺乏从各种风险和威胁中进行优先考虑并处理的战略能力。由于气候风险挑战具有广泛性，受影响的地理区域众多，不同地区、领域的相关人员从整体上做出适当反应还存在很大困难。很多政策反应通过发展、外交和气候适应等领域单独进行，每个利益相关者都有自己的风险评估和应对策略。应对气候安全风险挑战需要进行复杂的跨领域整合来解决问题，需要相关的制度和政策环境做出较大改变。气候安全专家已经识别出有效应对的一系列重要节点，并且影响这些节点的政策机制一直在发生变化。欧盟对外政策也是如此，在设定共同的优先事项和塑造共同机构实现整合方面进展较慢，同时面临的一个重要问题就是识别出在复原力建设方面的最佳投资机会。

第三，有效预防气候安全挑战（从脆弱性增加到武装冲突）需要将气候安全问题整合进现有的早期预警和冲突预防机制，以及更有效地使用欧盟发展、外交和安全的相关机制，并落实责任主体。冲突和危机预防问题在欧盟政治议程中的重要性迅速上升。但是，欧盟在将气候安全问题纳入预防冲突和早期预警机制以及自身如何定位等方面面临挑战。与发展领域不同，欧盟目前已制定了很多重要的计划和倡议，将气候安全作为主流问题纳入，欧盟部分国家也存在冲突评估、冲突预防和危机管理领域的薄弱问题，虽然欧盟已逐步扩大了早期预警系统的适用范围，但这仍是相对较新的方法，尚未广泛集成到其他主体的工作当中。同时，只有部分成员国有预警系统，并非所有的气候安全问题都能得到同等程度的整合。同时还面临时间尺度上的挑战，因为不同的机制着眼于不同的时间框架，通常主要着眼于短期问题。针对危机应对与冲突预防过程进行适当的资源平衡分配很重要，可以避免已识别的气候风险和潜在的应对工具之间的不匹配。例如，一些危机通过外交只需要几个月或几年就可以解决，而提升恢复力和完善基础设施则需要很多年，针对重大挑战需要大幅度改善治理机构，这需要经过很长时间的努力才能取得重要进展。通过欧盟机构以及各成员国政府对外事务和国际发展部门，尤其是驻外使领馆和外地办事处的共同努力，有利于提升应对气候变化相关风险的整体能力。

第四，欧盟通过区域和当地合作伙伴大大增强了政策反应。一种可行的做法就是将气候和资源安全问题整合进欧盟区域稳定战略和欧盟相关机构的区域投资计划当中。例如，欧盟计划增加对非洲和欧盟邻国的投资，通过 880 亿欧元欧盟对外投资计划（EIP），包括通过与欧洲投资银行合作的南方邻里和西巴尔干半岛的提升气候恢复力倡议。虽然该计划没有明确针对气候安全问题，但大部分工作对解决气候安全风险都很重要。原则上基金用于支持可持续发展，但过去大多数的支持主要集中在激励民主改革、建设公民社会和支持中小企业。这些支持很重要，但系统地解决其他潜在的不稳定驱动因素，如受到的能源和水资源冲击也很重要。意大利和德国在分别担任七国集团和二十国集团主席期间，提出要超越欧洲国家，为全球主要大国共同努力提供场所。例如，G7 的气候脆弱性工作组正在讨论对欧盟具有战略意义的许多地区的气候安全风险问题，并制定自己的发展战略。

第五，巴黎气候谈判大会（COP 21）成功后，欧盟有机会建立一个强大的不超过 2℃的气候外交战略联盟。英国脱欧和美国大选后，提高气候雄心的政治因素变得非常缺乏。英国离开欧盟可能会将欧盟政治平衡推向降低气候雄心，更强大的“自下而上”行动很难得到一个更积极的美国政府及其推动产生的国际政治力量的支持。削弱欧盟气候领导力的根本性政治经济因素仍然强烈，特别是相关的工作需要一个持续的战略来加强减缓、改善适应，并更加关注气候安全风险。欧盟可采取的一个重要方式是与其成员国一道推动联合国改革，使其更加符合当前气候变化的世界。欧盟的努力应包括为实现《2030 年可持续发展议程》《巴黎协定》承诺的目标提供持续支持，整合联合国系统来应对气候变化，推动联合国安理会在监测气候安全风险方面发挥核心作用。

欧盟积极应对气候变化引发的资源冲突。欧盟日益意识到自然资源与冲突之间的相互关联，自然资源冲突可能对欧洲安全构成重大威胁，许多国家都将其作为安全问题。欧盟作为全球主要的贸易集团，容易受到与自然资源相关的不稳定与冲突因素的影响，因为它越来越依赖外部的自然资源供应。来自俄罗斯的能源进口是欧盟的主要供应，自然资源的安全供给问题是欧盟面临的战略挑战，这会影响欧盟的安全议程。欧盟已将自然资源冲突作为新的安全挑战，并努力探索具体的解决措施。首先，围绕自然资源引发冲突的政策讨论正在显著增加。其次，国家治理的有效性很大程度上表现为自然资源治理和冲突管理。再次，气候变化和人口压力加剧自然资源稀缺，造成移民大幅增加，这加剧了当地和所在区域潜在的自然资源冲突。最后，自然资源的安全影响和越来越多的冲突给全球经济带来更多挑战。目前欧盟的应对是脱节和分隔的，破坏了整体的有效性，危及战略目标的达成和风险管理目标的设定，应采取协调一致的行动确保战略手段之间相互加强。

自然资源冲突引发的人口迁移会影响全球、区域和国家的稳定。气候变化和生态环境恶化引发的人口被迫迁移快速增长。自然资源冲突引起的人口迁移具有许多复杂的表现形式，包括强迫和自愿、临时和永久、国内和国际。由于缺乏空间、资源和粮食，各国需要为未来更多的移民做好准备。随着全球经济社会的迅速发展，不少国家面临的水资源短缺问题更加严重，从世界范围内来看，历史原因、领土争端等因素引发的跨境水资源竞争造成的安全威胁日趋严重。解决水资源冲突的关键在于各国通过协商建立有效的水资源共享与合作利用机制，但由于受领土争端、政治经济等多方面因素的共同影响，各国达成共识的难度较大，需要一定的时间和过程解决。分区域来看，南亚在水资源安全领域面临较大挑战，特别是印度和巴基斯坦在分享跨界水资源和修建水坝等方面存在分歧，社会上出现了“水霸权”和“水精英”等现象。中东、北非地区面临水资源短缺、海平面上升以及气候变化对人体健康影响等一系列安全挑战。关于世界上哪些区域面临的自然资源挑战最可能导致冲突这一问题，调查显示，75%的受众认为南亚的自然资源冲突爆发风险最高。72%的人认为是非洲地区，65%的人认为是中东和北非地区，欧洲、中亚（7%）和拉丁美洲（5%）属于低风险地区，而18%的人将北极地区视为潜在冲突的爆发点。总体而言，非洲是受气候变化影响最严重的大陆，面临干旱、荒漠化和洪水，极端贫困和社会经济发展水平低下进一步加剧全球变暖的灾难性影响。孟加拉国是南亚的一个主要挑战，也是全球最容易受到气候变化影响的国家，如海平面上升、风暴和飓风等极端气候事件。北极地区的地缘政治意义较高，重新塑造了全球各国的战略框架，一般公众很难认识到这一点。自20世纪60年代以来，冰盖厚度减少了约40%。北极的战略利益首先是碳氢化合物资源，包括石油资源、天然气和液化天然气（LNG）资源，随着冰盖逐渐融化，预计可以逐渐进入北极。其次，一个重要的利益是贸易路线，包括加拿大海岸的西北航道和俄罗斯海域的北海航线。预计在北极地区的军事集结与相关竞争将增加，目前俄罗斯在该地区的军事集结最为活跃。

为有效应对资源冲突，国际社会可采取的政策措施主要包括：①将资源冲突问题纳入各国政治与国际机构的主流议程。鉴于气候变化、自然资源和冲突之间的关联性具有重大影响，应在政治议程上占据更突出的位置。②倡导在联合国内设立自然资源安全机构。各国政府应发挥积极作用，支持联合国针对自然资源安全问题建立协调机构，为联合国安理会制定地区报告和预警机制，评估现状与可能存在的问题提供支持。③加强不同来源的数据整合。目前面临的关键问题不仅是缺乏信息，也包括缺乏有效的数据整合。采用综合方法非常重要，不仅要考虑气候与环境安全问题，还要考虑政治、社会、经济和文化等并开展综合评估。

④要认识到军队在解决与自然资源有关的冲突方面可发挥重要作用。军队是社会中最有效的行动者之一，各国必须利用好这种力量。国防部应当与基础设施、环境及外交等相关部门密切协调，采取一致行动，深化并扩大关于气候安全问题的认识。⑤军队开展活动的几个关键领域：收集和分析信息；保护全球公共物品；将自然资源管理作为国家安全战略的组成部分，由负责部门将其纳入国防安全战略，并反映在军事战略层面以及军事组织的任务行动等各个方面。⑥在国家和国际层面更好地协调应对自然资源相关挑战的政治行动和军事行动。应对与气候有关灾害的共同特点是缺乏“政治任务”，这不利于军方及时采取行动，促进就自然资源相关危机的军事反应进行国际协调并达成协议，是缓解和预防冲突的关键。⑦构建制度化的政策响应框架，政府、军队、研究机构、私营部门和民间社会等利益相关者共同努力，寻求应对资源安全挑战的解决方案。最优的政策与解决方案应充分考虑各种不同观点，推动跨部门的沟通交流。⑧气候外交应该在国家外交政策中占据中心地位。只有通过广泛的国际合作，才能针对气候变化的负面影响采取有力行动，从而为全球的和平、稳定与安全做出贡献。⑨将自然资源安全有关的政策与全球贫困地区以人为本的发展政策联系起来。将安全与发展联系起来十分必要，因为贫困与生态系统退化共同作用会产生巨大的破坏力。⑩推动构建一个清洁、安全、合作、共赢星球的长期愿景与国家可持续发展及国际政治的相关考虑具有内在一致性，迫切需要充分了解环境退化所产生的更广泛的社会和安全风险，以便将缓解这些长期风险问题的解决方案纳入当前国内与国际政治议程中。

非洲联盟作为发展中国家区域组织也非常重视气候安全问题。非洲联盟和平与安全理事会是非洲联盟预防、管理冲突和解决安全问题的决策实体。理事会强调气候变化是非盟成员国普遍面临的一个重要安全问题，气候变化对基础设施造成影响，对获取重要资源和最脆弱群体产生不利影响，气候变化造成流离失所，加剧社区之间现有的紧张局势，呼吁其成员国采取适应措施，特别是在受冲突影响严重的地区，要加强措施应对气候变化、环境退化和自然灾害的不利影响，全面提升非洲各国应对气候安全风险的能力。

第四节　国际气候安全主要论坛及机制

为推动国际社会应对气候安全问题，发达国家通过组织气候安全国际会议或论坛等不同形式加以推动，比较重要的机制有联合国气候安全之友小组、德国柏林气候安全会议以及荷兰行星安全会议等，行星安全会议发布了《行星安全海牙宣言》等，为全球应对气候安全问题制定了行动准则。

一、联合国气候安全之友小组

为进一步加强联合国在气候安全问题上的参与并更好地应对气候风险，德国等国家推动组建了气候安全之友小组，并推动相关国家采取行动。2018 年 8 月，德国与瑙鲁在联合国共同发起成立了气候安全之友小组，旨在合作开发解决方案，以应对气候变化对安全政策的影响，提高公众意识，促进联合国在该领域的参与。目前，该小组由德国外长海科·马斯（Heiko Maas）领导。阿德尔菲研究所代表德国联邦外交部，承担气候安全专家网络秘书处职能。这个由全球 40 多位专家组成的国际网络通过综合科学知识和专门知识，为建立全球应对气候安全风险能力提供建议，帮助解决与气候相关的安全风险挑战，推动达成共识，为进行全球合作解决气候安全问题奠定基础。

气候变化作为联合国大会的重要议题，也是秘书长关注的最优先事项。在 2018 年 9 月 26 日的联合国大会上，联合国常务副秘书长阿米娜·穆罕默德对气候安全之友小组的成立给予了高度评价。副秘书长对瑙鲁共和国总统和德国联邦外交大臣发挥的领导作用，以及气候安全之友小组 27 个成员国为解决该问题所做的努力表示感谢。气候变化给全世界带来了实实在在的威胁，包括海平面上升、湖泊萎缩、极端天气事件以及其他环境脆弱性对人类生活、健康和安全产生的影响。除非各国采取行动阻止和扭转气候变化，否则将深受其害。目前，气候变化的发展速度超出预期。随着气候变化的发展，人类社会遭受的苦难、国家关键基础设施的破坏和流离失所的情况将更加严重。2018 年 8 月，印度南部的喀拉拉邦经历了有史以来最严重的洪水，造成近 100 万人流离失所，约 400 人死亡。美国卡罗来纳州和尼日利亚发生创纪录的洪水，使 100 多人丧生，菲律宾由于台风引发了大规模的山体滑坡，导致近 100 人死亡。当个人和社区面临多重气候冲击时，首先会失去住房和就业机会，继而失去可靠的食物和水源，他们自身无法迅速恢复，还会加重政府负担，如果政府无法提供所需的基本公共服务，而且没有采取恢复措施，那么人们就会陷入贫困和不安全的恶性循环，甚至面临气候紧急状态，刚刚摆脱贫困的人群则会重新返贫。因此，气候变化给政治、社会和经济带来了额外的压力，导致不安全、工作和房屋损失，并最终导致冲突或流离失所。最易受气候变化影响的国家往往是易受冲突和脆弱影响的国家。气候变化加剧本已脆弱的局势，脆弱的国家可能陷入冲突和气候灾难的恶性循环中，在此过程中，社区的复原力会逐渐受到削弱。气候变化带来的风险对最弱势群体产生了严重影响。如目前乍得湖盆地面临多重挑战，当地局势十分紧张复杂，该流域正在经历由政治、社会经济、人道主义和环境恶化等多重因素共同引发的危机。自20世纪60年代以来，乍得湖面积急剧萎缩90%以上，导致环境退化、社会经济边缘化和不安全状况，大约影响了4500万人。气候变化造成的影响意味着再也回不到过去，降低了各国为应对人道主义危机所做的努力，加剧了对富饶土地和稀缺资源的竞争。

因此，针对气候变化采取行动是增强抵御能力的重要途径，也是预防安全冲突的重要组成部分。应对气候变化作为秘书长预防冲突议程的核心，将优先解决引发冲突的根源问题。应对气候安全问题还有很多工作要做，建立复原力强的社会以及预防和减轻气候风险有助于和平与繁荣。2018年，太平洋岛屿论坛峰会通过《博埃区域安全问题宣言》强调气候变化是太平洋地区各国人民生计、安全和福祉所面临的单一最大威胁。欧盟和非洲联盟等其他区域组织也正在努力制定解决气候安全问题的框架。联合国各相关机构正在加强与区域组织及国际金融机构在气候变化安全方面的合作，通过与各国通力合作，召集所有必要的参与者，包括地方政府、私营部门、非政府组织、妇女和青年团体等利益相关者一道为持久的解决方案提供必要的领导、创新、动力和资金支持。2019年1月，在担任联合国安理会主席期间，多米尼加共和国作为气候安全之友小组成员发起了气候相关灾害对安全影响的公开辩论，共有80多个国家代表作了发言，其中15个代表参加了部长级会谈，多数发言者强调需要改善气候风险管理，以维护国际和平与安全。德国外交大臣海科·马斯（Heiko Maas）在联合国安理会辩论中邀请同行参加2019年6月召开的柏林气候安全会议。

二、2019年柏林气候安全会议

2019年柏林气候安全会议的召开为推动国际社会达成气候安全共识发挥了积极作用[①]。德国联邦外交部与阿德尔菲研究所以及波茨坦气候影响研究所（PIK）合作，于2019年6月4日主办了柏林气候安全会议。此次受邀参加高级别会议的人员包括各国政府、国际组织、私营部门以及民间社会和科学界的重要人物，共同讨论气候变化对和平与安全带来的日益增长的风险，会议强调，需要采取迅速果断的行动来预防并最大限度地减少与气候相关的冲突和不稳定。会议

① https：//www. climate – diplomacy. org/events/berlin – climate – and – security – conference.

指出，气候危机不仅是环境与发展问题，而且是全球和平与安全的核心风险。强调了气候政策与外交政策的相关性，以及在全球范围内建立预防冲突行动框架的必要性。会议讨论了帮助外交政策参与者应对与气候相关的安全风险的具体预防机制，包括自然资源的冲突，迫在眉睫的粮食短缺以及海平面上升造成的领土淹没。会议针对气候变化与国家安全的关系等关键问题进行圆桌讨论，包括移民与流离失所、社会经济冲突和脆弱国家。作为联合国安理会（UNSC）当选成员国，德国将气候变化与安全政策之间的联系作为其两年任期（2019～2020年）的头等大事。尽管该主题的重要性日益提高，但目前仍缺乏适当的组织机构，无法就系统解决与气候相关的安全风险提供支持和建议。通过联合国安理会特别是荷兰和瑞典等国家的努力，过去几年来国际社会对气候威胁的关注日益增多，安理会的几项决议都呼吁重视在特定区域背景下气候变化带来的不利影响，并制定风险评估和风险管理战略。

三、2019年行星安全会议

2019年2月19至20日，第四届年度行星安全会议（PSC 2019）由海牙战略研究中心（HCSS）与荷兰克林根德尔研究所（Clingendae）联合主办。会议聚焦可行性，标志着全球开始行动，通过集体行动、扩大实施以减少气候变化带来的安全风险①。超过450位与会人员讨论了迄今为止的进展以及如何解决目前的问题，特别是受广泛关注的伊拉克、乍得湖、马里和加勒比等地区。克林根德尔研究所主任 Monika Sie Dhian Ho 在开幕式致辞时表示，当公众意识到气候变化的后果时，世界已经达到了临界点。默克尔总理在慕尼黑安全会议上提出，世界进入了新的“人类世”时代，并称这是全球领先的安全会议第一次涵盖气候安全议题。荷兰对外贸易与发展合作部长西格丽德·卡格女士强调，人类活动对地球系统的负面影响使人民达成一致，《海牙行星安全宣言》在多个层面深刻影响了气候安全问题，但这项工作尚未完成，数据、知识、技术和伙伴关系具有核心作用。与会人员讨论了减少和扭转气候变化与相关资源压力所带来的重大安全风险的可行措施。会议提出了各种解决方案，包括改进模型、信息共享，加强跨学科研究，增加国防资源采购等，加强相关行动方案实施等。会议提出，建立新的气候安全军事网络，成立了新的国际气候安全军事委员会（IMCCS）。这是一个由高级军事领导人组成的常设网络，旨在扩大该领域的现有努力，并编制年度《世

① https：//www. planetarysecurityinitiative. org/news/doable－fourth－planetary－security－conference－marks－shift－action.

界气候安全报告》。荷兰前国防部长汤姆·米登多普（Tom Middendorp）担任主席，这位“绿将军”在2016年行星安全会议上宣布，气候变化对全球安全构成威胁后便广为人知，并强调了军事领导人可以发挥关键性的互补作用。会议强调能源转型的地缘政治是全球发展面临的新挑战。国际可再生能源机构（IRENA）总干事阿德南·阿明（Adnan Amin）指出，正如IRENA召集的全球委员会在一份报告中所指出的那样，充满机遇和挑战的能源未来将日益民主化和分散化。北约助理秘书长安东尼奥·米西里奥利在主题演讲中强调了能源安全不断变化的特点，除了地区紧张局势带来的挑战以及对基础设施安全造成的新威胁外，军队不断增长的能源需求也成为一项挑战，适应气候变化也同样面临挑战。

会议要求跟踪重点地区及重点领域应对气候安全风险政策行动的相关进展。马里、伊拉克、乍得湖和加勒比海地区的领导人分享了各自的行动计划，以针对不同生态社会经济背景下不同类型的气候安全威胁。针对加勒比区域，讨论了2018年12月13日在阿鲁巴举行的行星安全会议上制定的新《复原力行动计划》。乍得湖地区也制定了类似计划，马里莫普提地区的代表介绍了过去6个月来与本地区其他人群一起制定计划，旨在通过改善稀缺资源管理来缓解紧张局势。在前几届会议中，伊拉克的水资源问题表现突出。Nature伊拉克首席执行官Azam Alwash指出，现在是迈向建设共享水资源道路的关键时刻，这有助于提升该地区的粮食安全。会议列出了《海牙宣言》提出的六个领域行动计划的相关进展，重点关注地区人口迁移、城市化以及建立联合国气候安全机构的雄心。阿德尔菲（Adelpi）董事兼总经理亚历山大·卡里乌斯（Alexander Carius）在演讲中提出，自2017年12月以来发生了很多事情，本次大会后还要采取更多行动。通过行星安全倡议建立独特的、多学科网络之间的协作，未来将采取更多行动。正如欧洲气候基金会首席执行官劳伦斯·图比娅娜（Laurence Tubiana）指出的那样，这次会议是在国际社会越来越关注气候与安全关系的背景下举行的。2019年1月，联合国安理会举行了为期一天的辩论，来自80多个国家的代表参加，许多人呼吁联合国安理会加强机构能力，以减轻和适应气候变化的安全影响。与环境有关的风险作为主要内容纳入世界经济论坛《2019年全球风险报告》。欧盟理事会欢迎联合国安理会及其冲突预警系统进一步关注气候安全风险，并加强以行星安全倡议为基础的行动。会议提出要加强宣传引导，落实气候安全行动。此次会议是由国际安全联盟行星安全倡议组织，该国际联盟由荷兰克林根德尔研究所（海牙），阿德尔菲（柏林），气候安全中心（华盛顿），海牙战略研究中心、斯德哥尔摩国际和平研究所（SPIRI）组成。荷兰外交大臣史蒂夫·布洛克（Stef

Blok）在闭幕致辞中代表荷兰外交部提出该倡议新阶段的议程，他表示该论坛不仅是一个知识平台，也是采取切实行动的重要平台。

四、2017 年行星安全会议

2017 年 12 月 12 ~ 13 日，在荷兰海牙召开的第三届年度行星安全会议（PSC2017）达成的成果——《行星安全海牙宣言》为全球应对气候安全提供了行动指南。行星安全海牙宣言（Hague Declaration on Planetary Security）提出，成功解决与气候相关的安全挑战需要知识共享、合作伙伴关系和走出孤岛困境。根据国际法，该宣言不产生任何权利义务。会议指出，与气候相关的风险是一个关键因素，并且是人类不安全和冲突的关键因素。过去十年来，对这些风险的理解和认识大大提高，现在是将知识转化成实际行动的时候了。通过持续的实践努力，积极实施本声明提出的承诺，各国旨在减少气候相关安全风险。解决气候变化安全问题既面临全球性挑战，也面临本土化挑战。全球性挑战是因为该计划的资金筹措过于依赖多边进程；本地化挑战是因为解决方案永远不能“一刀切”，必须符合当地实际，气候安全议程必须在两个层面都有效。通过这项宣言，行星安全联盟提出了应对气候安全问题的行动议程，支持在六个领域开展行动：一是为解决气候安全问题建立相应的机构；二是协调移民和气候变化应对；三是促进城市复原力；四是支持乍得湖的联合风险评估；五是加强马里气候冲突敏感地区的发展；六是支持伊拉克的可持续水资源战略。六个行动领域的主要内容如下：

第一，建立气候安全相关机构。在南亚，洪水摧毁了数百万家庭的生活，持续的飓风对加勒比地区造成严重破坏，干旱加剧了非洲大陆的粮食安全问题。联合国在评估气候安全风险中起着至关重要的作用，并制定适当的应对计划。但是目前行动的责任和能力分别属于不同部门。为此，宣言呼吁联合国建立气候安全应对机构负责气候安全问题，或在联合国秘书长办公室设立特使。会议支持联合国系统及其他全球治理机制，协调应对气候安全风险的相关工作包括联合风险评估和协助开展风险管理。建议以先前的方案为基础，回应小岛屿国家的诉求，由联合国安理会制定更加积极的应对计划。建立新的应对机构并不等于减少或更改联合国其他机构在应对气候不利影响方面的作用。相反，它有助于整合现有联合国系统内的不同机构来应对当前和未来的全球挑战。

第二，加强国际移民协调。当前世界正在遭遇历史性的人口迁移，与气候有关的安全风险如何影响移民，以及气候政策如何做出适当响应，需要得到移民迁出国和迁入国、过境国和目的地等相关国家更多关注和认可，这种认识应该在实施全球移民契约以及《关于难民和移民的纽约宣言》的过程中解决，充分维护难民安全，保障有序和正常的移民。气候相关的安全风险必须纳入解决方案的应对策略，并体现在可持续的移民管理策略中。因此，宣言呼吁行星安全会议的参与者应该发起有关气候变化、移民与安全之间关系的对话，比如通过全球契约谈判及其后续实施活动，加强对气候移民的协调管理。

第三，不断提升城市弹性并适应气候变化。由于中国快速城市化的发展趋势，首都和二线城市仍然继续保持较快的人口增长。人口、基础设施、经济活动和服务的集聚加剧了气候变化对城市社会、经济和政治的影响，虽然城市可以给许多人提供很多利益，但城市化往往加剧贫富分化和不平等问题。反过来，这会导致不稳定和冲突。气候变化和冲突都会对城市产生深远影响，目前在城市规划过程中对气候变化和城市动荡与暴力冲突如何相互作用知之甚少。宣言高度重视《新城市议程》提出的可持续发展目标，并认识到在城市化领域缺乏解决城市气候安全风险的具体办法，这个遗漏的问题需要在实施《新城市议程》当中得以解决。与气候有关的安全风险并没有反映在目前大多数城市规划中。解决研究、政策和实施等方面的差距对于确保城市安全和提供可持续的居住场所来说非常重要。为此，宣言支持为提升城市弹性与抗灾能力做出的努力，鼓励行星安全成员及其网络要特别关注气候变化，城市动态以及冲突预防，在制定共同行动计划的同时，增强公民的应对能力和城市环境的恢复力。这些努力可以在现有城市发展的基础上完善复原力网络和城市论坛，促进政策讨论交流，解决气候变化和冲突给城市运行管理带来的风险，并将其作为可持续城市化建设的重要领域。

第四，加强对乍得湖的气候变化联合风险评估。目前乍得湖地区正遭受世界上最大的人道主义灾难，附近居民面临严峻的粮食安全问题，在危机中苦苦挣扎，而且产生了广泛的暴力，大约1070万人需要紧急人道主义援助。国际社会为解决该地区危机做出了巨大的努力。然而，在应对短期危机、长期冲突预防和可持续发展努力等方面如何平衡仍然面临挑战。鉴于当前的复杂情况，需要更深入地了解造成危机影响的潜在因素，并按优先性排序，以便有序应对气候风险。宣言鼓励从事乍得湖危机工作的所有参与者采取行动，将与气候有关的安全风险等因素作为危机发生的根本原因并努力解决，例如，通过恢复退化的自然资本为流离失所者提供生计机会，进一步落实非洲联盟提出的防止冲突倡议，在可持续性、稳定性和安全性（3S）方面共同努力。宣言支持G7提出的乍得湖气候风险评估项目，在七国集团的协助下共同努力解决在知识和技术方面的重大差距，并妥善解决该地区面临的气候安全风险。

第五，马里的气候冲突与敏感型发展。马里面临治理、安全和环境等多重挑战，这些问题相互关联。2015 年签署和平协议后政治与安全局势有所改善，但干旱和荒漠化等环境挑战日益加剧，导致更难实现和平与可持续发展。为了实现马里的稳定，宣言提出应解决干旱和荒漠化等环境问题，将自然资源管理纳入国家安全战略和人口迁移政策至关重要，这是迈向安全性、稳定性和可持续性的关键步骤。宣言要求所有参与援助马里的行动者都要基于对气候相关的安全风险了解的基础上重新评估其战略，并将这些问题纳入现有的计划实施以及评估流程和监测指标当中。这要求提高针对复合风险评估的能力，完善综合监测计划。另外，还需要援助机构尝试运用综合方法，例如，通过冲突敏感型适应项目和气候智慧型青年就业、可再生能源和治理计划等，支持马里的持久稳定。

第六，支持伊拉克建立可持续的水资源管理战略。目前，伊拉克的首要任务是实现稳定并获得紧急援助。可持续和公平的自然资源管理，特别是水资源管理非常重要，这是伊拉克战后与伊斯兰世界所面临的共同挑战，也是一个跨界问题，处于整个地区地缘政治紧张局势的核心，对于伊拉克实现持久和平的前景至关重要。宣言鼓励投资重建重要的水资源基础设施，并提供稳定的人道主义援助以帮助其获得饮用水和基本的卫生条件。宣言强调，需要考虑气候变化的影响因素并采取长期的水安全措施。这需要地方和国家水资源管理机构在现有努力的基础上改进知识管理，促进跨界河流水资源合作。水资源已成为所有参与冲突团体的诱因，因此，加强气候变化背景下的水资源管理应作为实现稳定与建设和平战略的重要组成部分。

第五节　发展中国家面临的气候风险

气候变化对发展中国家经济社会发展造成危机，发展中国家面临的气候风险较高，尤其是全球 20 个气候脆弱国家（V20）面临的气候风险需要特别关注[①]，应对气候变化成为脆弱国家维护和平与安全需要解决的重要问题。分析表明，气候脆弱性风险很容易转变为暴力冲突，这表明早期预防行动的重要性，为应对环境恶化与气候冲突给脆弱国家带来的安全威胁，需要加快适应领域的早期行动，推动建设弹性社会。气候脆弱国家（V20）面临的主要气候风险类型包括：一是

---

① Scherer, N., Tänzler, D. The Vulnerable Twenty. From Climate Risks to Adaptation [R]. Berlin: adelphi, 2018.

极端气候事件和气候灾害增加。20 个国家中有 15 个国家极端气候事件增加，对这些国家经济发展与社会稳定构成了重大威胁。气候变化加剧干旱、洪水等自然灾害风暴；加剧现有的自然环境危害，导致人类社会的冲突程度增加，并且很可能导致新的暴露性、破坏性和更广泛的社会经济影响。二是海平面上升和沿海生态环境退化及相关影响引发的生计安全和移民问题。不断上升的海平面以及沿海生态环境退化构成了生计安全和移民等重要威胁；海平面上升使基里巴斯、马尔代夫、图瓦卢等小岛屿发展中国家面临生死存亡的威胁。情景分析表明气候变化将进一步加剧资源稀缺，恶化脆弱国家现有的贫困、健康等问题。气候变化加剧贫富差距，造成城乡人口被迫迁移。气候变化的影响在那些已经历过冲突的国家尤其显著，特别是管理能力和机构比较薄弱的国家，人口迅速增长加剧了国家应对能力的脆弱性，如阿富汗或东帝汶。三是气候脆弱国家通常面临较大的适应性融资缺口。气候脆弱国家面临的适应性融资需求较高，基于最可靠的适应成本估计数据，几乎近一半的气候脆弱国家存在适应性融资缺口，到 2030 年平均每年适应成本合计约 150 亿美元。对最脆弱国家的适应成本提供强有力的财政支持具有重要意义，马尔代夫作为五个脆弱的小岛屿国家之一，通过计算其近期国家信息通报中沿海保护、土地复垦和土地抬高的总费用来估算防止人口迁移和重新安置的成本。政府提交的报告显示需要花费约 88 亿美元，这对于支持其他小岛屿国家应对气候安全的总成本具有一定的指导意义，尤其是当这些国家的领土完整性处于气候变化威胁当中。中东和北非地区面临的突出气候安全问题是气候变化引发的水资源短缺，而且这些安全威胁相互关联、相互加强，水资源危机会加剧气候变化，进而加剧武装冲突。对孟加拉国来说，随着海岸养虾业的发展，沿海养虾业面临的旋风和洪水等极端气候事件增加，养虾业导致土壤以及水源的盐碱化，造成自然生态系统破坏，土壤肥力减少，遭到了激烈的政治反对。菲律宾经历了有史以来最强的热带气旋之一超强台风海燕。2013 年，飓风在菲律宾登陆，造成超过 6300 人死亡，成千上万的家庭失去家园或生计。受冲击最严重的地区是冲突敏感地区，由于独立武装团体之间数十年的暴力冲突，它们变得更加贫穷和脆弱，很多人认为政府对灾难的反应不足，并爆发抗议。

一、非洲国家面临的气候冲突

东非国家面临气候变化引发的暴力冲突[①]，亟须从气候冲突走向气候和平。

① Mobjörk, M., van Baalen S. Climate Change and Violent Conflict in East Africa: Implications for Policy [R]. Stockholm International Peace Research Institute (SIPRI), 2016.

全球气候变化严重影响自然资源的获取，增加暴力冲突的风险。肯尼亚频繁的干旱加剧了部分地区农牧民之间的资源冲突。波科莫农民使用沼泽或者河岸种植大米和芒果等热带经济作物，而传统的奥玛牧民居住在腹地，缺水和放牧场地匮乏迫使他们迁移到塔纳河，由于日趋严重的环境恶化以及当地政府对该问题的忽视，2012 年夏天波科莫农民与奥玛牧民发生了大规模的冲突。IPCC 在最新的评估报告中指出，气候变化敏感的区域发生内部暴力冲突的风险增加，东非国家普遍存在该问题。环境变化如降雨变化、干旱、植被覆盖变化增加了资源稀缺性，容易引发各种类型的暴力冲突，特别是农牧民之间的冲突更加明显，当地的资源冲突有时会陷入与内战有关的更激烈的权力斗争，如苏丹和索马里内战，但这并不意味着气候变化会自动引发暴力冲突，政治、经济和文化背景也是关键因素。气候变化、环境恶化导致冲突增加的途径主要包括：一是当地居民面临生计条件恶化与经济困难。目前，整个东非都面临显著增加的暴力冲突风险。干旱、降雨量减少、土壤退化和稀疏的植被覆盖对该地区农牧民生计条件造成破坏性影响，大部分人口依赖雨养农业和牧场，他们的生计受到威胁，人们相信通过使用暴力或加入武装团体可以减少损失。例如，气候变化导致干旱或洪水，特定时期引发的暴力冲突导致社会关系网络崩溃，也破坏了人们的生计问题，生计冲突的风险长期存在，导致慢性病与不安全，当地居民往往缺乏资源共享机制来应对气候灾害。二是增加人口迁移。移民有时会导致在东非高度移民区域围绕自然资源的暴力争夺。当人们无法维持基本生活时，他们会迁移到有更多资源可用的地方。因此，人口迁移也被称为适应战略。有时人口迁移会导致暴力，因为来自不同地区的群体在资源冲突上往往缺乏和平的冲突解决机制。通常情况下，有强烈种族认同感的群体出于暴力目的可以更好地动员人们。移民引发的冲突更有可能发生在有更多资源和生计条件更好的地方。移民通常很少是单纯的环境变化造成的而是随着时间的推移，由多种因素共同作用的结果。三是改变牧区流动模式。牧民维持生计主要靠畜牧养殖，牧区流动是东非牧民应对恶劣气候条件的一种方式。因此，并不是每次迁移都很重要，但牧民正在越来越多地改变正常的流动模式，这种改变与气候变化有关。东非面临的主要气候变化问题是干旱。沿着传统的迁徙路线，牧民通过谈判和遵守习惯来获得资源。当他们改变路线时，该地区经常发生不同群体之间围绕水源和牧场的冲突，甚至发生暴力冲突。整个地区都出现了这种模式，特别是在肯尼亚、埃塞俄比亚和苏丹。四是战术考虑。天气和短期气候波动也会影响武装团体的战术考虑，特别是牲畜掠夺者。在潮湿的雨季，由于厚厚的植被覆盖，袭击牲畜的成本较低，牲畜也变得更加强壮，攻击者更容易长途跋涉偷走牲畜。研究表明，潮湿的季节更容易发生与牲畜有关的暴力，这突出说明了气候有关的环境变化可能会影响暴力冲突的动态。五是精英剥削。东非大多数与资源有关的暴力冲突都是当地组织松散的相对低强度的冲突，这些局部冲突有时会融入更大规模的内战、种族清洗和精英剥削，从而引发不安全感。政治精英有时会加强群体暴力来作为转移对自身缺点注意力的有效手段，粉碎政治反对者并确保持续得到所在地区的支持。在这种情况下，当地围绕稀缺资源的斗争局面就容易被政治精英所利用，精英可以利用现有的不满和紧张形势，当前的组织结构对于暴力的产生具有推动作用。这在苏丹尤其明显，当地的资源冲突与区域和国家内部的权力斗争具有内在联系。肯尼亚、埃塞俄比亚、乌干达和卢旺达也面临类似问题。气候相关的环境变化与暴力冲突之间的关系并不存在于政治和社会真空中，政治和社会背景尤其重要，政治进程渗透到从环境变化到暴力冲突风险增加的因果链中的每个环节。群体获得自然资源或对气候变化的脆弱性由政治和物理过程决定。政治制度对于理解一些地方资源冲突转向暴力的原因至关重要。例如，东非牧民长期在政治、社会和经济方面被边缘化，资源短缺问题日益严重，同时还要面对更频繁、更长期的干旱。与气候冲突相关联的政治和社会背景很重要，因为政治灵活性可以减少脆弱性、防止暴力冲突。除了社会和政治背景，分析气候相关的环境变化和暴力冲突的联系也需要考虑时间和空间维度。气候变化通常具有延迟效应和跨界影响，暴力冲突的发展动态也如此。如果仅在短期或有限的空间来认识气候变化与暴力冲突之间的复杂关系是远远不够的。

从政策层面看，要解决气候冲突问题，一是要减少不利影响并提升恢复力。研究表明，生活条件以及民生问题的恶化会使人们更有可能加入武装团体或参与暴力。通过努力减轻气候变化的相关影响和加强对气候变化的抵御能力，可以降低暴力冲突的风险。对于牧民来说，可以采取的措施包括推出天气保险计划、改善市场准入和在干旱时期支持去库存和补货等。其他措施包括：通过防止灌木侵蚀增强牧场的抵御能力，控制传染性昆虫和提供便宜便利的兽医服务等。对于定居人群来说，建立针对极端气候冲击的正式保险制度和收入多样化措施可以帮助建立抵御气候变化的恢复力。二是支持并适应人口流动性与迁移。牧民改变流动模式和迁移通常是适应气候变化的一种重要方式，目前还没有将流动性和迁移耦合在一起，研究表明最佳的适应性策略应将这两者充分结合。打破脆弱性与暴力冲突恶性循环的一种方法是通过建立制度促进和平的季节性迁移，并设计策略协调好牧民的流动需求与定居农民的相关需求。还要针对流动人口采取发展性政策，比如在教育领域。发展机构需要认识到流动人口生计策略的重要性和功能，并据此设计政策，改变该地区牧民不受约束流动的意识。三是加强现有的冲突解决机制。当出现相关机构缺位、腐败或不能履行相应职能，针对稀缺资源的暴力冲突风险就会增加。充分有效的冲突解决机制是防止暴力冲突的一种有效方式。大多数地区已经建立了类似机制，对于政府和非政府组织等外部行为主体来说，应该运用当地的冲突解决机制解决新问题，而不是试图引入全新的机制，包括通过增强地方或传统机构的能力来建立法庭之外的冲突管理程序，或者建立新制度以制裁破坏稳定的做法，如针对袭击牲畜的处理，在此过程中，要加强国家相关机构和地方政府的协调配合，将环境类指标纳入冲突早期预警系统，将适应气候变化整合到经济社会发展和冲突后的重建计划当中。

非洲乍得湖地区的气候安全问题得到了国际社会的广泛关注，联合国安理会为此做出决议，以推动解决该地区面临的气候脆弱性风险。目前，乍得湖地区陷入了冲突陷阱。该地区面临的气候变化和持续冲突形成了恶性循环，气候变化的影响造成了额外压力，冲突破坏了社区的应对能力。该地区要摆脱冲突陷阱，必须将应对气候变化作为建设和平努力的一部分，只有这样乍得湖才能再次成为促进该区域可持续生计和稳定发展的动力。国家安全部队和武装反对派之间的暴力冲突，治理不善、地方腐败、环境管理不善以及贫穷问题严重破坏了当地人民的生活，导致约 250 万人逃离家园，大片地区面临安全问题，数千万的人口缺乏基本公共服务。目前，约 1070 万人需要人道主义援助，其中 500 万人严重缺乏食物，气候变化正在加剧这些挑战。这场危机不仅是萨赫勒地区恶劣生态环境造成的危害，事实上作为干旱的撒哈拉沙漠中部独特的淡水湖，乍得湖曾经是一个生态奇迹。几千年来，它一直是周边地区生活、复原力和经济繁荣的重要来源。自 2009 年以来，尼日利亚、尼日尔、乍得和喀麦隆接壤乍得湖的地区，超过 1740 万人陷入了一系列危机当中。人们是否有可能摆脱这个冲突陷阱将取决于对气候变化和冲突如何相互作用进行深入细致的理解。通过对气候变化和冲突风险进行联合分析，并采取以证据为基础的方法进行评估，来理解和认识不同维度的风险并做出适当回应。

20 世纪 70 年代和 80 年代，干旱导致乍得湖湖泊明显收缩，气候变化对冲突产生深远的负面影响，加剧现有的问题并产生新的风险，但湖面萎缩本身并不是大问题。高强度的降雨和大幅度的温度变化破坏了人们的生活与生计资本。该地区气温上升速度比全球平均水平快 1.5 倍，未来天气状况将会变得更加极端和不可预测。乍得湖将面临湖泊北部面积的变化，降水在时间和数量上也将出现较大变化，对于那些依赖湖泊生存的人们造成不确定性，他们不知道要种植什么，以及何时进行生计转换。因此，该地区容易受到气候变化和持续不断冲突的影响，这两者形成了相互的反馈循环。政府和武装群体多年的冲突、贫困和持续侵犯人权造成了家庭之间、世代之间、族群之间、流离失所者和收容社区之间的社会联系瓦解，与过去相比，人们更难应对和适应气候影响，同时气候变化导致政治和经济条件恶化进而滋生暴力，削弱了打破暴力冲突陷阱的努力。该地区最近的暴力冲突始于2009年尼日利亚东北部的叛乱，后来蔓延到了邻近的喀麦隆、乍得和尼日尔，但是暴力冲突的根源会持续更长时间。这些危机源存在于该地区反复发生的经济危机、分裂势力和治理不力，再加上不平等加剧和对统治精英腐败的失望。这些都有助于宗教原教旨主义和武装反对派团体的崛起。20世纪70年代和80年代发生的严重干旱导致湖泊从60年代的25000平方公里的面积高位迅速缩小，当时它是世界上第六大淡水区和整个萨赫勒的商业中心，到90年代退化到只有2000平方公里。社区的流离失所导致国家合法性受到破坏，干旱引发了一系列事件，今天仍然能感受到这些危机。湖泊面积的缩小确实加剧了当前的危机，但此后湖面已扩大到约14000平方公里。过去二十年来，湖面面积已趋于稳定，如果包括地下水和地表水，实际上总蓄水量还增加了，这与乍得湖行将就木的普遍说法大相径庭。这一发现至关重要，因为它对当地政府和国际社会制定乍得湖危机解决方案具有重要影响。支持流域人民并不等同于拯救乍得湖免于干涸。实际上随着区域脆弱性的增加，它进一步破坏了湖泊周边居民多样化的生计来源，同时将投资从更重要的活动转移出去，从而产生巨大的机会成本。因此，需要在乍得湖周边地区应对气候脆弱性相互关联的风险和挑战方面加强资金、技术和治理支持。图9－2揭示了乍得湖地区气候冲突陷阱的形成过程，在暴力冲突事件开始之前，气候变化对该地区造成的影响已经显现出来，暴雨、长期干旱和不断变化的降雨模式增加了生计压力，尤其是在农村地区。自2009年以来，暴力冲突事件增多增强使这些挑战更加复杂，由于境内和跨境的流离失所者人数众多，人口迁移受到限制，社会凝聚力遭到破坏。该地区更容易受到气候变化和持续冲突的不利影响，进而导致该地区陷入冲突陷阱而难以摆脱。

气候冲突陷阱是气候变化成为冲突产生的重要驱动因素，冲突削弱了人们的适应能力。虽然国家之间和国家内部情况差异很大，但整个乍得湖地区普遍面临四大气候冲突风险：一是持续冲突破坏了人们应对气候变化风险的能力。社区的适应能力正受到大规模人口流离失所、冲突对人口流动的限制以及多年暴力冲突后社会凝聚力减弱的损害。二是自然资源竞争加剧。大量流离失所人员、获取资

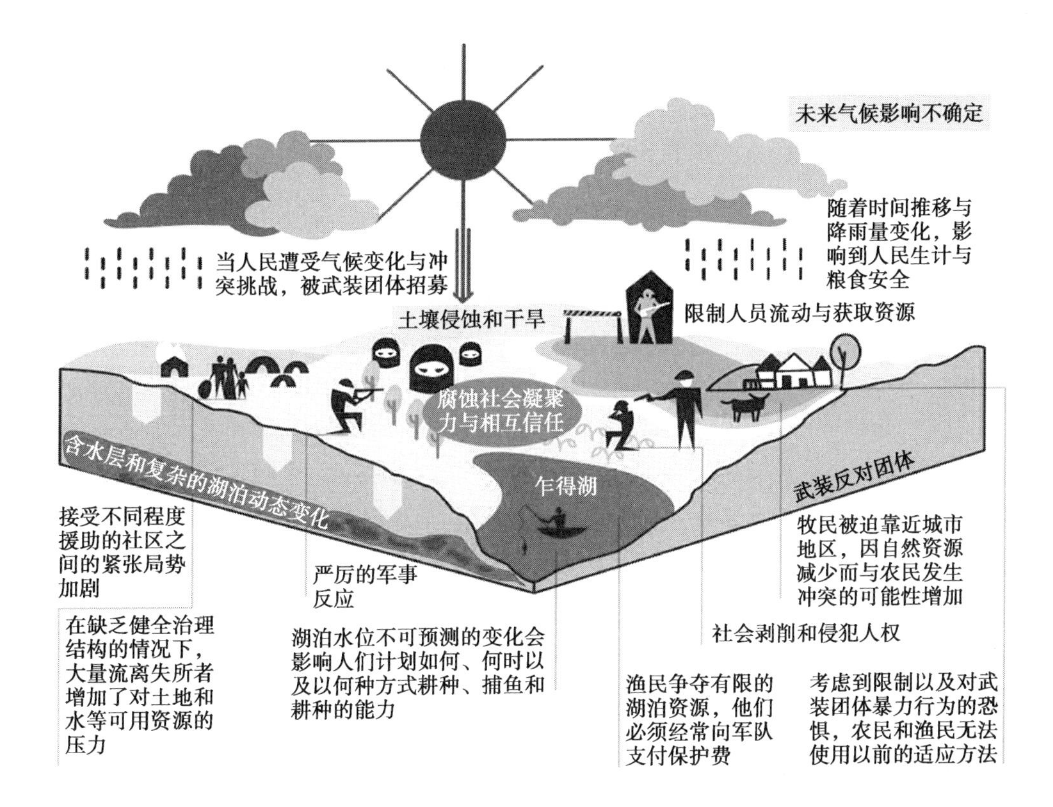

图 9－2　气候冲突陷阱（气候变化是冲突的驱动因素进而影响到人们的气候适应能力）

资料来源：Vivekananda J.，Wall M.，Florence，S.，Nagarajan，C. Shoring up Stability，Addressing Climate and Fragility Risks in the Lake Chad Region［R］. Berlin：Adelphi，2019.

源的机会受到限制以及土地供应质量下降，导致一些地方对自然资源的竞争加剧。气候变化和冲突的结合，打乱了以前的治理和恢复措施，导致这些措施现在不存在或者太软弱而无法化解冲突。三是武装反对派团体不断招募成员的挑战。这发生在严重的社会经济不平等、国家缺乏合法性、日益脆弱的生计以及向潜在新兵提供经济奖励诱惑的背景下。气候变化加剧了这种风险，因为它破坏了人们原本脆弱的经济和生计资源。四是针对暴力采取严厉的军事反应，可能会削弱社区的复原力和适应气候变化的能力。该地区各国政府为应对危机而采取的军事措施并没有解决危机产生的根源。事实上，它有时甚至产生了相反的效果，全面限制进入某些地区的机会，侵犯人权、破坏社会契约和不受惩罚的行为破坏了人们的生计和适应气候变化的潜力。简言之，气候变化和冲突在恶性循环中相互作用，气候变化的影响造成了额外的压力和紧张局势，而冲突则削弱了社区应对气候变化的能力。因此，如果该区域要摆脱冲突陷阱，必须将应对气候变化的影响作为建设和平努力的一部分。为了实现该区域的稳定、建设和平与可持续发展，必须密切关注危机产生的根源和驱动因素，分别是不平等加剧、边缘化、治理薄弱、社会排斥、性别歧视、人口变化和侵犯人权等。气候变化也是一个重要因素，它加深现有的脆弱性，要实现持续和平，制定解决方案时必须考虑气候变化。

针对乍得湖地区面临的安全、发展和气候复合型挑战，需要采取积极的干预措施。

（1）在社区内部和社区之间重建社会凝聚力。通过为国内流离失所者、难民营和收容社区人们之间、前战斗人员和其他社区之间以及不同世代之间提供司法和对话机制，保障人们的土地权，促进建设和平并提升社会凝聚力。

（2）提供就业机会以及其他具有复原力的生计资源支持。必须提供全面的生计支持，并涵盖社会所有人，以恢复社会凝聚力和改善地方治理。

（3）扩大人们获得教育、健康、洁净水、卫生和能源等基本服务的机会。这不仅有利于增强社区抵御气候危机的能力，而且对重建国家和公民之间的信任关系也很重要。

（4）解决性别不平等和侵犯人权问题。性别不平等和侵犯人权是该区域面临的一项重大挑战。例如，便利地获得土地和其他生产性资产，特别是对于在拥有土地资源方面遇到困难的妇女而言，这是发展与建设和平需要解决的一个重要问题。

（5）支持社区适应气候变化和改善自然资源管理。气候变化风险的加剧可能进一步扩大暴力循环，阻碍实现稳定的发展前景。同样，支持适应气候变化、增强抵御气候冲击的能力和改善自然资源管理的努力也可以成为建设和平的有效途径。

（6）改进该区域信息通信技术。信息通信技术可以为农民、牧民和渔民提供市场价格信息，也可以更好地预警和防范气候冲击与气候灾害，实现经济赋权并帮助人们确定他们的未来。

（7）提供更好的气候和水文信息。更好的信息不仅与决策者有关，对于社区成员，特别是生计依赖于天气的社区成员来说，也是主要的复原力提升工具。

（8）投资于治理机构和体制发展。该区域的地方治理机构需要得到支持，以加强政策、监管和监督能力，解决腐败问题，提供优质的社会服务并提升治理能力。

（9）严格审查并调整打击武装反对派团体的战略战术。该地区政府为了社区利益要结束不稳定，采取的手段要与可持续生计目标一致，并有利于改善区域各社区之间的关系，同时能够促进国家合法性。

（10）支持气候防护型经济增长和社会发展。未来乍得湖地区的可持续发展取决于经济发展对气候变化更具弹性，长期来看可以实现这一目标，将基础设施需求作为投资的优先领域，该地区的传统市场将会复苏，包括跨越边界的国际市场。气候脆弱性评估不仅要考察解决失业问题的机会，也要解决失业问题背后严重的环境和气候影响。

乍得湖地区需要采取综合措施来应对气候变化的负面影响，以推动该地区走上正确的轨道。一旦走上正确轨道，乍得湖就可能成为该区域和平与安全的主要资产。如果在解决资源冲突时不考虑气候变化，传统的稳定动荡环境的方法会存在一定的局限性。在解决稳定与建设和平努力中面临的冲突挑战时，必须考虑气候变化的影响并加以处理，以确保该区域成功摆脱冲突陷阱。乍得湖地区象征着在全球层面受气候安全挑战相互关联影响的地区，需要采取提升复原力的方法。这一复杂冲突除了影响湖泊周围的居民生活外，还会波及更大的范围。如果乍得湖地区实现了和平，湖泊得到共享它的四个国家的精心管理，那么乍得湖就会再次成为该地区可持续生计和社会稳定的引擎，有助于增加粮食安全和减少贫困。针对乍得湖流域的气候安全风险评估，将会在区域外产生重要影响。解决该区域面临的挑战和采取的干预措施是具有特定背景的，在全球层面同样具有重要意义，气候防护和冲突敏感的干预措施需要有更好的投资，这为实现持久和平提供了契机。为了确保各利益相关者的有效参与，需要遵循以下原则：

第一，确保民间社会的积极参与。所有妇女、青年、残疾人和其他边缘化群体，都应该积极参与到气候响应措施的制定和实施当中。

第二，解决敏感性冲突的治理缺陷。这不仅是一场人道主义危机，也是治理危机。应避免重复设立新的治理机构，现有治理结构导致不平等与冲突风险长期存在，应改变不合理的治理结构。

第三，确保融资更具可预测性、灵活性和适应性，并为可能面临的失败风险做好准备。不仅关注实现稳定的领域，也要加大对热门冲突地区的援助支持力度，将资金大量注入稳定地区进一步加剧了资源不平等，因为援助是冲突的主要副产品，这也需要转变文化，推动捐赠者的心态从风险厌恶向风险预防转变，在困难的环境中加强管理，加大对不稳定地区的投资，并准备接受失败。

第四，确保所有战略方案都考虑气候冲突风险。理解气候变化和社会的相互关系是努力解决气候安全风险的重要基础，国家自上而下的评估效果不明显。需要同时考虑地方层面的动态，以了解一个地方的变化如何影响其他地方。一是要广泛地利用气候脆弱性评估结论，为受影响的脆弱环境中的战略方案制定提供充分信息。二是持续进行评估并及时更新以反映气候风险的动态变化特征。

第五，监测和评估所有干预措施对冲突和脆弱性风险产生的影响，并随时准备进行动态调整，以应对当地环境的发展变化。

第六，推动各国以及不同行业分享知识和经验教训。积极促进区域各国与区域外国家的交流合作，以确定试点新方法或扩大试验的规模和测试方法①。

二、中亚地区面临的气候安全风险

中亚地区的气候安全风险评估。气候安全风险评估为中亚制定气候风险管理战略提供了科学依据。中亚是脆弱但基本稳定的地区，该地区地理位置优越，靠近阿富汗，是欧洲和亚洲的桥梁，对中国、俄罗斯和美国等大国具有战略意义。气候变化将给中亚五国（哈萨克斯坦、吉尔吉斯斯坦、塔吉克斯坦、土库曼斯坦和乌兹别克斯坦）已经紧张的关系造成更大压力。自 20 世纪 90 年代初各国独立以来，水和能源一直是中亚各国和族群间关系的决定因素。目前，中亚国家经济严重依赖采掘业，尤其是煤炭、石油和天然气。因此，气候影响、减缓和适应气候变化会加剧该地区各国之间的紧张关系。气候安全风险评估表明，在充满挑战的环境和政治背景下，气候变化将带来更多的极端天气和更大的不确定性。对高度依赖高碳和水资源密集型产业的就业人口来说，气候变化构成了重大威胁。由于中亚国家之间存在的紧张关系，气候冲击可能会迅速破坏该地区的稳定。中亚五国都是内陆国家，缺乏海岸带缓冲，导致季节之间温度出现极端变化，减弱了空气循环并加剧了温度变化。夏季沙漠地区的气温高达 50℃，冬季冰川山区的气温最低可降至 -45℃。该地区属于干旱和半干旱气候区，拥有沙漠、草原、肥沃的山谷、山脉和冰川等各种自然条件。过去三十年来，该地区年平均气温上升了 0.5℃，干旱频发导致整个地区生态系统受到损害。未来该地区预计会出现极端天气事件增加的情况，如沙尘暴、永久冻土融化、野火、洪水、泥石流、山体滑坡和干旱等。中亚依赖冰川融化形成的淡水，目前气候变暖导致山地冰川融水，造成泥石流和洪水，对农业生产、牲畜和人类居住区造成较大影响。预计到 2085 年，中亚年平均气温将增加 2.0℃ ~5.7℃，整个地区将极易干旱。虽然气

① Vivekananda, J., Wall, M., Florence, S., Nagarajan, C. Shoring up Stability, Addressing Climate and Fragility Risks in the Lake Chad Region [R]. Berlin: Adelphi, 2019.

候变化对多样化生态系统的影响并不同步，但它将加剧环境退化。中亚气候变化相关的安全风险会随着未来适应和减缓战略的有效性以及冲突的敏感性而变化[①]。总体上，中亚国家面临四个方面突出的气候安全风险：

1. 水资源压力

由于水资源压力上升，下游和上游国家之间的紧张局势加剧。水资源争议是中亚最大的不稳定风险之一。上游（塔吉克斯坦和吉尔吉斯斯坦）与下游（哈萨克斯坦、乌兹别克斯坦和土库曼斯坦）国家之间的争端一直存在，争议通常涉及能源换水协议，上游国家通过在夏季确保下游国家的灌溉供水，来换取冬季下游各国的天然气和煤炭。由于未来该地区冰川融化的水流预计减少，水电站带来的能源供应可能会减少。因此，帕米尔地区国家和次区域的能源获取会受到限制，这将对提供公共服务和整个经济产生直接的负面影响，进而为水资源纠纷创造了条件。单独的主权水资源项目优先于区域水资源平衡责任，可能导致其他国家严重缺水。例如，乌兹别克斯坦担心农民的水资源供应中断，通过减少向塔吉克斯坦的货物流量来应对其水电站建设计划，这种紧张局势严重扰乱了两国间的经济、贸易和基础设施联系。上游水资源丰富国家和下游富碳国家之间的水资源管理取决于区域领导人的政治意愿及其变化。随着气候变化造成水资源压力增加，会产生多重风险。随着冰川水量减少，上游水电站的发电中断将更加频繁。如果上游国家的水资源量减少，下游国家的灌溉水源也将减少。在缺乏运转正常、可实施的能源和水资源交换系统的情况下，水资源可能会被武器化，并引发持续循环的报复行动。

2. 资源竞争

气候变化导致可获取的自然资源减少，边境冲突愈演愈烈。在吉尔吉斯斯坦、乌兹别克斯坦和塔吉克斯坦边界没有完全划定的费尔干纳山谷，飞地的民族分布并不遵循国家边界。人们声称基于自然权利、历史先例和公认的公平原则，争夺土地和水资源。气候变化增加水资源供应的不确定性，这会使土地无法生产并破坏牲畜繁殖的稳定性，导致游牧和定居的生计都难以维持。在缺乏相互信任和功能资源共享安排的情况下，历史争端、偏见和推卸责任可能会加剧。各国之间边界划分不完整导致族群之间的冲突。农业用地，特别是墓地和水源的使用，导致怨恨加剧。目前存在一种土地争夺和扩张的趋势，希望最终划界将基于事实

① The Expert Working Group on Climate - related Security Risks. Central Asia Climate - related Security Risk Assessment ［EB/OL］. 2018 - 12. https：//sipri. org/news/2019/new - report - central - asia - expert - working - group - climate - related - security - risks.

而不是法律上的国家边界。费尔干纳山谷是中亚人口最稠密的地区，未来围绕土地和水资源的竞争会加剧。另一个风险因素是人口增长和土地使用模式的不对称与种族身份之间的关联。费尔干纳山谷的塔吉克人和乌兹别克人的增长速度远超过吉尔吉斯人。前者认为，在土地、粮食和水资源持续短缺的压力下，他们的生活条件日益艰难。而后者感到不安全，担心塔吉克人会抢夺土地。尽管个人之间发生了一些私人交易，允许塔吉克人在吉尔吉斯飞地租用牧场，但由于害怕吉尔吉斯同胞的相互指责，这些交易并未公开。气候变化导致供水量的变化，这会危及山谷中主要的塔吉克人和乌兹别克人的农业灌溉活动。与此同时，洪水和泥石流会影响吉尔吉斯牲畜饲养者的牧场可达性。这些事态发展都会加剧历史纠纷并扩大偏见，导致相互指责和恐惧加剧。

3. 区域合作能力

气候不敏感的发展侵蚀了区域合作能力，整个区域缺乏发展现代经济的技术能力，限制了外国直接投资，化石燃料开采仍然是吸引投资的主要来源。中亚各国之间存在较大的权力不对称。规模较大的国家大量排放导致全球变暖，一些规模较小、排放较少的国家最容易遭受气候变化的不利后果，这引发不公平问题并加剧弱势群体的不安全感。哈萨克斯坦、土库曼斯坦和乌兹别克斯坦生产大量的石油、天然气和煤炭，是温室气体排放的主要来源，也是该地区气候变化的主要贡献者。塔吉克斯坦和吉尔吉斯斯坦人均国内生产总值较低，能源供应主要依靠水电，对区域二氧化碳排放贡献很小。当各国开始采取气候变化减缓和适应政策时，不对称问题变得更加突出，减缓和适应的成本是最脆弱国家难以承受的。中亚地区的暴露度、敏感性和适应能力差异很明显：最脆弱的国家适应能力最弱。吉尔吉斯斯坦和塔吉克斯坦对气候条件的变化非常敏感，但适应能力极低。在区域范围内，缺乏团结和有效的资源共享，这会迫使较贫穷的上游国家寻求更大的能源独立性，或者通过垄断水资源分配，或者投资勘探自己的碳氢化合物资源，这反过来会增加温室气体排放并加剧气候变化。中国的“一带一路”倡议为中亚基础设施投资带来了新的挑战和机遇。一方面，增加连通性可以刺激化石燃料出口；另一方面，这些投资可以支持向低碳韧性过渡。例如，中国已经投资于塔吉克斯坦和吉尔吉斯斯坦山区的输电系统，推动实现水力发电技术和基础设施的现代化，也投资于化石燃料领域，如向塔吉克斯坦杜尚别电厂提供了约 3.31 亿美元的贷款。“一带一路”倡议通过与各国的双边协议运作，对区域竞争产生一定影响。碳资源丰富的哈萨克斯坦、土库曼斯坦和乌兹别克斯坦开发利用石油、天然气和煤炭进行能源生产，而人均 GDP 较低的塔吉克斯坦和吉尔吉斯斯坦则使用清洁水电。这种能源结构差异加上中亚各国适应能力的差异进一步加剧了不平等，随着气候变化加剧和向低碳韧性过渡，不平等会限制解决跨界挑战所需要的合作。

4. 社会不稳定加剧

不受管理的气候影响和能源转型，会导致社会不稳定升级。极端天气直接或间接破坏人身安全、健康和粮食安全。气候变化引发抗议，因为不受管理的气候影响和转型会破坏生计和社会保障的稳定。正如在“阿拉伯之春”期间所表现的那样，若一个群体的人类基本需求没有得到满足，生活在压迫文化中，那么可能会引发强烈的社会不满，产生严重的安全后果。极端天气可能导致能源和粮食获取受到限制，并破坏脆弱社区的稳定。碳和水资源密集型经济体的无管理转型可能会导致收入锐减和迅速失业。软弱腐败的制度加剧了这种风险，也限制了最弱势群体获取援助的可能。该地区应对社会紧张局势和反对派的主要策略是暴力镇压，罢工工人抗议工资和工作条件通常会遭到国家镇压，社会冲击导致暴力激增。尽管最近中亚在努力寻求减缓和适应气候变化投资，但由于缺乏支持的金融工具、框架和战略，还存在较大的资金缺口。如果不加以谨慎管理，气候变化和转型的经济影响可能会导致就业冲击和社会抗议。除非在政策实践中及时采取适应性干预措施，否则中亚可能难以跟上步伐，实现有序地向低碳弹性过渡。

与气候相关的安全风险管理战略需要综合应对气候变化。应对中亚气候变化安全问题，需要采取综合方法，要充分认识对话、宣传、技术援助和召集会议作为预防冲突工具的重要意义。

（1）开发可开放获取的独立数据，以支持气候相关安全风险的监测和循证管理。可靠和开放获取的数据有助于制定有效政策。目前，中亚限制获取独立数据阻碍了有效的早期预警和政策响应。提高独立的科学分析能力，并融入全球气候变化监测网络有助于防止错误信息和政治运动，从而避免加剧国内和国家之间的紧张局势。中亚各国的领导人和安全部门通常认为这类信息非常敏感。目前，有关气候和自然条件的数据属于机密信息，理由是对国家安全的担忧，但是独立的开放式数据有助于各方参与和管理合作风险。开放获取数据也有助于公众参与和支持，及时预警和实施预防措施有助于建立公众信任，以便实施气候减缓、适应及与气候相关的安全风险管理战略。

（2）对早期预警和救灾合作框架进行成本效益分析。中亚的地理特征意味着一个国家的公民可能更接近邻国的救济服务，但是该地区尚未建立跨界预警和救灾平台，其政治形势趋向于自我孤立而非合作，各国对国家安全规则的任何调整都持怀疑态度。对潜在的区域合作框架进行成本效益分析有助于建立符合政治意愿的可行案例。通常区域合作可以节省资源和提高效率，并且有助于加强国家之间的关系。为实现效果最大化，成本效益分析应包括经济、政治和社会因素，在此过程中有助于获得广泛的国家和非国家行为体的支持。

（3）提供技术援助，为低碳弹性基础设施和相应的社会政策转型进行可行性评估。中亚拥有丰富的自然资源和廉价的劳动力，但地方政府腐败、繁琐的官僚主义和对法治缺乏信心限制了外国投资。目前，该地区外国直接投资较低，且主要集中在化石燃料开采领域，并未优先考虑低碳韧性投资。进行可行性评估有助于为该地区低碳韧性投资创造机会，除了可再生能源投资外，还有很多机会来实现农业和工业现代化，从而可以显著提高效率。同时，采取包括重新培训、支持创业和改善流动性在内的社会政策可以帮助促进从高碳产业向低碳韧性替代产业的公平过渡。支持公众参与决策过程，以管理与转型和基础设施建设相关的社会紧张局势。

（4）促进区域气候变化对话。气候变化目前被认为是区域参与的中性话题。随着气候变化的影响加剧，如果没有及时的合作应对，国家间的关系可能会更加恶化。联合国中亚预防外交中心（UNRCCA）作为值得信赖的中间机构，可以组织开展区域气候变化对话，促使各国政府、地方政府、投资者、国际组织和民间社会参与进来。对话可以帮助提出并实施支持政策，确定气候减缓、适应和气候安全管理战略的合作需求。这种对话也有助于改善与气候相关的安全风险管理，加强国家与非国家行为体之间的合作关系。

气候相关的安全风险不仅跨越国界，也跨越不同部门，涉及多个领域，如经济、政治、军事以及环境安全等。气候安全风险特性超出了单一国家的应对能力，这对区域组织既是挑战也是机遇，同时也提升了它们的重要性，需要更好地了解各地区遭受的气候安全风险，也需要提升区域组织的能力来减缓和适应气候安全风险。针对国际主要区域性政府间组织的调查结果表明，气候相关的安全风险已经通过各种方式，进入政府间组织的政策框架和制度体系，发展中国家的区域性政府间组织高度重视气候安全风险问题①。如亚洲的政府间组织：东南亚国家联盟（Association of Southeast Asian Nations，ASEAN）和南亚区域合作联盟（South Asian Association For Regional Cooperation，SAARC），以及非洲的政府间组织：西非国家经济共同体（Economic Community of West African States，ECOWAS）

① Krampe，F.，& Mobjörk，M. Responses to Climate - Related Security Risks：Regional Organizations in Asia and Africa［R］. SIPRI，2018.

和政府间发展管理局（Intergovernmental Authority on Development，IGAD）。它们都是世界重要的区域性组织，同时也位于气候脆弱的地区。为了分析气候安全风险的跨国界和多维度特征，需要了解区域政府间组织针对气候安全风险的反应：每个组织内部如何形成气候安全共识；关于气候安全的政策框架和讨论如何进行概念化，哪些是关注的重点领域；正在采取什么行动和政策措施。

三、东南亚国家联盟

东南亚五国家联盟（以下简称东盟）成立于1967年8月，旨在加快经济发展、社会进步和文化发展，以及促进区域和平与稳定。东盟目前由10个成员国组成，分别是文莱、柬埔寨、印度尼西亚、老挝、马来西亚、缅甸、菲律宾、新加坡、泰国和越南。东盟每年召集两次大会，东盟峰会领导东盟的政策制定过程，并通过东盟理事会进行组织协调。东盟的治理架构即东盟理事会分为三大支柱：东盟政治安全共同体（APSC）、东盟经济共同体（AEC）、东盟社会文化共同体（ASCC）。东盟主要得到东盟国家基金资助，由其成员国直接贡献资金，同时也接受外部特定的项目资金支持，如欧盟和亚洲开发银行。

在东盟的组织架构中，气候变化和环境问题分别由不同的部门处理。东盟社会文化共同体（ASCC）设有可持续发展发展局，也设有环境司、灾害管理和人道主义援助司。相比之下，食品、农业和林业司主要处理粮食安全和联合国减少森林砍伐和森林退化的温室气体排放计划（REDD+）。

1. 政策框架

由于预期的气候变化影响和该地区解决问题的能力，东南亚对气候安全风险极为脆弱，极易受到气候变化的影响。因此，自2007年以来气候变化已逐渐成为东盟的重要关切。2007年的东盟环境可持续性发展宣言强调，要认真对待气候变化带来的威胁，东盟致力于拓展其应对气候变化战略。此后，东盟一再强调气候行动的重要性，在COP-15和CMP-5（2009年第15届东盟峰会）的东盟气候变化联合声明中，关于环境可持续性和气候变化的新加坡决议（2009年第11次东盟成员国部长会议）和东盟领导人关于气候变化的声明COP-17和CMP-7（2016年第19届东盟峰会）均有提及。东盟认定新加坡决议是东盟气候安全讨论的关键性文件。在决议中，东盟认识到东南亚在气候变化方面的脆弱性及其对人民生计的影响，承认气候变化限制了东盟对未来的发展选择。声明还为区域适应气候变化制定了愿景，通过致力于适应、粮食安全和灾害管理，支持国家和全球应对气候变化的努力。2009年，东盟宣布启动气候变化倡议（ACCI）

行动计划，旨在应对气候变化并减轻其不利影响。东盟将气候变化倡议纳入社会文化共同体，因此，ACCI 将成为 ASCC 的执行机构。东盟气候变化工作组的任务是按照 ASCC 提出的应对气候变化蓝图负责监测相关措施的实施进展。

东盟制定的政策框架重点关注粮食安全，并侧重于灾害管理。粮食安全框架由东盟经济共同体（AEC）制定，是关于气候变化和粮食安全的多部门框架，这是2009 年东盟农业和林业部长会议期间成立的机制，并设立了协调机构。作为东盟气候变化和粮食安全问题特设委员会的内置机制，其旨在融入东盟其他相关部门，但目前仅取得的成绩比较有限。2009 年粮食安全战略行动计划侧重于紧急情况和短缺救济，可持续粮食贸易和粮食综合安全信息系统为 2011 年“东盟 +3”建立紧急大米储备协议奠定了基础。自 2013 年以来，东盟在德国国际合作公司和其他机构的支持下，积极推动气候适应型农业发展。在粮食、农业和林业司，移民日益成为一个问题，但对其影响的认识仍然比较有限。另外，灾害管理框架也是由东盟社会文化共同体（ASCC）制定，并通过了灾害管理和应急响应协议（2010 ~ 2015 年），该协议侧重于风险评估、预警、减缓、响应和恢复，另一个与气候变化有关的框架是能源合作行动计划（2010 ~ 2015 年），涉及能源安全的所有方面，从电网、管道整合到提升能源效率、开发可再生能源和清洁煤技术等。

2. 政策实施

以上提及的大多数政策框架或处于计划阶段或早期实施阶段。到目前为止，气候变化倡议（ACCI）仅落实了几个项目，主要涉及弹性城市、应对极端天气事件的影响和风险等。2007 年，东盟个别部门（如粮食、农业和林业司）开始讨论 REDD + 和清洁发展机制行动。2013 年，东盟在德国支持下启动实施农业领域的气候适应项目。随着东南亚自然灾害数量和规模增加，数百万人受到影响，实施了大量灾害管理的相关工作。2009 年，东盟按照灾害管理和紧急情况应对协议成立了灾难管理和紧急救济基金。该基金由成员国和外部参与者自愿捐款。在澳大利亚、日本和欧盟的支持下，已经实施了几个灾害响应倡议。ASCC 目前正在对沿海地区的脆弱性和沿海城市的气候风险进行研究评估，运用全面风险评估的方法对地区气候安全风险进行评估。在 2008 年和 2011 年全球粮食危机期间，启动了针对粮食安全的应对行动。东盟启动了“东盟 +3”紧急大米储备，提供即时的风险应对以确保粮食安全，并建立大米价格稳定机制。中国、日本和韩国提供支持，通过提供财政资源和大米粮食等不同形式做出贡献。然而，亚行专家表示，该计划的实施实际上已停滞不前，因为大米储备尚未达到所需的水平，物理分配的问题也未解决。

3. 面临的挑战

东盟已经认识到气候变化带来的安全挑战，正如其政策文件所指出的，气候变化威胁到区域的繁荣和稳定，进而影响东盟的宗旨与使命。然而，该组织在实施有效的气候政策方面仍面临挑战，主要有三个阻碍因素：国家主权和不干预原则；内部协调不足；成员国缺乏行动承诺。反过来，这些因素对政策执行方面构成了明显挑战。灾害应对得到了广泛关注，需要迅速采取行动。粮食安全也如此，2011 年当粮食价格冲击到该地区多个国家时，需要采取迅速的政策响应。然而，长期的战略协调和政策执行滞后，成员国承诺有限，主权和不干涉原则仍是主要障碍。东盟组织结构内部的多重分歧使其难以解决跨部门和跨国界的气候安全风险，气候问题分别由两大部门处理，目前部门之间的协调十分薄弱，主要问题在于缺乏中央领导的协调机制。气候安全风险既威胁到成员国的安全，也威胁到组织授权，而财政和政治上的最强支柱——东盟政治安全共同体（APSC），并不处理气候变化问题。为应对气候风险，有必要加强政治与安全领域的重点关注。2008 年缅甸纳尔吉斯气旋之后发生的事情可以证明这一点。旋风过后东盟对缅甸施加政治压力，才使联合国救济的工作人员得以进入受灾地区。

四、南亚区域合作联盟

1985 年 12 月，南亚区域合作联盟（以下简称南盟，SAARC）在孟加拉国达卡成立，包括 8 个成员国，分别是阿富汗、孟加拉国、不丹、印度、马尔代夫、尼泊尔、巴基斯坦和斯里兰卡。SAARC 通过在尼泊尔加德满都的秘书处协调和监督开展活动，由秘书长领导（任期三年，由成员国轮值）。每两年举行一次南盟峰会，国家元首享有最高决策权威。自 2014 年以来，未举办过南盟首脑会议，导致对该组织的未来产生了一定质疑。尽管如此，SAARC 的成员国仍通过单边和双边协议继续开展应对气候变化有关的安全风险的活动。

南盟的组织结构包括三类委员会：常务委员会、计划委员会、技术委员会。常务委员会和计划委员会合作制定各个领域的整体监测和协调计划，作出决策并进行政策协调，还负责项目审批和融资方式。技术委员会由各成员国代表组成，分为六个领域：农业和农村发展；卫生与人口活动；妇女、青年和儿童；科学技术；运输和环境。这些部门负责各自领域的项目与计划实施。

1. 政策框架

南亚国家极易受到气候变化的影响，面临冰川萎缩、干旱、洪水和海平面上升等不利影响。季风模式和热浪的变化对区域国家造成显著影响，因为这些国家的就业主要依赖农业。南盟各国首脑在 1987 年《加德满都宣言》中对环境退化和气候变化等区域挑战深表关切。他们认识到这些挑战正在严重损害成员国的发展进程和前景，因此决定加强区域合作，增强灾害管理能力。为此，南盟委托了一项关于保护环境以及自然灾害成因与后果的研究，1991 年得出研究结论，随后于 1992 年成立环境技术委员会，其任务是确定可立即采取的行动措施，并决定执行方式。此后，委员会的任务范围扩大至包括林业。

在若干政策宣言中，南盟对包括气候变化在内的环境问题表示关切。然而直到 2005 年，也就是 2004 年印度洋海啸发生后，南盟成员国才商定针对自然灾害问题采取具体行动。尽管该事件不是气候变化造成的，但成员国在事后建立的框架既涉及自然灾害，也涉及气候灾害。事实上，《南盟灾害管理综合框架》（2006 ~ 2015 年）与联合国国际减灾战略（UNISDR）的《兵库行动框架》（2005 ~ 2015 年）保持了一致。作为工作框架的一部分，2006 年 10 月设立了南盟灾害管理中心（SDMC），以便为政策制定提供咨询和促进能力建设。2008 年，南盟商定在 SDMC 指导下建立自然灾害快速反应机制，以便对自然灾害采取协调有序的应对办法。2016 年 11 月，南盟整合了气象研究中心、林业中心和沿海地区管理中心。

与气候相关的安全风险不仅仅是自然灾害，这在 2007 年第 14 次南盟峰会宣言中得到了广泛重视，各国元首对全球气候变化及其引发的海平面上升对该地区生产生活和生计的影响深表关切。他们呼吁在气候行动方面进行合作，包括加强预警和知识共享，以及在南亚实现具有气候复原力的发展。2008 年达成了为期三年的南盟气候变化行动计划，确定了七个专题合作领域，包括减缓、适应和管理与气候变化有关的安全风险影响。随后的南盟环境部长会议通过的“达卡声明”特别强调，气候变化实质上是发达国家多年来温室气体排放的结果。这一项声明与接受国际财政支持的需求有关，也是许多发展中国家的共同要求。2010 年，在关于气候变化问题的廷布声明发布后，南盟成立了气候变化专家组，以指导区域合作的政策方向。在大多数南盟宣言中，《联合国气候变化框架公约》和国家适应行动方案（NAPAs）作为气候行动的重点问题得到持续强调，南盟自身不提供气候融资，大多数气候项目是通过《联合国气候变化框架公约》下最不发达国家基金支持在国家层面实施的。

南盟针对粮食安全问题建立了具体的政策框架，但在有效运作方面存在若干问题。1987 年南盟通过了关于建立粮食安全储备的商定，2004 年，南盟批准了建立区域粮食银行的建议，该组织于 2007 年成立。2011 年，南盟成员国同意建立种子库，但无法运作，因为只有五个国家批准。《材料转让协定框架》是《种子库协定》的附件，该协定建立了种子和其他材料交换机制，以实现粮食安全并解决自然与人为灾害。尽管南盟成立了以上机构，但没有进行实质性运作。

2. 政策实施

尽管南盟发表了大量应对气候变化及其安全风险的声明，但许多政策并未实施，其他政策则尚未达成共识。一些学者指出，根据南盟制定的宣言、公约和行动计划而建立的机构，通常产生具体成果的能力十分有限。如南盟粮食银行，该银行于1987年首次成立，2004年重新启动。在2017年经历两次洪水之后，孟加拉国面临粮食安全问题，但由于储备不足、官僚程序负担过重以及定价和资金方面复杂的财务细节，无法利用南盟粮食银行。此外，为应对自然灾害提供政策咨询和促进能力建设而建立的南盟灾害管理中心（SDMC）目前正在进行改革，迄今为止开展的工作很少。然而，南盟建立了南亚灾害知识网络，该项目主要由世界银行全球减灾和复原基金通过减灾战略提供资金支持。南亚灾害知识网络是分享减少灾害风险管理知识和信息的重要平台。目前，该网络内部的合作仅限于双边层面，区域层面并无合作机制。特别是较小的南亚国家，如孟加拉国、不丹、尼泊尔、马尔代夫和斯里兰卡，在国家层面通过非政府组织加强了气候安全。其中一项倡议是亚洲备灾中心，该中心汇集了区域内不同国家的灾害管理组织，以促进实施灾害应对和气候风险管理。尽管区域层面执行力有限，但在国家层面，南盟的气候变化行动计划促使一些国家执行符合其区域战略的行动方案。这些计划主要由外部机构提供资金支持，如《联合国气候变化框架公约》最不发达国家基金。

3. 面临的挑战

南盟在执行与气候相关的安全政策方面面临巨大挑战，专家指出，南盟正面临生存危机。三十年来，尽管该组织内部进行了大量气候安全讨论，但从未进入政策实施阶段。造成这种情况的原因超出了气候变化政策的范围，源于该区域更大的政治和体制体系。南盟的未来面临高度不确定性。加强应对包括气候变化在内的共同的人类安全问题，是促进区域合作的可能途径。鉴于气候变化给该区域带来重大风险，南亚各国之间的合作对于适应和减缓努力都非常重要，目前还不清楚是否能够实现合作。

五、西非国家经济共同体

1975年，西非国家经济共同体（以下简称西非经共体）成立，其目标是促进经济发展，包括贝宁、布基纳法索、佛得角、科特迪瓦、冈比亚、加纳、几内亚、几内亚比绍、利比里亚、马里、尼日尔、尼日利亚、塞内加尔、塞拉利昂和多哥15个成员国。成员国国家元首和政府首脑管理局是西非经共体的最高机构，负责制定总体政策和主要准则。管理局向部长理事会提出专题问题，也可以提出建议。西非经共体通过执行委员会进行管理，该委员会任期四年。西非经共体议会是管理局的咨询机构，由115个席位组成，在成员国之间进行分配。西非经共体还设有司法部门，即共同体法院，其任务是解释西非经共体条约的规定和解决成员国之间的争端。共同体法院处理来自西非经共体成员国和相关机构的投诉。

西非经共体设置了专门技术委员会，包括粮食和农业，工业、科技和能源，环境和自然资源，政治、司法和法律事务以及区域安全和移民事务。因此，与气候变化有关的问题由粮食和农业委员会，工业、科技和能源委员会以及环境和自然资源委员会等委员会共同管理。

1. 政策框架

虽然西非经共体认识到了气候变化与冲突之间的关系，但该组织的政策框架和相关论述并没有对此作出明确说明。西非经共体是少数几个专门关注环境安全问题而不是气候安全的区域组织之一。1999年的《关于预防冲突、管理和解决冲突以及维持和平和安全机制的议定书》明确指出，人道主义、自然和环境危机可能破坏区域安全。直到2008年，在西非经共体的环境政策中，环境问题首次被纳入政策框架，目标是协调各国保护环境的政策，促进西非经共体在农业和自然资源领域的工作。政策方面，成员国坚持《联合国气候变化框架公约》的基本原则。西非经共体直接将其环境政策与和平和繁荣联系起来，强调环境政策塑造了一个和平、尊严和繁荣的西非经共体的区域发展愿景，支持各种生产性自然资源得到保护和可持续的管理，推动次区域的均衡发展。因此，西非经共体认识到了冲突对次区域自然资源可持续管理带来的负面影响。

环境政策的相关内容与2008年通过的西非经共体预防冲突框架密切相关。环境退化被认为是与冲突有关的一个结构性因素。该地区经历了日益严峻的粮食安全问题后，西非经共体特别关注跨界冲突，即季节性群体迁移导致的牧民与农民之间的冲突。随着该问题变得突出，2010年5月，西非经共体举行农业部长会议，贸易和人道主义事务部发表了以下声明：由于牧业危机迫使牧民向南迁移，农牧民之间的冲突加剧，粮食和营养状况更加恶化。多年来，由于荒漠化加剧，牧民进一步向南迁移以及小型武器和轻武器的扩散导致危机进一步加深，进而导致西非经共体不断发表以农业和粮食安全为中心的声明。声明包括2005年西非经共体农业政策，该政策由非洲农业发展综合计划（CAADP）制定。其他声明包括区域农业投资计划，以及在国家层面的农业投资方案，但这些框架都没有具体界定与气候变化有关的人类冲突。

2. 政策实施

尽管西非经共体做出了较大努力，制定了关于环境安全和冲突的政策框架，但区域战略与政策执行之间仍存在明显差距，因为计划由各成员国具体执行。总体来看，国家海洋行动方案和国家适应行动方案虽然符合西非经共体的区域目标，但在实际工作中国家行动计划并没有得到有效执行。虽然西非经共体承认气候变化与冲突之间的联系，但并未专门研究这一问题。目前，西非经共体把重点工作放在自然资源冲突上。环境局与其他局合作处理这一问题，如政治事务、和平与安全局以及西非经共体委员会，以强调气候变化在引发冲突方面的作用。虽然有不同部门处理与气候变化有关的挑战，但除了预警局外，并没有设立应对气候挑战的具体项目。

西非经共体正在努力发展预警能力，在气候变化方面也如此。它签署了提升非洲气候风险应对能力与加强西非复原力建设的备忘录。总体来看，西非经共体对海上安全、和平行动和恐怖主义等热点问题的反应更迅速。跨种族冲突是西非经共体迫切需要关注的领域，但跨族群冲突的复杂性和多重性使其与气候变化的关系难以概念化，除政策讨论外，人们很少关注对跨族群冲突的处理，也没有做出相关承诺。西非经共体努力对牧民容易获得小型武器和轻武器的情况进行限制，尽管这是解决种族冲突的一个重要组成部分，但冲突解决专家则质疑这是否可以阻止暴力，因为它没能解决冲突产生的根源。为此，一些国家的适应行动方案包括通过农业和牧区综合管理来加强适应气候变化的能力，这些政策将更有效地针对种族冲突的根源。西非经共体面临一系列问题，如缺乏部门间合作、与气候变化联系薄弱和依赖外部资金，其资金主要来自联合国机构和外部捐助者，这显然限制了区域战略和国家政策之间的一致性。尽管外部资金资助数额巨大，但目前西非经共体缺乏开发自己项目的能力。

3. 面临的挑战

与其他组织相比，西非经共体明确地界定了和平与安全方面的环境与自然资源问题。尽管该组织对这些问题具有深刻的认识，但在气候变化方面却很少。实施有效的气候安全政策面临三个关键挑战：一是缺乏将自然资源和环境变化与气候变化联系起来的能力；二是能力限制和捐助者依赖；三是成员国缺乏行动承诺。第一个挑战明确与气候变化有关，后面两个则隐含这种挑战，并且阻碍了环境安全政策的运作。西非经共体的能力限制加上成员国普遍存在的国家主权原则。例如，该组织无法对尼日尔三角洲冲突或博科圣地叛乱做出反应，因为进行干预将挑战国家主权。乍得湖危机说明了与气候有关的安全风险的严重性和跨国性质，以及这些风险如何与区域政治和社会因素相互作用。为使西非经共体做出适当反应，需要考虑气候变化问题的跨部门性质，有必要加强内部协调以及跨部门的沟通交流。尽管该组织认识到了自然资源问题与气候变化之间的联系，但并未转化为明确的气候安全政策框架。西非经共体与萨赫勒地区国家间常设的干旱控制委员会进行合作就是一项新举措，体现了人们对更好地实施气候安全框架的意愿。乍得湖危机表明了区域组织的局限性，需要更高水平的治理，在这种情况下需要非洲联盟等组织的积极参与。

六、政府间发展管理局（伊加特）

1996 年，政府间发展管理局（简称伊加特）成立，目的是促进经济一体化，加强粮食安全和环境保护方面的合作，促进和平与安全和人道主义事务。8 个成员国分别是吉布提、厄立特里亚、埃塞俄比亚、肯尼亚、索马里、南苏丹、苏丹和乌干达。政府间发展管理局的核心决策机构是国家元首和政府首脑大会，负责制定目标和提出项目。部长理事会是伊加特的执行机构，负责制定和批准政策方案。执行秘书由国家元首和政府首脑大会指派，任期四年，负责协助成员国制定和执行政策，并促进沟通协调。发展局根据组织愿景设立了四个部门：农业和环境司、和平与安全司、经济合作司、社会发展司。此外，发展局还有若干由成员国主办的专门机构和计划，其中包括冲突预警与反应机制（CEWARN）和伊加特气候预测与应用中心（ICPAC），两者都处理气候有关的安全风险。

1. 政策框架

虽然应对气候变化和干旱问题是伊加特的核心议程，但该组织直到 2015 年才制定具体的气候变化战略。伊加特于 1990 年批准了一项粮食安全战略，于 1992 年通过了一项五年方案。由于执行方面的问题，伊加特修订了 2005 ~ 2008 年的粮食安全战略。自 2003 年以来，伊加特环境和自然资源战略提出了一个更全面的区域框架，以处理与气候变化有关的风险，特别是在应对粮食安全和人口迁移问题方面。2016 年，《巴黎协定》签署后，伊加特通过了《2016 ~ 2030 年区域气候变化战略》，为该地区制定了全面的政策框架，随后扩大到伊加特 2016 ~ 2020 年战略和执行计划，该计划提出了一项五年战略，包括四个支柱：农业、自然资源和环境；经济合作、一体化和社会发展；和平与安全和人道主义事务；

公司发展服务。伊加特的气候预测和应用中心在制定气候变化政策方面发挥了关键作用。2003 年发布的减少灾害风险计划强调了在非洲区域减少灾害风险的重要性，以处理干旱等气候变化对移民和冲突的影响。2010～2011 年该地区发生严重干旱，在伊加特抗旱无效之后，2011 年内罗毕首脑会议通过了提升伊加特干旱抗灾能力和可持续发展倡议，倡议要求在成员国和区域层面实施创新的可持续发展战略、政策和方案，旨在建设抵御未来气候变化对经济造成的冲击。其他相关的政策包括 2012 年区域移民政策框架，用以支持因国内灾害和环境问题造成的流离失所人员。

2. 政策实施

依靠捐助者的资金资助，大多数伊加特项目才得以实施。实际上，只有 5%～10% 的资金来自成员国，这使该组织高度依赖外部资金来源。伊加特的政府间性质意味着所有政策必须在国家层面得以执行，而伊加特的任务是协调和统一国家政策。但是，由于成员国与区域官僚机构之间经常出现紧张关系，因此协调效果是十分有限的，从而导致许多条约和区域项目尚未执行。和平与安全司官员表示，伊加特尚未对气候变化与安全的关系进行风险评估。自 2011 年以来，冲突预警与反应机制（CEWARN）和伊加特气候预测与应用中心（ICPAC）就可能的气候变化安全问题进行合作，促进通过了《跨种族议定书》，成员国可以通过该协议共享牧民迁移的有关信息。尽管取得了一定成功，但观察人士指出，由于主权问题，而且内部问题不在讨论范围内，其适用范围很有限，缺乏资源和存在边界漏洞成为该协议成功实施的障碍。总体上，冲突预警与反应机制（CEWARN）和伊加特气候预测与应用中心（ICPAC）两者之间的协调还需要进一步改善。2011 年通过的减灾十年计划，是执行国际减灾十年政策的一个重要步骤。通过制定减灾十年国家方案文件，确定具体情况和复原力需求，加强在成员国层面的沟通协调。区域计划文件确定了区域内部和跨境合作的优先事项。但减灾十年计划是受捐助者高度驱动的，容易受到资金来源和捐助者优先事项变化的影响。

3. 面临的挑战

气候安全隐含在伊加特（IGAD）的职责范围内，其政策文件中明确提出与气候相关的安全风险。尽管如此，伊加特仍需要时间使其相关政策达到可实施的水平。与其他区域组织一样，伊加特也受到国家主权和不干预原则的限制。区域性问题以及近年来持续的内战冲突限制了伊加特的影响力和建立信任的能力。因此，应对该地区因气候和环境变化加剧的跨种族冲突变得日益困难。综上，伊加特在气候安全政策实施方面存在不少问题。尽管人们普遍认为其执行能力有限，但有专家认为，伊加特应该制定准则而不是执行政策。目前，秘书处坚持认为它既可以制定准则也可以执行政策，主要是因为它允许该组织调动外部资金。伊加特依赖外部捐助是一个挑战。据专家预测，该组织将继续调动资源增加其项目，但在战略监督和政策一致性方面面临较大困难。对外部捐助者的依赖阻碍了区域合作和当地政府制定气候安全政策。未来，伊加特需要加强其计划的协调性，对组织内部与气候相关的安全风险有更深入的了解，以便将冲突预警与反应机制和伊加特气候预测与应用中心提供的分析更好地整合到组织任务中，特别是和平与安全部门的工作当中。冲突预警与反应机制（CEWARN）实地收集数据的能力需要加强，跨种族冲突以及日益严重的气候和环境影响加剧了安全问题。增加冲突预警与反应机制（CEWARN）的数据来源有助于各国提高预警能力。因此，为形成协调一致的气候安全政策，捐助者应将其资金支持重点放在加强冲突预警与反应机制（CEWARN）和伊加特气候预测与应用中心（ICPAC）等现有机构上。

综上，与气候相关的安全风险日益成为政府间组织越来越受关注的问题，并通过各种方式进入政策框架和制度讨论中。几十年来，南盟和伊加特一直关注气候安全问题，干旱造成的与气候有关的安全风险是伊加特成立的部分原因。东盟将与气候有关的安全风险视为对其促进东南亚地区繁荣与稳定使命的直接挑战。区域安全背景和对气候变化的脆弱性也会影响气候风险的形成。例如，东盟和南盟非常重视灾害管理，这是由于其成员国位于世界上容易遭受自然灾害的地区。由干旱或自然灾害引起的粮食安全是所有政府间组织的主要关切。西非经共体对环境问题和自然资源的关注源于其在自然资源冲突中的经验。尽管西非经共体对气候变化有了一定认识，但政策框架仍过于狭窄，只侧重于自然资源的影响，并未涵盖气候变化。尽管政府间组织对气候安全风险的认识在不断提高，但面临的主要挑战仍然是政策实施。与其他区域组织一样，主权问题一直是相关政策成功实施的主要障碍。南亚的情况表明，国家之间存在高度不信任，气候安全问题涉及多个部门和信息孤岛，这些都阻碍了协调一致的政策响应。此外，具有强大影响力和财政资源的政治和安全机构不处理气候安全问题，也是限制相关政策实施的重要因素。因此，如果这些政府间组织保持现状，它们对气候安全风险政策框架的讨论能在多大程度上影响各成员国的行动还存在很大的不确定性，国家主权在一定程度上也限制了区域组织发挥作用。

除伊加特外，与气候有关的安全风险给区域政府间组织带来了新的挑战。这些新风险的复杂性及其对不同部门的影响要求做出高度协调的政策响应，需要区域组织更新其组织使命与工作任务，形成克服信息孤岛的经验，解决政策框架实施面临的挑战。区域政府间组织是应对气候风险的关键行为主体，需要根据当地政治和社会背景做出政策反应，加大针对区域全面气候风险评估的支持力度，全面评估各地区在当地社会、政治和经济背景下面临的气候脆弱性。

区域性政府间组织要制定内部协调机制，以指导跨机构边界的政策制定。西非国家经济共同体和中非国家经济共同体处理乍得湖危机方式的例子表明，管理跨越两个区域组织边界的危机十分困难，应对气候安全风险超出了政府间组织的现有能力范围。因此，区域性政府间组织需要建立完善的治理结构来提高其应对气候安全风险的能力：如果现有治理体制无法充分应对气候风险，则需要建立适当的治理机构协助区域组织开展相关工作。结构上的局限性（部门孤岛）和不干涉原则对区域组织的能力构成了限制。对乍得湖危机等跨国危机的政策反应通常受到限制，强大的国内利益行动主体会阻碍在国家层面开展行动。面对气候安全风险的跨国性和多维性，需要在促进区域和地方发展的基础上，针对现行的治理体制架构研究提出可行且创新的替代方案。

第六节　热点区域：北极的气候安全问题

北极问题具有全球意义和国际影响，在经济全球化、区域一体化深入发展的背景下，北极地区的资源、军事、经济等战略意义凸显，正在重塑全球地缘政治格局[①]。随着全球气候变暖，北极冰雪融化速度加快，其航道价值、资源价值及地缘政治价值等凸显。在北极地区，围绕预期资源的国家竞争正在形成新冷战，相关国家开始加强军事存在，未来甚至有发生冲突的风险。目前，北极八国以及日本、韩国、英国、法国、德国等非北极国家均发布了北极政策文件。2018 年中国首次发布北极政策（以下简称《北极政策》白皮书）[②]，强调中国在地缘上属于近北极国家，提出了中国的北极战略。

北极地区具有独特的自然环境和丰富的资源，属于全球气候变化最敏感的地

① Wezeman, S. T. Military Capabilities in The Arctic: A New Cold War in The High North? ［R］. SIPRI Background Paper, 2016.

② 外交部. 中国的北极政策［EB/OL］. https://www.fmprc.gov.cn/web/ziliao_674904/tytj_674911/zcwj_674915/t1529258.shtml,［2019-11-06］.

区。目前，气候变化正在迅速改变该地区。过去30多年来，随着温度上升，北极夏季海冰持续减少。预估结果显示，可能在21世纪中叶或者更早时间，北极海域将出现季节性无冰。北极冰雪融化不仅影响本地区自然环境的变化，还造成全球海平面上升、极端天气事件增多、生物多样性锐减等问题。北极冰雪融化也会产生一定的发展机遇，加大对北极的开发利用，如商业利用北极航道和开发北极资源，将对全球航运、国际贸易和世界能源供应格局产生重要影响，北极地区的经济社会发展、生产生活方式及生态环境将发生巨大变化。

北极地区丰富的自然资源、重要的战略位置以及日益畅通的北极航道，使其具有十分重要的地缘政治战略意义①，作为世界各国关注的焦点，北极经济圈有望成为21世纪世界经济发展的新热点之一。

1. 航道价值

北极地区位于北半球心脏地带，被亚洲、欧洲、北美洲包围，世界发达国家主要位于欧洲和北美洲，亚太地区是当今世界经济最具发展活力的地区，北极是连接这些地区最快捷的通道，从欧洲港口到东北亚港口，走苏伊士运河距离接近2万公里，如果绕道非洲好望角还要增加5000公里左右，如果走北冰洋，只需1万公里左右，大约节省一半运距，同时可以节省大量运费和时间，经济效益可观，尽管受海冰影响环境恶劣，北极航道尚未大规模开发，但国际社会普遍认为，随着地球温度上升，北极冰封期和海冰面积会持续下降，北极航道大规模开发的时期正在到来。

2. 资源价值

北极资源丰富，尤其是油气资源，从各国勘探结果来看，北极地下蕴藏了大量油气资源，相关资料显示，全球未开采石油储量的10%、天然气的30%集中在北极地区，北极附近国家如加拿大、俄罗斯等国已着手开发北极油气资源，但恶劣的气候和自然环境使相关工作十分困难，北极油气开发成本十分高昂，因而一直没有得到大规模开发，未来随着北极温度上升以及环境改善和技术进步，尤其是在世界范围内陆地油气资源枯竭的背景下，北极油气资源将进入大规模开发期。

3. 地缘政治价值

随着北极地区战略价值显现，相关国家的领土主张和权益要求日益强烈，通过加大科研、政治、经济、军事等资源投入，争取区域的战略主导权。自2007

① 中国北极发展与安全战略问题［EB/OL］. http: //aoc. ouc. edu. cn/2018/1212/c9822a231035/pagem. htm.

年俄罗斯“北极－2007”探险队员在北极海底插上国旗以来，该地区就迎来了新一轮的地缘政治竞争，各方频繁举行军事演习，周边各国的军事存在不断加强，相关国家先后制定北极战略，加强对北极地区的科研活动及资源能源勘探开发，极力增加本国在区域内的存在。与此同时，非北极地区国家也积极介入“北极争夺战”[①]。《联合国海洋法公约》规定，北极地区的公海区域属于人类共同财产，各国均有权进入北极公海地区，行使科学研究以及航行自由权利等。国际社会对北极战略价值的认知不断深化，北极冰雪融化加速对全球经济和贸易的潜在影响，北极航线可能对未来海运构成巨大影响，北极地区丰富的油气资源与便利的航运条件，使其有望成为世界能源的重要供给基地，这为各国参与北极的地缘政治竞争提供了推动力。

北极理事会在北极治理方面发挥了关键作用，在气候变化新形势下需要进一步完善治理机制，推动建立共享、共建、共治的新北极治理体系。冷战结束后，1996 年在加拿大渥太华成立了北极理事会（Arctic Council），这是由美国、加拿大、俄罗斯、挪威、瑞典、丹麦、芬兰、冰岛八个领土处于北极圈国家组成的政府间论坛，关注北极事务，理事会主席由八个成员国轮值，每届任期两年。2013 年 5 月 15 日，意大利、中国、印度、日本、韩国和新加坡成为正式观察员国。北极理事会的成立对于促进该地区的治理与合作发挥了重要作用，通过协调区域各国就共同关注的问题进行磋商，促进了该地区的生态环境保护与可持续发展。但该组织作用的发挥也面临一些限制因素，如各成员国缺乏具有法律约束性的责任与义务，缺乏制度化的资金来源，没有常设秘书处等。因此，北极治理需要增进各利益相关方的充分参与以及国际社会的共同努力，开放的北极可以为北极问题的解决带来新契机，实现北极地区的共享、共建、共治，联合国也应发挥更大作用[②]。

中国地处北半球，在北极地区具有重要战略利益，参与北极事务关乎国家安全与可持续发展。北极的自然环境变化对中国的气候系统产生直接影响，进而影响到农业、林业、渔业、海洋等领域。中国虽不是北极国家，但北极在中国未来整体发展战略中日益重要。北极地区的气候变化将对中国的气候产生显著影响。北极的冷空气与中国春季沙尘暴、冬季雪灾和夏天旱涝等气候灾害直接相关。北极的冰雪融化会造成中国近海海平面上升，对东部沿海经济发达地区造成威胁。

---

① 程保志．试析北极理事会的功能转型与中国的应对策略［J］．国际论坛，2013，15（3）：43－49.

② 百度百科．北极理事会［EB/OL］．https：//baike. baidu. com/item/%E5%8C%97%E6%9E%81%E7%90%86%E4%BA%8B%E4%BC%9A/10695058？fr＝aladdin.

加强对北极地区的研究，有利于提升中国针对气候灾害风险的监测预警，进一步提升气候灾害应对能力，有效降低气候变化造成的人员伤亡和经济损失①。经过多年发展，中国经济已经与世界紧密连接在一起，作为世界第一大贸易国，2019年中国全年货物进出口总额为30.505万亿元，折合4.37万亿美元②，因此海上交通线已经成为经济发展的生命线，中国每年通过海上交通线进口大量原材料、油气等资源，出口大量工业制成品，其中欧美国家是中国主要出口市场，欧盟是中国第一大贸易伙伴，现在中国商品出口到欧洲需要走苏伊士运河或好望角，直线距离近2万公里，如果改走北极航道，则距离不到1.5万公里，足足减少5000公里，且北极航道沿线国家多属于发达国家，经济社会非常稳定，相比之下，中东和非洲很多地区局势混乱，索马里海盗、亚丁湾海盗对国际航运造成了严重影响，中国海军也派出护航编队进行护航。《北极政策》白皮书提出与各方共建“冰上丝绸之路”，即穿越整个北极圈，连接北美、东亚和西欧世界三大经济中心的海运航道。覆盖范围不仅包括俄罗斯沿岸的东北航道，还包括加拿大北部群岛以及格陵兰岛组成的西北航道。北极东北航道是从东北亚出发，然后穿过白令海峡，沿着俄罗斯北方海岸一路向西到达西欧，航程不到7000海里。这条航线看似荒凉，其实相对现在的南向经南海、马六甲海峡、横穿印度洋，然后经苏伊士运河到地中海、直布罗陀海峡，最后到达安特卫普、鹿特丹、汉堡等西欧港口，总航程超过11000海里的航线（如果绕行非洲好望角更远），可以节省4000多海里。从时间角度来看，与传统的欧亚航道相比，北极东北航道缩短了航程，平均可节省约40%的航行时间；从成本角度来看，可节省20%左右的能源费用；从环保角度来看，航程短、耗油少意味着污染少排放少，既提高了能源效率，又减少了环境污染；从安全角度来看，北极东北航道大多数路段都在俄罗斯境内，没有马六甲海盗、索马里海盗，安全性大大提高。综合考虑耗时、能源消耗、经济性③以及安全性等各方面因素，“东北航道”时间短、速度快、成本低、更安全的优点突出。但北极东北航道目前自然环境恶劣，低温、风暴、磁暴以及每年长达八九个月的冰冻期都是对航行安全的严峻考验。但如果条件成熟，中国未来使用北极航道，航运成本和费用将显著下降，届时中国对欧美海运会有很大一部

① 中华人民共和国国务院新闻办公室．中国的北极政策［N］．人民日报，2018-01-27（011）．

② 中华人民共和国2019年国民经济和社会发展统计公报［EB/OL］．http：//www.gov.cn/xinwen/2020-02/28/content_5484361.htm.

③ 主要指过路费，苏伊士运河要收费，所以很多商船选择绕更远的非洲好望角。

分走北极航道，所以中国一直非常关注北极航道情况[①]。这条中国通往欧洲新航线的开辟商业价值巨大，环北冰洋区域内的欧洲、北美洲以及航道上的中、日、韩等国经济比较发达[②]，可以带动中国东北以及俄罗斯远东地区的发展，同时也有利于实现中国能源供应来源的多元化，提升能源安全水平。解放军军事科学院国防政策研究中心在报告《战略评估 2013》中指出，中国在北极地区具有重要战略利益，参与北极事务及其开发利用，对于国家可持续发展和国家安全意义重大。中国将遵循平等互利、合作共赢的原则，与北极国家开展合作。与有关各方一道，积极应对气候变化给北极带来的新挑战，加强北极地区科研合作，在保护北极地区生态环境方面发挥积极作用。共同认识北极、保护北极、利用北极和参与治理北极，在北极综合利用、合作开发北极资源和利用北极航道等方面加强国际合作，为北极的和平稳定与可持续发展做出贡献[③]。

① 中国为何发表北极政策白皮书？北极对于中国越来越重要［EB/OL］. 腾讯网. https：//new. qq. com/omn/20180126/20180126A0O89Y. html.

② https：//www. sohu. com/a/245774367_ 762802.

③ 解放军智库报告：中国开发北极关乎国家安全［EB/OL］. https：//news. qq. com/a/20140618/059987. htm.

第十章　总体国家安全观视阈下我国气候安全应对问题

2014 年，习近平总书记首次提出总体国家安全观，为推动气候安全治理提供了重要的理论指引。随着极端天气事件趋多趋强以及气候变化加快，我国气候风险水平呈上升趋势。气候变化对我国人民生命财产安全造成了重大危害，并对水资源安全、生态安全、粮食安全、能源安全、经济安全、重大工程安全等安全要素产生了重大威胁，对国家安全体系的多个要素构成重大挑战。我国政府一直高度重视应对气候变化工作。2013 年，国家发展和改革委员会等 9 部门联合印发了《国家适应气候变化战略》，明确提出将适应气候变化纳入经济社会发展规划，提出在基础设施、农业、水资源、海岸带、森林和其他生态系统、人体健康等重点领域开展适应行动，在城市化地区、农业发展地区、生态安全地区实施适应任务、构建区域适应格局等，这对提升我国应对气候风险的整体能力具有重要意义。目前，我国已初步建立了由国家应对气候变化领导小组统一领导、生态环境部归口管理、各有关部门分工负责、各地方各行业广泛参与的应对气候变化管理体制和工作机制。随着气候变化对我国经济社会的影响日益加深，气候贫困与气候移民问题突出，快速的城市化进程导致城市面临较大的气候风险，如何防范和管理气候风险也成为我国“一带一路”建设过程中不容忽视的问题，为此，统筹协调减缓与适应气候变化，协同推动气候风险应对、防灾减灾与可持续发展已成为我国气候安全治理亟须解决的关键性问题。

第一节　我国气候灾害频率和强度不断增强

我国是世界上极端气候事件和气候灾害类型最多、范围最广、频率最高和强度最大的区域之一，也是遭受自然灾害最严重的国家之一，自古有“无灾不成年”之说。受气候变化的影响，近年来我国极端气候事件突发频发，给经济社会和人民生命财产安全造成了严重不利后果，气候灾害引发的安全风险日益凸显，已成为全社会面临的共同问题。气候变暖导致厄尔尼诺、热带气旋、飓风暴雨洪涝、风暴潮、局部高温热浪、季节性突发干旱、沙尘暴和森林野火等极端气候事件发生的概率与强度增大，造成区域气候异常、降水时空分布不均，强降水事件发生频率增多增强，导致洪涝风险增大，洪涝易发多发地区出现反常的洪灾，进而导致山体易受侵蚀地区水土流失加剧，山洪、山体滑坡、泥石流等次生地质灾害频发，摧毁房屋、农田、道路等基础设施，破坏生产生活水源和公共服务设施等，造成人员伤亡甚至局部冲突等[①]。在全球气候变化的背景下，海平面上升、台风、干旱、洪涝、暴雨、暴雪、冰冻等极端气候事件不断加剧，破坏性极强的气候灾害在局部地区造成重大经济损失和人员伤亡。我国地表年平均气温呈现明显上升趋势，1961～2015 年，年平均气温升温速率为 0.32℃/（10a），超过全球同期升温速度的 2 倍，预计 2030 年我国年平均气温变化速率将达到 0.48℃/（10a），上升速度进一步加快。过去 55 年来我国平均高温日数（最高气温不低于 35℃）增加了 28.4%，暴雨日数（日降水量不低于 50mm）增加了 8.2%。21 世纪以来，我国登陆的热带气旋强度明显增加，其中约一半的风力达到或超过了 12 级，热带气旋的平均最大风速比 20 世纪 90 年代提高了 16%。近年来，我国极端天气事件频繁发生，造成了巨大的社会经济损失。2006 年川渝遭受百年一遇的干旱，超强台风“桑美”袭击东南沿海地区；2010 年西南地区发生特大干旱，舟曲发生特大山洪泥石流灾害；2011 年长江中下游地区旱涝急转；2012 年 7 月 21 日特大暴雨袭击华北，对京津冀地区造成重大影响；2013 年 7 月至 8 月上旬南方遭受历史最强高温热浪袭击；2014 年 7 月超强台风“威马逊”给海南造成大约 400 亿元经济损失；2015 年 6～7 月南方出现了多轮暴雨，约有 2100 万人受灾。预估结果显示，21 世纪中期我国南方高温日数将增加约 30 天，暴雨出现频次增加约 33%。我国东部发生类似 2013 年最炎热夏季的概率大幅增加，大约每 4～5 年就发生一次。

我国不同区域面临的气候风险存在显著差异。受气候变化影响以及各种气候要素变率增加，生态系统退化加剧，我国气候承载能力将发生显著变化，对经济社会发展的支撑能力也会改变。各地的气候变化、地域特点和经济影响等决定了其面临的气候风险和脆弱性。东北地区是我国粮食主产区，气候变化造成该地区粮食产量下降，进而影响到我国粮食安全。西北、西南、华北和青藏高原地区是

① 何志扬，庞亚威．中国气候灾害保险的发展及其风险控制［J］．金融与经济，2015（6）：73－76.

我国的生态系统脆弱区，气候变化可能会进一步降低这些地区生态系统的承载力，导致我国生态安全恶化，甚至产生气候移民和气候冲突。华东地区是我国人口密集、经济发达的区域，城市化水平高，城市人口密度大，高温热浪、暴雨洪涝等极端天气加大该地区的气候脆弱性和风险。高温热浪的强度和持续时间增加，对人体健康造成的危害会进一步增大。随着暴雨与极端天气发生频次和强度的增加，城市发生内涝的风险加大，城市安全运行受到严重威胁，交通系统、排水系统、供电供水等关键基础设施与城市生命线的正常运行均受到严重影响。

第二节　气候变化的经济社会影响日益深入

气候变化对我国经济社会带来的不利影响日益深化。2008 年低温雨雪冰冻灾害、2013 年南方的高温热浪天气等极端气候事件及其衍生灾害造成的经济损失不断增加，给人民群众的生命财产安全和经济社会的可持续发展带来了巨大挑战。统计数据显示，2001～2011 年，我国平均每年因气象灾害造成的直接经济损失超过 2000 亿元，并呈现出长期增加的趋势。我国农业遭受气候灾害的强度和频率增加。2007～2013 年，我国农作物受灾面积和绝收面积都呈现先降后升的趋势，且平均受灾面积在 3700 万公顷以上，平均绝收面积在 400 万公顷以上。2019 年我国农作物受灾面积为 1926 万公顷，其中绝收面积为 280 万公顷；洪涝和地质灾害造成直接经济损失 1923 亿元，旱灾造成直接经济损失 457 亿元，低温冷冻和雪灾造成直接经济损失 28 亿元，海洋灾害造成直接经济损失 117 亿元①。气候灾害造成的影响往往引发连锁反应，极端天气造成的原生灾害通常会造成次生灾害，比如强降雨容易引发泥石流、山体滑坡等地质灾害。极端天气不仅造成人员伤亡、农作物受灾等直接经济损失，还造成基础设施破坏、生产中断等间接经济损失。同时，气候灾害还会导致社会问题恶化、脱贫后多次返贫、社会不稳定等，产生长期而深远的社会负面影响，需要较长的时间才能解决。受全球气候变化的影响，我国近年来气候灾害数量不断增加，受灾人数持续增加。扶贫组织香港乐施会发布的报告显示，1998～2007 年，全球每年受气候灾害影响的人数约为 2.43 亿人，2015 年后将达到 3.75 亿人以上，到 2050 年全球预计将有 2 亿人可能会成为气候难民。我国受气候灾害影响的人口数量庞大，2013 年我

---

① 国家统计局.2019 年国民经济和社会发展统计公报［EB/OL］.http：//www.stats.gov.cn/tjsj/zxfb/202002/t20200228_1728913.html.

国受洪涝灾害影响的人口达 1.2 亿人，受旱灾影响发生临时饮水困难的人数高达 2241 万人。随着全球气候变化继续加快，我国极端气候事件的发生概率与频率大幅增加①，今后受灾人口仍会保持较快增长。

近年来，极端气候事件和气候灾害明显增多，我国防灾减灾压力进一步加大，面对日益严峻的气候灾害形势，如何制定有效的灾害应对措施成为亟待解决的重要问题。首先，气候灾害的致灾成因复杂，与自然环境密切相关。气候变化导致极端天气频发，进而引起干旱、涝灾、飓风等气象灾害，这是造成经济损失和人员伤亡的直接原因，如果受影响地区生态环境脆弱，泥石流、山体滑坡等次生地质灾害发生的概率会显著增加，气候影响和次生灾害叠加从而造成更大的破坏性。其次，从气候灾害风险的社会应对来看，缺乏有效的预防手段、防灾减灾意识薄弱、风险管理体系不健全等导致气候灾害风险加剧，乱砍滥伐、过垦过牧、生态环境破坏行为等也加大了气候灾害发生的可能性和造成的损失。最后，各地气候灾害具有显著的差异性，这进一步增加了气候灾害应对的难度。我国地域辽阔，气候条件存在明显差异。自古以来我国气候灾害就有“南涝北旱”的特点，但近年来西南地区旱灾频发，持续干旱已严重影响了当地的生产生活。从气候灾害引发的地质灾害来看，西北、西南、东南地区遭受强降雨的危害严重；东南沿海地区的台风、华北地区的沙尘暴、南方的低温雨雪冰冻天气、东部沿海的海平面上升等地域性特征十分明显。受季节变化和各地自然条件差异的影响，各地发生气候灾害的类型、时间和强度存在差异，比如我国春季发生的“倒春寒”对各地区造成的影响和损失差别很大。

第三节　气候变化导致气候贫困与气候移民问题突出

气候变化引发的各种风险对生态脆弱地区的影响日趋严重，造成气候移民迅速增加。极端气候事件发生的频率增加，导致房屋农田被毁，生产生活和公共服务设施受到破坏，造成人员伤亡、身体疾病、心理困扰等，减少贫困家庭的生计资产和劳动力，使他们陷入贫困处境而难以摆脱。国际扶贫组织乐施会通过对我国气候贫困问题进行案例分析，发现 11 个集中连片特困区 505 个特困县的贫困程度与当地气候脆弱性较高、气候适应能力不足密切相关。气候变化引发的各种

① 何志扬，庞亚威．中国气候灾害保险的发展及其风险控制［J］．金融与经济，2015（6）：73－76.

风险，是造成气候脆弱地区贫困问题的主要原因，社会经济处于不利地位、处于边缘化的弱势群体，受气候变化的不利影响最严重，气候风险与其他因素相互交织、相互作用，恶化了生态脆弱地区贫困人群的生产生活条件，导致贫困人口的基本生计难以维系，进而陷入绝对贫困的状态。因此，如何有效防范气候风险造成的新型贫困已成为新时期做好扶贫工作亟须破解的关键问题。

一、气候风险与生态恶化叠加催生气候贫困

气候变化对自然生态系统和人类社会发展的影响日益显现，导致局部地区自然生态环境的脆弱性和暴露度加剧，气候敏感地区与贫困人口在空间分布上高度一致，已成为经济社会发展过程中新的贫困类型与致贫因素，受到国际社会的高度关注。我国贫困地区与生态环境脆弱、气候脆弱地区高度相关。《中国农村扶贫开发纲要（2011—2020年）》重点关注的11个集中连片特困地区、505个扶贫开发重点县与12.8万个贫困村在空间上与西北黄土高原干旱半干旱荒漠区的西海固地区、西南云贵高原喀斯特石漠化地区等生态脆弱地带高度重合，我国约八成的贫困人口分布在生态环境脆弱区和生态环境敏感区，比如荒漠区、多石山区、少数民族地区、部分内陆沿边地区、黄土高原区、高寒山区等。同时，我国现阶段的贫困地区多数生态环境脆弱、生存环境恶劣，对气候风险的暴露度、脆弱性、危害性均较高，属于气候变化高度敏感的地区。同时，这些地区多位于干湿、草牧农耕、山地平原等不同生态、气候区的边缘交替过渡地带，生态系统自身稳定性差、抗干扰能力弱。例如，北部干旱半干旱地区因土地资源的过度开发利用而造成荒漠化，南方喀斯特地貌区由于乱伐滥采森林植被造成水土流失、山洪地质灾害加剧。受气候变化影响，各种自然与人为因素相互作用、相互交织，加上贫困地区人们为生计过度开发利用自然资源，造成当地生态环境持续恶化，贫困群体更难以摆脱贫困陷阱。原国家环境保护部对我国生态脆弱地区与贫困地区的调查统计显示，我国95%的绝对贫困人口居住生活于生态环境脆弱、生态环境恶化的老少边穷地区，这些地区对气候变化更敏感，适应能力低下。我国生活在生态敏感脆弱地区的既有人口中，约74%的人口生活在国家划定的国家扶贫开发工作重点县内，该部分人口约占全国592个贫困县总人口的81%。生态环境脆弱地区与贫困地区的重合区域，贫困发生率超过40%。

气候变化导致部分地区返贫率较高，干旱已成为我国西北生态脆弱地区贫困人口脱贫后返贫的主要原因之一。内陆干旱半干旱地区是气候贫困的多发地区，甘肃河西、定西与宁夏西海固“三西”地区，干旱、土地荒漠化、水资源匮乏

等导致土地生产力退化、环境承载量下降，严重破坏了当地居民赖以生存的生计资源基础。气候变化进一步加重了干旱半干旱地区的暖干化趋势，局部地区持续干旱、干旱频繁发生、旱灾灾情加剧，造成生产生活用水困难，进一步恶化原本脆弱的生态环境，干旱、暴风雪、沙尘暴和蝗灾等自然灾害肆虐，导致农民传统的生计模式难以维系，依靠雨养农业作为家庭经济收入主要来源的贫困人群，其应对气候灾害风险的资源匮乏，基础设施严重不足，往往一遇干旱就返贫，经常是多次脱贫又多次返贫，部分地区陷入贫困的恶性循环，气候贫困问题形势非常严峻。这与世界银行提出的干旱与气候贫困在地理区域分布上高度相关的研究结论十分吻合。我国“十年九旱”的宁夏中南部西海固地区，近 50 年来平均气温上升了 2. 2℃，增幅明显高于全球海陆表面温升 0. 85℃的平均值，其常年降雨量仅为 355 毫米，理论蒸发量却达到 1300 毫米，降雨量与蒸发量常年失衡，很多地区甚至是“十年十旱”。气温升高与干旱导致水资源短缺、土地生产力退化、不适宜耕种面积扩大与可耕地资源减少，进而严重影响粮食生产，小麦、玉米等当地主要农作物减产，当地粮食平均每亩产量仅为 30 千克，不到沿黄灌区的 1/10，供应短缺导致粮价上涨，人们维持生计的资源基础受到破坏，该地区逐渐成为不适宜人类生存的苦瘠之地①，迫切需要进行气候移民。

二、气候风险加剧与缺乏生计导致气候移民

气候变化、生态环境恶化与气候移民之间密切相关。气候变化与生态环境恶化造成生态脆弱地区食品短缺、生存资源匮乏、物价飞涨等问题，严重损害了贫困人口的生计基础。为应对极端气候风险事件带来的不利影响，将基本生存难以保障、就地脱贫无望的贫困人口，从气候风险高发、生态环境极度脆弱的恶劣地区向外迁移也是可行选择。据估计，目前世界上约有 3100 万气候移民，到 2050 年可能会达到 2 亿人。气候风险加剧导致我国部分地区气候脆弱性与暴露度增加，面对干旱和极端天气事件等气候变化带来的严重不利影响，在难以进行永久移民的情况下，短期的季节性流动与人口迁移成为适应气候变化灾害风险的权宜之计。例如，宁夏西海固地区②受气候变化影响，气候暖干化现象突出，自然灾害频繁，干旱少雨，“十年九旱”（部分地区是“十年十旱”），“井干库尽河断

---

① 刘长松．我国气候贫困问题的现状、成因与对策［J］．环境经济研究，2019，4（4）：148－162.

② 西海固是宁夏回族自治区南部山区的代称，范围包括原固原地区的西吉县、海原县、固原县（现固原市原州区）、泾源县、隆德县、彭阳县六县，以及同心县部分（东部和南部），不是一个标准的行政区划，并没有严格的定义。1972 年被联合国粮食开发署确定为最不适宜人类生存的地区之一。

流”已成为常态。靠天吃饭的雨养农业及基本的生存生活条件受到严重破坏，贫困农村常年遭受干旱威胁，超过25%的人口选择季节性流动，当旱情加重时，许多农业贫困家庭开始向外输出家庭成员。西吉县总人口约50.8万人，目前贫困人口约18.2万人，占总人口的35.8%。这些贫困人口居住在生态失衡、干旱缺水、自然条件极为恶劣的干旱山区、土石山区，农业增产、农民增收十分困难，生产生活条件恶劣，受气候变化的影响逐渐成为绝对贫困人口。为从根本上实现贫困人口的脱贫致富，西吉县对生存条件恶劣、频繁遭受气候灾害脱贫无望的19个乡镇约7万贫困人口进行异地移民安置，气候移民成为应对气候灾害风险的策略选择①。四川盆地西南边缘小凉山地区的马边彝族自治县，是我国505个扶贫开发重点县之一。受气候变化影响，近60年来马边县平均气温上升0.42℃，县域内降水总量减少，但极端降水频率明显增多，洪涝频率高达36%，受地形影响该县暴雨洪涝、大风冰雹、山地灾害等十分突出。暴雨洪涝等极端天气事件引发的山洪、滑坡、泥石流等次生灾害经常发生，导致县域经济发展受到严重影响，已成为当地群众致贫返贫的主要原因。极端气候灾害频发突发，既造成严重的人员伤亡和经济损失，也使该县的扶贫成效大打折扣，因灾致贫、因灾返贫、“大灾大返贫，小灾小返贫”的现象十分突出，进而陷入了贫困的恶性循环②。未来随着气候变化加剧，极端气候事件发生概率增大，气候脆弱地区将遭遇更严重的灾害风险，贫困人群的基本生计难以维持，需要加快进行气候移民。

第四节　国内对气候安全问题的认识不断深化

国内社会各界已认识到气候变化与国家安全高度相关。2009年，胡锦涛总书记在联合国气候峰会上发表重要讲话时指出，全球气候变化深刻影响到人类的生存和发展，是各国共同面临的重大挑战。气候变化没有国界，任何国家都不可能独善其身。应对气候变化的挑战，需要国际社会同舟共济、齐心协力。2015年，习近平总书记在中共中央政治局第二十七次集体学习发表讲话，指出气候变化事关资源能源安全、粮食安全，属于重大非传统安全问题，需要加强国际合作

① 曹志杰，陈绍军．气候风险视阈下气候贫困的形成机理与演变态势［J］．河海大学学报（哲学社会科学版），2016，18（5）：52－59.

② 刘长松．我国气候贫困问题的现状、成因与对策［J］．环境经济研究，2019，4（4）：148－162.

应对全球挑战[①]。2004 年，全国政协委员林而达提出要从国家安全角度看待气候变化问题，粮食、能源、水、生态等因素都已受到气候变化的威胁，要像重视粮食安全和能源安全一样重视气候安全。2007 年，时任中国气象局局长的秦大河院士在中国发展高层论坛上指出，气候变化对我国的经济社会发展造成了十分严峻的现实威胁，这种发展趋势仍不断加剧，并对重大工程的安全运行产生影响[②]。2014 年，中国气象局郑国光局长撰文指出[③]，气候变化作为一种全新的非传统安全，对我国国家安全构成了严峻挑战，对粮食安全、水资源安全、生态安全以及国家安全体系中其他安全要素产生重大影响。2015 年，《第三次气候变化国家评估报告》明确提出，适应气候变化对保障国家安全意义重大[④]。2016 年，全国政协委员宇如聪呼吁将气候安全纳入国家安全体系，主动应对气候变化，积极参与全球气候治理。

国内学者提出了可持续安全概念并将气候安全问题纳入。可持续安全是对传统安全观的重构，把环境安全、人类安全、传统安全与非传统安全、现实安全与长期安全、国家安全和国际安全作为关注重点，从根本上全面化解各种可能的安全威胁。清华大学刘江永教授表示可持续安全与可持续发展同样重要，并强调可持续安全的内涵不仅包括传统安全和非传统安全、国内安全与国际安全，在国家、区域以及全球层面要实现长期和平与安全，不仅需要防止社会动乱、冲突战争等国家政治危机，也要有效避免生态灾难、核灾难等全球性安全问题，全面避免国家安全受到威胁。李淑云教授强调[⑤]，可持续安全既是一种安全状态也是一种新安全观念，也是全球共同追求的安全目标。可持续安全是在全球治理框架下，由主权国家、国际组织、跨国公司等行为主体及社会各界共同参与的一种制度安排，充分体现了全人类的共同利益。可持续安全概念中最具代表性的环境安全在其实施过程中面临一些制约因素：环境博弈的囚徒困境、环境治理的吉登斯困境及环境影响的“蝴蝶效应”困境。环境博弈的囚徒困境是指各国在面对全球性环境问题时通常采取不合作的态度；环境治理的吉登斯困境是指环境安全问

---

① 习近平．推动全球治理体制更加公正更加合理为我国发展和世界和平创造有利条件［EB/OL］．http：//cpc. people. com. cn/n/2015/1014/c64094－27694665. html.

② 秦大河．气候变暖影响中国重大工程安全［EB/OL］．http：//finance. sina. com. cn/g/20070320/05093421406. shtml.

③ 郑国光，科学认知气候变化高度重视气候安全［N］．人民日报，2014－11－24.

④ 《第三次气候变化国家评估报告》编写委员会．第三次气候变化国家评估报告［M］．北京：科学出版社，2015：9.

⑤ 李淑云．环境变化与可持续安全的构建［J］．世界经济与政治，2011（9）：112－135.

题从发现到重视和解决需要一定的时间和过程，具有滞后性；环境影响的“蝴蝶效应”困境则强调环境安全问题产生系统性、复杂性及多发性的不利影响，从而威胁到人类社会的生存与发展[①]，这对构建气候安全治理体系具有一定的启示性。北京大学张海滨教授将气候变化对我国国家安全的影响归纳为五个方面[②]：一是气候变化导致海平面上升，进而导致陆地领土面积减少，威胁沿海大城市以及海域疆界；二是气候变化加剧荒漠化，造成土地质量下降，挤压了我国的生存空间；三是气候变化对水资源和粮食生产造成负面影响，极端气候事件频率和强度增加对人民生命财产安全造成严重损害；四是气候变化加大我国面临的国际压力，政府治理能力受到挑战；五是气候变化对重大国防战略性工程以及军队建设产生负面影响。受气候变化的影响我国西部地区河川径流减少，导致跨境水资源竞争加剧和跨国移民，可能会引发国际争端与局部冲突。

当前，我国正处在工业化、城镇化与现代化建设全面推进的叠加期，生态环境问题集中显现，能源资源消耗与温室气体排放迅速增长。应对气候变化关系到我国经济社会的可持续发展，事关国家兴衰和民族存亡，对国家安全具有重要影响，要在总体国家安全观框架下应对气候变化，研究提出有效的气候安全综合战略和应对方案，才能把握和引领我国国家安全面临的新常态、新形势与新问题。我国国家安全是指国家政权、主权、统一和领土完整、人民福祉、经济社会可持续发展和国家其他重大利益相对处于没有危险和不受内外威胁的状态，以及保障持续安全状态的能力。全球气候变暖对我国人民生命财产安全造成了重大危害，并对经济安全、能源安全、粮食安全、生态安全、人民群众生命财产安全等领域产生了重大威胁，对国家安全构成了重大挑战。

第一，经济安全方面，气候变化对经济系统造成的直接损失不断加剧。我国自然灾害风险等级处于全球较高水平，各类自然风险中，与极端天气和气候事件有关的灾害占70%以上，灾害直接经济损失呈上升趋势。1965~1989年，我国平均气候灾害直接经济损失（2013年价格）为1192亿元，1990~2013年，我国平均气候灾害直接经济损失达3079亿元，翻了2.6倍，2016年气候相关灾害造成的直接经济损失达到4977亿元。特别是南水北调工程、西气东输工程、三峡工程、青藏铁路工程以及电网工程等基础设施，对保障我国经济社会可持续发展具有重要意义，这些重大基础设施受气候变化的影响较大，如果预防及应对不

① 杨文博．环境变化视域下可持续安全观念建构研究［D］．辽宁大学，2017.

② 张海滨．气候变化对中国国家安全的影响——从总体国家安全观的视角［J］．国际政治研究，2015，36（4）：11-36.

当，有可能出现重大的系统性气候风险。表 10－1 展示了 2004～2018 年气候灾害造成的我国农作物、人口与经济损失情况。

表 10－1　2004～2018 年气候灾害造成的农作物、人口与经济损失

年份	农作物受灾面积（万公顷）	绝收面积（万公顷）	受灾人口（万人）	死亡人口（人）	直接经济损失（亿元）
2004	3765	433. 3	34049. 2	2457	1565. 9
2005	3875. 5	418. 8	39503. 2	2710	2101. 3
2006	4111	494. 2	43332. 3	3485	2516. 9
2007	4961. 4	579. 8	39656. 3	2713	2378. 5
2008	4000. 4	403. 3	43189	2018	3244. 5
2009	4721. 4	491. 8	47760. 8	1367	2490. 5
2010	3742. 6	487	42494. 2	4005	5097. 5
2011	3252. 5	290. 7	43150. 9	1087	3034. 6
2012	2496	182. 6	27389. 4	1390	3358
2013	3123. 4	383. 8	38288	1925	4766
2014	1980. 5	292. 6	23983	849	2953. 2
2015	2176. 9	223. 3	18521. 5	1216	2704. 1
2016	2622. 1	290. 2	18860. 8	1396	4961. 4
2017	1847. 81	182. 67	14448	881	2850. 4
2018	2081. 43	258. 5	13517. 8	566	2615. 6

资料来源：历年《中国气象灾害年鉴》。

第二，能源安全方面，气候变化对能源体系的安全供应产生影响。当前我国约 60% 的石油和 30% 的天然气消耗依赖进口，全球石油天然气供需本身与季节、气候紧密相关，且许多石油来源于矛盾冲突频繁的国家或运输途经不安全的地区，尚存在较大的供应风险。同时水电、风能等可再生能源受气候变化的影响较大，且能源生产、运输和设施都不同程度受到气候变化的负面影响。2008 年 1 月，南方雨雪天气与冰冻灾害导致全国 17 个省份出现电力供应紧张，最大电力缺口达 4000 万千瓦，给电力系统的安全性与稳定性带来了极大风险。未来气候变化将加大电网面临的风险与脆弱性，甚至可能发生大面积停电，进一步加剧我国能源安全问题。

第三，生态安全方面，气候变化对脆弱地区的生态威胁正在加剧。气候变化对我国不同地区的自然生态系统结构和功能已经产生了深刻影响：东北冻土面积减少、沼泽收缩，森林植被变化导致碳汇功能下降等；华东湿地退化、面积减少，沿海区域海洋大型藻类灾害事件增加；华中森林火灾增加、病虫害危害加大，汉江下游水华现象可能提前暴发；华南沿海低地、岛屿与滩涂等面临淹没的风险加大，红树林和珊瑚礁退化加剧；西南生物多样性面临严重威胁，部分群落植被类型将消失；西北土地沙漠化、盐渍化速度不断加快，湖泊及湿地生态系统脆弱性加大。生态系统中的诸多因素均面临发生突变甚至不可逆转的变化，而且这种变化的概率将随着全球气温的上升而增加。

第四，粮食安全方面，气候变化加剧粮食供应系统面临的持续性风险。我国主要粮食产区适应气候变化的土壤和水分条件并不优越，气候变化加剧农业生产的不稳定性，并导致成本增加，干旱对农业生产的威胁日益加重，气候变化引起的极端气候事件对农业生产和水资源供应带来巨大风险。气候变化对我国水资源和粮食生产已经产生了不利负面影响，1980～2008 年，气候变化引起小麦和玉米单产降低 1.27% 和 1.73%，对我国粮食自给率产生重大影响，粮食供应对外依存度不断增加。未来我国水资源量可能总体减少 5%，干旱导致农作物产量下降 10%，气候变化将削弱粮食安全问题，2030 年之前我国粮食安全可能会出现恶化的风险。

第五，人民群众生命财产安全方面，气候变化对人体健康的各种危害逐渐增大。气候变化引起的热带风暴、热浪、洪涝等极端事件频发严重威胁人身安全与健康，20 世纪 90 年代以来，我国平均每年因极端天气事件造成的死亡人数在 2000 人左右。气候变暖使媒传疾病分布范围扩大和整体北移，传播季节延长、强度增大。气候变暖导致冬季我国华北地区和东部地区平均风速下降，风力对主要颗粒污染物（PM2.5）的搬运作用减弱，雾霾持续更长时间，空气质量下降。伴随能源消费与大气污染物排放增长，气候变化将给人们健康生活和人民生命财产安全带来更大的负面影响。

第五节　城市化进程中的气候风险识别及防范

联合国国际减灾战略署（UNISDR）指出，气候变化和城市化是人类社会易受灾害影响的两个主要因素。城市是人类活动的主要聚集地，也是人口与财富最集中的区域，气候变化带来的灾害风险对城市发展造成严重威胁。快速的城市化进程和全球气候变化叠加进一步加剧了气候风险的危害性，对城市发展与灾害风险管理构成了多重挑战。首先，气候变化导致极端气候灾害的发生频率和强度增加，传统的灾害管理体系难以有效应对。其次，城市人口和建筑物高度密集，极端气候灾害及其次生灾害的发生机理和表现形式十分复杂，风险预测预警以及管理应对难度极大，城市规划不合理以及灾害风险防范和应急能力薄弱，也进一步放大了极端气候事件可能造成的恶果。最后，传统的灾害风险管理主要依靠政府自上而下的行政手段来管控风险，而适应气候变化则要求自下而上采取灵活的政策行动，充分挖掘地方资源和传统适应知识，同时有效整合区域、国家以及国际社会等不同层面的资金、技术支持等资源①。如何有效管理城镇化进程中的气候风险是城市实现可持续发展亟须解决的关键问题，也要在城市规划设计中充分考虑气候风险并加以应对。

一、国际社会积极探索推动适应型城市建设

积极推动适应型城市建设已成为全球主要城市应对气候风险的普遍选择。2010 年，联合国国际减灾战略署在德国波恩举办第一届城市适应气候变化国际大会，提出了建立适应型城市（Resilient City）的构想。2011 年第二届大会上，世界主要城市的 35 位市长共同发表了《波恩声明》，呼吁自下而上开展城市适应气候变化和防灾减灾行动，将适应气候变化纳入城市规划、建设与管理全过程，加强对城市适应领域的投资力度，不断提升城市的整体适应能力与气候恢复力。适应型城市建设要求通过合理的政策设计和资源配置，更有效地管理气候风险。适应型城市建设的概念内涵比风险管理、防灾减灾更全面、更具综合性，这体现在城市规划及发展决策过程当中。提升城市的气候适应能力不仅包括气候风险防护能力，也包括灾后实现快速恢复以及可持续发展的能力。联合国国际减灾战略署将灾害风险管理界定为综合运用行政手段、组织机构、管理技巧以实施相关政策与战略，从而达到减小灾害影响的系统性过程。灾害风险管理贯穿于灾害预防、应急管理与灾后恢复重建等灾害发展的全过程，是一个整体、动态与复合的管理过程，需要各利益相关方的广泛参与和大力支持，需要政府部门、企业组织、研究机构、社会公众、国际社会等各司其职，通过对组织架构、信息资源、资金技术等进行充分整合，形成协同高效、风险共担的治理体系。开展气候风险管理需要遵循灾害风险管理的基本框架，按照适应型城市建设的相关要求，对风

---

① 张雪艳，何霄嘉，马欣．我国快速城市化进程中气候变化风险识别及其规避对策［J］．生态经济，2018，34（1）：138－140.

险进行认识、识别与评估，了解气候风险的基本特征，可采取的主要步骤包括：一是了解目前城市发展面临什么类型的气候风险；二是对重点区域、重点行业进行气候风险评估，明确各个区域面临的气候风险类型；三是识别面临气候风险的主要脆弱人群及风险点，可能造成的人员伤亡和经济损失等；四是适应气候变化的能力与资源评估，明确适应能力薄弱的部门以及可以利用的适应资源；五是气候风险的发生概率以及影响程度评估。收集分析气候风险信息是进行风险管理决策的基础与前提。从国际气候适应型城市建设的实践来看，主要从减小灾害发生概率、降低风险暴露水平、减少脆弱性及增强适应能力等多个方面进行气候风险管理。

第一，积极推动将适应气候变化与气候风险管理纳入城市规划。发达国家非常注重发挥城市规划在适应型城市建设中的作用。通过积极开展实践探索，提出了通过城市规划应对气候变化的主要途径。2008 年美国规划学会发布了《规划与气候变化政策指南》，强调要通过政策与方法创新来充分发挥城市规划在应对气候变化风险中的积极作用，提出了制定和完善城市规划、优化交通体系、促进土地高效利用和生态环境建设，不断增强社会公众的气候风险应对意识，同时为政府相关决策提高信息与技术支持等实践经验，这对我国城市应对气候风险具有重要的借鉴意义。

第二，开展气候风险评估是制定城市发展规划的重要基础。与传统灾害风险相比，气候风险的周期更长且不确定性更大。管理气候风险必须建立在针对未来的气候变化情景进行预估的基础上，并将气候风险评估结果作为编制城市规划的科学基础。英国通过气候影响计划大力支持气候变化影响评估与决策，通过分析评估气候变化对旅游业、保险业、交通运输业等重点行业造成的影响，为国家和地方制定气候政策提供科学依据。分析评估海平面上升以及降水增加可能造成的洪水风险，为制定洪水风险管理战略提供支持，评估防洪基础设施的应对能力，提升防洪设计标准。澳大利亚通过整合全国科学研究资源，为政府、企业和社会公众参与城市气候风险管理提供相关信息。

第三，建立城市气候风险治理机制。适应型城市建设要求建立完善的气候风险治理机制，以提升风险应对能力，也需要及时准确的沟通交流以及广泛的社会参与。加强城市气候风险治理可以在现有灾害风险管理体制的基础上进行完善，探索建立跨部门的信息沟通与决策支持平台，进一步整合城市内外部的各种资源，制定具有前瞻性的政策措施，并在实施过程中展现出一定的灵活性。发达国家的气候风险治理架构与机构设置差异较大，开展气候风险管理也需要部门协作。欧盟通过多年实践建立了充分沟通、协调高效的气候决策及治理体系，通过发挥不同主体的作用，各利益相关方能够充分参与决策过程，表达各自的利益诉求。决策过程非常重视专家咨询、基层管理者的参与以及社会公众的意见。专家咨询有利于确保决策的科学性，基层管理者的参与有利于确保政策切实可行并能得到有效实施，公众参与则有利于确保政策制定能够做到以人为本，以及能够妥善解决不同群体之间的利益冲突。英国伦敦建立气候变化伙伴关系就体现了这种治理思路，其指导委员会成员来自政府部门、气候科学、城市规划、金融产业、人体健康、环境部门和媒体网络等 30 多个相关机构，通过项目及论坛形式开展深入的科学研究，建立信息沟通平台，共有 200 多个相关机构参与，为政府部门的气候决策提供了重要支撑。

第四，多管齐下提升城市气候防护能力。提升气候防护能力需要运用立法、资金、技术等各种政策措施，全面提升脆弱行业、脆弱群体、脆弱基础设施应对气候风险的能力。软防护能力包括发展减贫、加强社会保障、提供公共卫生服务等气候保护型社会政策；硬防护能力包括不断完善城市供排水、交通、能源等生命线工程，以及监测预警、疫病监测、防洪抗旱、应急通信、救灾物资储备和避难场所等气候防护基础设施。发达国家的城市规划非常强调加强基础设施建设以保障城市安全。如果发生气候灾害，城市交通、电力、供排水等生命线系统最先受到冲击和影响。因此，欧洲国家通过立法手段确保城市基础设施得到充分投资以及更新维护。英国苏格兰地区于 1961 年颁布了《防洪法》，赋予地方政府相应的权力和资源来解决城市发展中面临的城市内涝以及水灾问题。面对气候变化威胁，欧洲国家制定了国家适应规划，加大了气候防护基础设施的公共投资力度。英国每年用于洪水和海岸管理的投资达到 12 亿美元，荷兰也加大防洪规划预算支出以保护沿海居民区。高科技手段在气候灾害的应急应对方面发挥了重要作用。2010 年 2 月，法国东部地区遭受暴雨袭击，许多城镇面临洪涝灾害，法国应急管理部门通过应急通信网络，以及基于 GIS 的气象、水灾实时监测系统等信息共享平台为洪灾应急的决策制定和快速反应提供大力支持。发达国家对气候防护能力的认识也在不断提高，美国卡特琳娜飓风发生后，针对城市灾害管理短板，专家提出要制定更有效的社会福利政策，有效降低城市贫困群体的脆弱性。

第五，在城市规划设计中协同推动防灾减灾与生态保护。将降低气候风险与热岛效应纳入城市规划当中，根据城市发展定位与城市规划新理念进行科学的规划设计，通过优化城市空间布局，因地制宜地采取合理的城市容量与人口规模管控，推动实现土地资源的高效集约利用，在降低气候灾害风险的同时，提升城市生态环境质量。欧洲城市通过规划设计积极开展气候灾害的系统应对，将城市气候灾害应对与治理热岛效应、空气污染与交通拥堵等问题协同推动，采取协同治理措施。例如，充分利用城市公共空间，推广立体绿化与屋顶绿化措施，既可以降低热岛效应、提升城市宜居性，也可以通过滞留部分雨水降低暴雨对城市造成的冲击以及城市洪涝灾害发生的可能性。部分城市完善社区公园设计，平时作为市民的休闲运动场所，在暴雨来临时可作为滞留雨水的水池。部分国家将流域综合管理与洪灾治理结合起来，发起了给河流让道、让河流重归自然的河流治理行动。德国为拓宽城市水系，拆除了水泥堤岸，恢复城市河道的天然生态，极大地改善了河流的生态功能和防洪泄洪能力。荷兰有将近 1/4 的陆地面积低于海平面，密如蛛网的大小河道，具有较强的排水防涝功能，鹿特丹市入海口投巨资修建了阻浪闸这一全球最大的防洪工程，不仅可以保护三角洲内约 100 万居民，也可以抵御海上风暴潮，同时也有利于航运贸易与生态保护。

第六，将城市规划与适应气候变化、城市可持续发展目标充分结合。无论是适应气候变化，还是加强灾害风险管理，其最终目的都是实现可持续发展。城市规划可以整合节能减排、气候适应、防灾减灾、生态保护、社会参与等多个发展目标，以适应多目标下的风险决策过程。为实现联合国《2030 可持续发展议程》提出的 17 项目标，不仅要关注城市安全，还要解决社会公平问题。发达国家拥有良好的基础设施和治理能力，城市积极采取适应措施应对气候风险挑战。例如，英国伦敦积极开展气候变化影响评估，以及气候变化引发的洪水灾难、水资源短缺、高温热浪和空气污染等气候脆弱性与风险评估，在此基础上制定了《适应气候变化战略》，明确了城市适应气候变化的路线图①。美国纽约也将应对气候变化纳入城市规划当中，坚持减缓和适应并重，一方面，制定了城市降碳目标与低碳发展行动，通过节能与提高能效促进低碳交通与低碳建筑的发展，有力地推动了温室气体排放的快速下降；另一方面，强化城市气候适应行动，通过完善公园绿地建设及改进防洪区划等适应举措有效降低城市面临的气候灾害风险②。

二、我国城市遭受严重的气候变化不利影响

近年来，我国城市频繁遭受极端天气事件的不利影响，其与城市地质条件叠

---

① 张雪艳，何霄嘉，马欣．我国快速城市化进程中气候变化风险识别及其规避对策［J］．生态经济，2018，34（1）：138－140.

② 郑艳．适应型城市：将适应气候变化与气候风险管理纳入城市规划［J］．城市发展研究，2012，19（1）：47－51.

加，产生了一系列次生灾害，对城市安全运行造成了重大影响。据国家气候中心统计，62%的城市发生过城市内涝，我国因气象灾害造成的直接经济损失当中，城市损失占比超过50%。从北上广等一线城市来看，2003~2012年，北京发生造成重大损失的极端气候事件26起，主要是暴雨雪、沙尘暴和雾霾；上海发生8起，主要是暴雨、高温；广州发生13起，主要是台风、暴雨和高温等。其中，暴雨袭击的威胁最大。极端天气事件对我国城市安全的影响主要表现为：一是极端降水和城市内涝对特大型城市造成的不利影响。受全球气候变暖的影响，暴雨对城市人民群众生命财产安全和交通出行造成很大影响。2013年7月，四川成都市、雅安市等发生特大暴雨灾害事件，导致145万人受灾。期间，都江堰市"7·10"特大高位山体滑坡造成43人遇难，登记失踪和失去联系人员有118人。二是气候异常形成雾霾、沙尘、高温，危害城市居民健康。气候变化与环境污染叠加，对人体健康构成严重威胁。2013年1月，北京经历了近十年来最严重的静稳天气，低空近地面的空气污染物久积不散，导致一个月内出现25个雾霾天。雾霾天气引发上呼吸道感染、哮喘、结膜炎、支气管炎、心血管系统紊乱以及其他急性症状，严重损害了人民群众的身体健康。三是冰冻雨雪导致城市生命线中断。极端天气事件对城市生命线的正常运行构成严重威胁。2008年，我国南方冰冻雨雪灾害引发大范围的交通和电力供应中断。四是极端天气事件诱发地质次生灾害。极端天气事件可能诱发一系列次生灾害，形成灾害链事件，破坏能力剧增。2010年8月，甘南藏族自治州舟曲县突降强降雨，诱发泥石流冲毁县城，阻断白龙江，形成堰塞湖，导致1434人遇难，331人失踪。五是沿海城市面临海平面上升、咸潮、台风和风暴潮的严重威胁。海平面上升是气候变化的重要表现之一，对全球沿海的经济产生长期影响。2006年，强热带风暴"碧利斯"横扫福建、广东和湖南等南方七省，共3100多万人受灾，因灾死亡843人，直接经济损失达348亿元。未来气候变暖将进一步加剧，极端气候事件发生的频率和强度还会增大。经济合作与发展组织（OECD）对全球沿海城市的气候风险评估结果显示，全球人口超过100万的大城市普遍面临龙卷风、洪水、滑坡和干旱等气候风险。2050年全球遭受气候变化影响最严重的有20个城市，我国沿海地区的广州、香港、上海、天津、宁波和青岛6个城市都属于高风险城市。城市群和特大城市已经成为我国受气候变化影响的极端脆弱区，未来经济损失可能进一步扩大，而我国城市应对气候风险的能力还很薄弱，城市管理方面亟须加强政策规划创新和气候适应能力。

三、我国城市易受气候变化影响的原因分析

第一，极端天气事件频度和强度增加，我国城市多分布在易受气候影响的地区。极端天气事件频繁发生，区域性极端干旱频繁发生，高温热浪明显增加，暴雨发生频次和范围呈增加趋势。登陆的台风比例增加、登陆强度增强。特别是长江中下游、东南和西部地区强降水事件增多增强，华北、东北地区气候干旱面积增加明显，东部地区霾日明显增加。我国部分城市位于易受极端气候事件直接影响的地区。受气候条件制约，南方和华北的城市易受极端强降水的影响，东北、黄淮海和长江流域易受干旱影响，旱涝灾害覆盖了我国环渤海、长三角和珠三角三个主要城市群。叠加地形的影响，我国西南山区、黄土高原和华北等地区的城市容易因强降水而引发滑坡、泥石流等极端事件次生灾害。

第二，人口与经济活动高度聚集，导致城市成为受气候变化影响的高风险区域。目前，我国仍处在快速城镇化进程中，《2019 年国民经济和社会发展统计公报》显示，2019 年末常住人口城镇化率为 60.60%，比上年末提高 1.02 个百分点。在全球气候变化的大背景下，人口和经济活动向城市高度聚集，导致产业发展和城市居民对极端天气事件高度敏感，城市成为受气候变化不利影响的典型脆弱区和高风险区。

第三，城市适应气候变化的能力不足。首先，城市基础设施滞后于适应气候变化需求，导致许多城市在极端气候灾害面前十分脆弱。我国城市交通、电力、公共卫生、地下管网等基础设施的设计标准较低，城市基础设施的设计理念和标准针对极端天气事件考虑不足，导致城市整体上难以适应气候变化。近几年频繁发生的城市水灾与城市内涝就是城市的泄洪排水能力严重滞后于城市快速发展所致。其次，城市适应气候变化的相关技术研发与应用不足。气候变化导致极端天气强度和频度增加，当前交通运输、电力系统、供水供暖等基础设施适应气候变化的技术严重不足，严重制约了极端天气条件下的基础设施稳定运行。针对极端天气事件的预测预警科技支撑不足。基础研究相对薄弱，尚未形成具有自主知识产权的区域气候模式，区域气象气候预测存在一定困难，为城市高风险区域内的大量人群高效提供高时空分辨率预警信息仍存在技术瓶颈，预警信息传递通常面临“最后一公里”的难题。最后，城市适应气候变化管理体制存在短板。面对高度复杂的城市系统，我国城市管理仍然存在条块分割，应对气候变化与城市综合管理之间没有建立有效的联系协调机制，城市综合管理系统针对气候风险尚未建立针对性的应急预案与措施。极端气候事件极易导致供水、供电、取暖设施等

供应中断，城市积水引发交通阻滞、受灾民众转移、健康疾病风险等问题，政府、市政部门、企业和社区的气候变化应急预案和措施需要不断完善，城市管理气候变化的应急响应能力仍需提升。

四、提升我国城市气候适应能力的对策建议

城市适应气候变化具有高度的复杂性、系统性与创新性，需要加强整体规划与协同部署，积极运用先进的管理与科技手段，强化科技创新对城市适应能力的支撑作用。

第一，加强城市适应气候变化技术的研发与应用。首先，加大城市适应气候变化技术研发投入，加强城市生命线保障技术研发与应用，研发推广电力、交通、供水等保障民生的适应技术，保证城市生命线在暴雨、风雹、冰冻雨雪等极端条件下的稳定运行。例如，2008 年南方大范围冰冻雨雪灾害凸显城市生命线工程适应能力薄弱，广西通过在易覆冰输电线路上安装覆冰预警技术系统和直流融冰装置提升适应能力，确保了线路安全稳定运行。其次，提升城市公共服务能力有效应对气候风险，利用现代物流、信息科技技术，在极端天气情况下，为城市居民提供充足的生活必需品和信息服务，减少居民不必要的高风险出行。最后，提升城市基础设施设计规范与标准，调整城市道路、排水系统、水资源回收管理等基础设施的设计规范与标准，沿海城市建立预防海平面上升、咸潮入侵和风暴潮的标准与规范，通过适应技术的广泛运用改善和保障城市民生问题。例如为提升针对风暴潮的适应能力，上海在重大工程吴淞口水闸建设中充分考虑海平面上升的影响，提升风暴潮预防标准，为防汛安全提供了坚强保障。

第二，加强气候风险管理技术在城市规划中的地位与作用。在未来城市发展规划中，有必要将气候风险管理技术融入城市与区域发展总体战略规划与政策措施当中。深入开展气候变化对城市人口健康、经济、交通、能源等的综合影响评估，加强灾害易发区和重要战略经济区的风险评估，形成城市应对气候风险的总体思路与战略部署。在考虑大型城市群气候承载力的基础上，加强针对城市区域的气候风险评估与区划，在城市建设规划、产业布局、基础设施建设选址等方面加强对气候变化风险因素的考虑，确保重大基础设施在极端气候条件下的正常运行。例如，上海浦东新区在规划和建设中前瞻性地运用了“通风廊道”规划技术，通过强化城市空气流动，极大地缓解了该地区的雾霾天气和热岛效应。荷兰城市发展面临海平面上升的巨大威胁，约有 1/3 的高密度居民区低于海平面，为适应气候变化和应对城市土地短缺，荷兰开发出漂浮别墅区，在围海大坝基础上

积极适应气候变化。英国为应对海平面上升和洪水风险，对泰晤士河大坝进行了系统升级改造，增强了泰晤士河沿岸和河口三角洲地区的气候安全。

第三，加强城市极端天气预测预警技术研发，不断完善应急响应体系。一是加强城市极端天气预测预报技术研发，加强城市气象基础设施建设，不断提高城市极端天气事件的预报能力，建立城市气候变化监测与评估技术体系，监控评估气候变化对基础设施和城市人群可能产生的影响。二是制定应对气候变化城市应急响应预案，利用极端天气事件模拟结果，制定针对城市各类极端天气事件的应对措施，明确城市政府、市政设施运行、企业和社区的职责定位，加强不同主体间的协调分工，形成系统完善的应急响应体系。三是研发并建立气候变化预警信息发送技术体系，通过公共信息平台、智能通信工具、网络新媒体等平台建立预警信息定向发送体系，完成预警“最后一公里”的传达并发挥有效的引导作用。在应用极端天气事件预测预警技术向城市高风险区域和相关人群提供高时空分辨率的预警信息方面，长春市通过预警信息定向发送技术向市民发布极端天气预警信息；西安启动了整合气象、水务、市政和国土等部门的应急预警气候支撑系统，提高了部门间联合应对极端天气事件的可靠性、时效性和精准性。欧盟为应对每年约65000起的森林火灾，建立了欧洲森林火灾信息系统，可提前一周向成员国提供预防和准备扑灭火灾的指导信息。意大利推出区域人体健康和安全早期预警系统，重点为城市地区居民提供高温热浪的预警信息和预防建议，有效地降低了高温热浪对脆弱人群的威胁。

第四，积极推动气候弹性城市规划建设。建设气候弹性城市①，需要明确三个关键问题：一是应对哪些气候风险；二是在城市哪些关键领域提升弹性；三是提高弹性的工具与途径。

（1）城市面临的气候风险。城市面临的气候风险主要包括气候变化导致高温热浪、海平面上升、降水变化、热带风暴、生态环境恶化等问题，气候变化和城市化过程相互交织、相互作用，给城市的可持续发展带来一系列风险挑战。因此，建设气候弹性城市成为应对极端天气事件的关键，要提升针对气候灾害与环

---

① “弹性”概念最早来自20世纪70年代的生态学，近年来开始应用于应对气候变化和减缓自然灾害等领域的研究。与传统的基于灾害评估和针对明确灾害的风险管理相比，弹性包含了更大范围内可能发生却没有预测必要的各种灾害事件。它聚焦于增强一个系统面对多种灾害的能力，而不是预防和减轻特殊事件造成的财产损失。有弹性的城市意味着城市系统能够准备、响应特定的多重威胁并从中恢复，还能将其对公共安全健康和经济的影响降至最低。参见：城市防灾减灾：有弹性的城市才安全［N/OL］. 中国气象报，2016－05－11. http：//www. cma. gov. cn/2011xwzx/2011xqxxw/2011xqxyw/201605/t20160512_311305. html.

境恶化的弹性与恢复力，必须切实提高生态系统的服务功能，提升城市系统应对气候变化的能力。目前，我国仍处于快速城市化进程中，大多数城市尚不具备适应气候变化的弹性能力，城市规划也未针对日益增长的气候风险做出政策响应，因此，亟须通过城市规划提高针对气候风险的综合防护能力，建立安全宜居的弹性城市。

（2）提高城市气候弹性的关键领域。提高城市气候弹性的关键领域主要包括传统基础设施、城市水系统和绿色基础设施。提升城市供水系统的气候弹性可以采取以下措施：一是通过收集存储降水、合理利用地下水与地表水等不同方式实现供水来源多元化；二是在提高水净化技术的同时，培育和保持自然水系统的净化能力；三是增强给排水基础设施的安全保障能力；四是通过循环利用提高水资源利用效率，降低水资源需求压力。绿色基础设施是城市生态系统的重要组成部分，通过充分发挥绿色基础设施的生态调节功能，可以有效提高城市应对极端气候事件的弹性能力。

（3）提升城市气候恢复力的规划途径。气候风险评估是城市规划的重要基础与科学依据，需要拓展规划编制内容，探索建立城市气候风险图（Urban Climatic Map），以充分反映城市当前面临的生态环境和气候风险状况，并提出有针对性的规划建议，供城市规划管理部门参考。将应对气候变化的相关要求融合进现行的城市规划体系，需要不断完善城市规划内容：一是将气候脆弱性分析和风险评估纳入规划研究当中，通过优化土地利用、科学规划交通设施、合理布局城市空间结构等提升城市适应气候变化和灾害风险的能力；二是不断加强对城市气候风险的监测风险，综合运用多学科知识对气候风险信息进行整合分析，汇总形成城市气候风险图，为城市规划设计决策提供科学依据；三是根据预估的气候变化以及气候风险情景分析，因地制宜地提出合理的城市适应性规划措施；四是将应对气候变化的战略要求融入城市发展规划与设计，加强弹性城市规划，深化气候适应行动；五是充分利用网络新媒体等不同形式搭建学习交流平台，加强信息共享，不断提升社会公众参与水平，提升城市规划与决策水平，共商共建气候弹性城市；六是采用生态系统与社会系统协同的弹性设计策略。传统的城市规划设计重点关注城市空间布局，弹性设计策略强调城市社会和生态的深度融合，重点关注城市社会生态系统的发展过程、动态和功能，通过采取更具有适应性和灵活性的设计方法，以应对气候变化造成的不利影响。例如，通过兴建以生态系统为基础的雨水渗透系统，可以为城市排水设施提供有益补充①，以降低城市内涝发生的概率。

第六节　有效应对“一带一路”建设的气候风险与资源冲突

“一带一路”沿线国家绝大多数是发展中国家，经济社会发展水平、政治环境和文化背景都存在较大差异，地区宗教、民族、经济、地缘政治等问题交织，综合性风险较高。东南亚、南亚及中亚等地区作为中国“一带一路”倡议前期实施的重点区域，也面临突出的气候安全风险，气候变化导致贫困加剧、移民增加、社会动荡、跨界资源冲突、恐怖主义蔓延等问题。气候变化很可能会对中国“一带一路”倡议的实施产生重大影响，建设过程中面临的气候风险不容忽视②。因此，有效防范和控制气候风险是“一带一路”建设不能忽视的关键问题，中国政府已经注意到气候变化可能对“一带一路”建设造成的重大影响。2015 年 3 月，国家发展和改革委员会等部门联合发布《推动共建丝绸之路经济带和 21 世纪海上丝绸之路的愿景与行动》，明确提出强化基础设施绿色低碳化建设和运营管理，在相关工程建设中充分考虑气候变化影响。总体上，“一带一路”沿线国家普遍面临较高的气候安全风险，但不同地区面临的气候风险类型和程度有所不同。初步评估结果显示，南亚、东南亚、中亚和东北非等地区的气候安全风险较高，中欧地区的气候安全风险相对较低，如表 10－2 所示。有效防范“一带一路”的气候安全风险，需采取加强国际合作、提升适应能力和采取气候友好型发展措施等。

表 10－2　“一带一路”沿线地区面临的气候安全风险

气候安全风险/地区		东南亚	南亚	中亚	东北非	中欧
经济、社会、生态及卫生安全问题	贫困	+	+ +	+	+ +	
	重大工程（基础设施）	+ +	+ +	+	+	+
	人体健康	+ +	+	+	+ +	+
	国内移民	+	+	+	+	+
	生态环境	+	+	+	+	+

① 刘丹，华晨．气候弹性城市和规划研究进展［J］．南方建筑，2016（1）：108－114.

② 王志芳．中国建设“一带一路”面临的气候安全风险［J］．国际政治研究，2015，36（4）：56－72.

续表

气候安全风险/地区		东南亚	南亚	中亚	东北非	中欧
国际安全问题	跨国和区域冲突	+	+ +	+	+ +	+
	跨境移民问题	+	+ +	+	+ +	+
	极端主义与恐怖主义		+ +	+ +	+	

注：+表示有此方面的安全风险，+ +表示安全风险较高。

资料来源：王志芳．中国建设“一带一路”面临的气候安全风险［J］．国际政治研究，2015，36（4）：56－72.

一、充分利用现有国际合作机制，帮助沿线国家加强应对气候变化能力建设

“一带一路”沿线国家应对气候变化的基础能力十分薄弱。评估结果显示，全球95%以上自然灾害造成的人员死亡出现在发展中国家。经济合作与发展组织（OECD）的居民遭受气候灾害影响的平均概率是1/1500，而发展中国家的居民受影响的概率则高达1/19。因此，需要通过项目合作加强“一带一路”沿线国家应对气候变化的基础能力建设，有效应对气候变化带来的安全风险。目前，中国政府正在大力推动气候变化南南合作，为加强“一带一路”沿线国家应对气候变化能力建设提供了良好契机。2014年9月，联合国气候峰会上张高丽副总理宣布从2015年开始在现有基础上把每年资金支持额度翻一番，建立气候变化南南合作基金，中国还将提供600万美元支持联合国秘书长推动应对气候变化南南合作。《国家应对气候变化规划（2014—2020年）》也针对加强南南合作提出了具体要求和支持措施。由于“一带一路”倡议前期实施重点在亚洲，而东南亚、南亚和中亚的气候安全风险相对较高，因此可以通过气候变化的南南合作加强沿线国家的气候安全风险防范，充分利用现有的双边及多边合作机制，开展针对性的应对气候变化政策、管理、技术、意识提升等方面的能力建设合作。政府主导的应对气候变化能力建设项目有利于推动企业在“一带一路”建设中主动应对气候变化，对项目顺利实施和树立良好的国际形象具有促进作用。

二、探索建立企业绿色低碳投融资准则，推动气候友好型发展

投融资机制对推动全球应对气候变化具有重要作用。“一带一路”建设的实施需要大量的资金投入和融资支持。中国支持“一带一路”倡议融资的政策性银行可以探索将应对气候变化的相关要求纳入融资支持标准，引导和规范“一带一路”沿线国家重大项目积极应对气候变化。充分借鉴世界银行和亚洲开发银行

等国际机构的成功经验，探索建立企业绿色低碳投融资准则，将应对气候变化的成效作为考核评价标准，根据其经济、社会和环境整体效益，决定项目融资额度及进度。通过加大对资金使用的引导和约束，把应对气候变化的相关要求融入项目建设实施的全过程，加强项目建设碳排放影响评估，并采取适当的气候变化减缓或适应等措施，最大限度地降低中国“一带一路”项目建设面临的气候变化的不利影响和气候安全风险。通过南南合作基金等加大对“一带一路”相关国家在气候投融资领域、能力建设与技术合作方面的支持力度，推动实现沿线国家的气候友好型发展。

三、兼顾地区差异，提升沿线国家气候风险适应能力

“一带一路”沿线各区域面临的气候风险差异较大，开展项目合作需要结合当地的资源禀赋以及具体的气候风险差异，提出切实可行的解决方案。南亚与中亚面临水资源安全问题，部分原因在于当地对水电的需求和依赖。中亚具有丰富的油气资源储备，可通过替代水电来缓解水资源紧张状况，但其自身不具备开发利用油气资源的技术和能力，因此中亚“一带一路”项目的实施方案，可以将当地油气资源开发使用所需的基础配套措施作为前期合作的重点，并采用低水耗的替代技术。南亚在缺水的同时，也缺少可替代能源，因此需要考虑输入外部能源，针对南亚“一带一路”项目的设计与实施，可重点支持针对当地能源输入的基础设施建设。总体上，要在互利共赢、共同合作的理念指导下，结合“一带一路”各国的气候安全现状、经济发展阶段、资源禀赋特性来制定气候风险合作应对措施，着力提升各国适应气候变化的能力与可持续发展水平。

第七节　协同推进气候风险应对、防灾减灾与可持续发展

气候风险管理涉及经济社会发展的各个方面，面对气候变化、灾害风险和社会发展等多重挑战，加强应对气候变化、防灾减灾与可持续发展的政策协同是有效应对极端天气事件和气候灾害风险的最佳选择，有利于降低政策成本，实现协同增效。开展气候变化风险综合评估与风险管理，加强重点地区和领域的适应气候变化行动，促进应对气候变化与生态环境治理、可持续发展、综合防灾减灾等领域的协同应对，为经济高质量发展提供气候安全保障。

目前，国际上倡导的适应性管理强调针对人类社会和生态系统的各种不确定性和复杂性采取灵活决策机制，强调通过反复的实践学习，持续提高适应能力。要从根本上提升全社会应对气候灾害风险的能力，不仅要增强适应性和恢复力，还要加快推动发展方式与经济结构调整，不断完善协同适应措施。推动建立高效整合的协同治理机制，实现灾害风险管理与适应气候变化的协同，国际机制与国内政策的协同，不同地区、不同部门的政策协同，不断提高气候灾害风险应对能力。把握极端天气事件和气候灾害的发展规律，建立完善的监测预警、备灾救灾和恢复重建等全过程风险管理体系，按照统一指挥、分级负责、协调配合、科学应对的原则，明确中央和地方政府在灾害风险管理体系中的职责分工，以及行业主管部门、社会组织等在灾害风险管理体系中的角色定位，多措并举提高针对极端天气事件和气候灾害风险的恢复力，推动实现经济社会的可持续发展。

要以总体国家安全观为指导，坚持“大安全”理念，做好气候风险预判与防范工作。落实总体国家安全观，既重视发展问题又重视安全问题，既重视外部安全又重视内部安全，既重视国土安全又重视国民安全，要完善国家安全制度体系，加强国家安全能力建设，坚决维护国家主权、安全、发展利益。既重视自身安全，又重视共同安全，打造命运共同体，推动各方朝着互利互惠、共同安全的目标相向而行。习近平总书记强调，防范化解重大风险，决不让小风险演化为大风险，不让个别风险演化为综合风险，不让局部风险演化为区域性或系统性风险①，这为我国应对气候安全风险指明了方向。加强气候风险评估是进行风险管理的基础与前提，把握风险走向是谋求战略主动的关键。加强气候战略预判和风险预警，完善风险防控机制，提高气候风险化解能力，主动加强各部门各地区的协同配合，加快推动气候适应型社会和城市建设，力争在源头化解气候风险，防止气候风险与其他风险叠加共振给整个社会造成更大损失。积极应对极端天气事件、有效管控气候灾害风险，需要将应对气候变化、防灾减灾与可持续发展工作协同推动，努力实现从灾后救助向灾害预防转变，从减少灾害损失向减轻灾害风险转变。首先，加强适应气候变化与综合防灾减灾顶层设计。通过战略规划加强协同应对，全面提升我国应对极端天气事件和抵御灾害风险的能力，加强巨灾综合应急管理能力建设。在总结我国过去灾害管理经验和教训的基础上，充分借鉴国际气候风险管理的先进经验，制定符合我国国情的综合防灾减灾战略，积极推动将气候风险防范、适应气候变化、巨灾防范等纳入国家安全体系、综合减灾体

---

① 习近平新时代中国特色社会主义思想学习纲要，坚决维护国家主权、安全、发展利益［N］．人民日报，2019－08－09（006）．

系与国民经济社会发展规划，推动各级政府加强气候风险管理，提高气候灾害的应急应对能力，加强巨灾综合风险防范能力建设，完善应对巨灾的社会动员机制，探索建立符合国情的巨灾保险和再保险体系。其次，提升重点区域的灾害风险防范与适应能力建设。加强生态脆弱地区、贫困地区以及灾害多发区等地区的灾害风险防范与适应能力建设。建立涵盖城乡社区的综合防灾减灾工作体系，提高社区气候灾害监测预警能力，加强基层综合减灾场所建设，制定和完善民房设防标准，改善农村人居环境，提高农房抵御自然灾害能力。最后，努力提升脆弱人群以及全社会的气候灾害风险防范意识。针对易受气候变化影响的老弱病残等脆弱人群加强适应支持措施，围绕应对极端气候事件、适应气候变化、综合防灾减灾等主题，组织开展形式多样的宣传教育活动，建立健全防灾减灾科普宣传教育长效机制，提高社会公众针对极端气候事件和灾害的风险防范意识和自救能力①。

① 巢清尘．气候风险呼唤更加重视防灾减灾救灾体系建设［J］．世界环境，2017（1）：39－41.

第十一章　联合国气候安全议题的最新进展、可能影响及其潜在风险

气候变化关系到世界各国的集体安全，引发地区冲突，对人类社会发展造成灾难性影响，对国际和平与安全构成重大威胁。自2007年以来，联合国安理会针对气候问题先后举行4次辩论，分别是：气候变化（S/PV. 5663，2007年4月17日）、维护国际和平与安全：气候变化的影响（S/PV. 6587，2011年7月20日）、维护国际和平与安全：理解和应对与气候相关的安全风险（S/PV. 8307，2018年7月11日）及维护国际和平与安全：应对气候相关灾害对国际和平与安全的影响（S/PV. 8451，2019年1月25日）。发表主席声明2份，另有1份决议涉及气候变化问题，这些都表明气候安全已成为安理会关注的重点问题之一。从世界气候安全问题的发展态势及安理会辩论主要内容来看，要求安理会在应对气候安全问题方面发挥积极作用已成为国际主流。作为安理会常任理事国与最大的温室气体排放国，在应对全球气候安全方面，我国也可能因此面临更大的减排与出资压力。为展现负责任大国的形象，要积极参与、推动与引导气候安全议题，加强研判并做好应对预案，加快实施积极应对气候变化的国家战略。

第一节　联合国安理会气候安全议题及发展趋势

随着气候安全威胁明显增强，国际社会通过气候谈判提出了更加严格的全球气候行动目标，小岛屿国家和最不发达国家面临严重的气候风险，在气候谈判中积极推动建立气候变化损失与危害应对国际机制。联合国安理会积极推动气候安全问题治理，通过多次辩论，各国对气候安全问题的认识更加深刻。

一、安理会辩论的主要内容

总体上，通过辩论要求安理会在应对气候安全问题方面发挥积极作用已成为

国际主流。第一次会议主要围绕气候变化是安全问题还是发展问题进行辩论；第二次会议主要是各方对安理会是否应介入气候变化问题提出不同观点；第三次会议主要是各方关于安理会针对气候安全问题应如何行动进行辩论；第四次会议聚焦于安理会应对气候安全问题需尽快采取的行动措施。

第一，从历次会议辩论主要内容看，各国普遍强调气候变化是21世纪全球最大的安全挑战，支持安理会在应对气候安全与气候风险方面发挥积极作用。目前，安理会已认识到气候变化对马里、索马里和西非地区以及萨赫勒、中非和苏丹等地区的稳定的不利影响，安理会正在积极推动制定综合风险评估框架，支持各国制定气候风险预防和管理战略，联合国其他机构也将积极参与。小岛屿国家和发达国家提议任命气候安全问题特别代表，特别代表应向秘书长和安理会通报气候风险，促进区域和跨界合作，监测气候安全问题的潜在“风险临界点”，酌情参与预防性外交等。

第二，通过多次辩论，协调应对、综合施策解决气候安全问题的思路更加清晰。总体上，各国普遍认为气候风险与安理会预防冲突职能密切相关，安理会必须更好地应对气候变化的安全影响，确保安全与发展之间相互促进、协同增效。安理会应增强对气候安全风险的理解，将应对气候变化纳入联合国早期预警和预防冲突工作，建立气候安全风险信息收集、分析、评估和预警机制，加强联合国系统的协调应对，识别确定应对气候安全威胁的最佳做法。安理会处理气候安全问题是对《联合国气候变化框架公约》的有益补充，可推动整个联合国系统以跨领域的方式有效应对挑战，联合国大会和经济及社会理事会等其他机构应加强协同配合。

第三，应对气候安全问题需要国际合作，部分发达国家做出资金或技术支持承诺。发展中国家表示，气候变化引发的威胁阻碍国家发展，国际社会必须帮助发展中国家获得所需的技术、资金和能力。气候变化使一些国家面临流离失所甚至灭绝性的生存威胁，各国和联合国系统都需采取切实行动解决气候安全问题，通过提供生计或教育培训等有针对性的发展和人道主义援助项目来减轻气候风险。英国前首相特蕾莎·梅明确表示，将帮助遭受气候灾害损失的国家，并承诺英国于2016～2020年向国际气候基金提供至少70亿美元支持。法国表示，《巴黎协定》确定了全球应对气候变化前进的道路，法国将与牙买加一道，在2019气候峰会期间为减缓与适应资金筹集发挥重要作用。美国将向面临极端天气事件和其他自然灾害的国家提供人道主义援助，开发更好的办法和措施来减轻不利的气候影响。澳大利亚提出，将减少灾害风险纳入发展援助，帮助太平洋国家等建立关键基础设施。挪威提出，将协助气候脆弱国家提高抵御自然灾害的能力，适应气候变化的影响，并敦促各国把气候安全问题纳入发展和安全政策。

二、气候安全议题取得的共识与争议

第一，全球气候安全问题形势日益严峻，小岛屿国家、部分非洲国家、中美洲和加勒比地区尤为突出。气候变化与海平面上升严重威胁小岛屿国家生存，使其成为最脆弱的群体，导致大量人口被迫迁移。气候变化带来的不利影响是非洲国家局部冲突的重要起因之一。非洲大陆广大地区遭受的气候变化威胁日益严峻，干旱与洪水加重，导致粮食短缺、传染病蔓延、人口大规模流离失所以及社会不稳定等新的安全问题。在乍得湖流域和萨赫勒地区，气候冲突表现明显。受飓风、热带风暴和干旱的影响，危地马拉、尼加拉瓜等中美洲和加勒比地区必须应对因气候灾害而流离失所的1800 万人，其难度远超过欧洲处置 100 万难民。《联合国宪章》第 24 条明确指出，各会员国将维持和平及安全之主要责任，授予安理会。安理会有责任分析冲突和安全影响，采取措施来管控气候变化引发的安全风险和冲突。

第二，应对气候安全风险与防灾减灾建设、可持续发展存在协同效益。国际社会普遍认为，要减少气候灾害对脆弱国家的影响，不仅需要各国提升遏制全球排放的能力，也需要加快实施联合国《2030 年可持续发展议程》，加强气候适应、防灾减灾与应急准备的协同配合，以提升恢复力和加强区域合作为重点。在全球范围内，推动落实联合国《2015—2030 年仙台减轻灾害风险框架》，针对极易受到飓风、洪水、山体滑坡和地震影响的国家，要减少气候风险，需要为这些脆弱国家的适应工作提供资金和技术支持，帮助其改进预警系统、信息传播以及加强极端天气事件的应对能力等，并尽可能地减少伤亡。发展中国家要积极采取系统措施防止、减少和解决气候风险，推动建立韧性社会。

第三，由于受气候变化的不利影响与应对能力存在差异，各国对气候安全问题存在不同认识。一方面，极少数国家认为安理会不是处理气候变化问题的适当场所，应由经济及社会理事会、联合国大会与《公约》处理，反对安理会干预气候变化问题。另一方面，小岛国强调气候变化对国际和平与安全构成了真实威胁，影响它们的主权和领土完整，完全属于安理会的传统授权范围，要求安理会积极行动，发达国家整体上支持气候安全问题及小岛国的立场。

三、未来气候安全议题的可能演变趋势

第一，保持目前积极态势，就气候安全问题达成共识。国际社会高度重视，

联合国通过气候安全决议，明确赋予安理会职能授权，联合国各机构协调一致，建立气候安全治理机制，同时达成可执行的协议，各国共同努力维护全球气候安全，从发展和安全两个维度协同推进全球气候变化治理，开展集体行动应对全球气候风险，从而有助于实现人类社会的福利最大化。

第二，气候安全议题陷入僵局，各国无法达成行动共识。尽管全球层面的气候风险加剧，部分区域遭受严重的气候灾难后果和人道主义危机，安理会常任理事国拥有否决权，可否决气候安全问题相关提议，或阻挠产生相关决议，由各国自行解决气候风险与气候安全问题等，部分脆弱国家因缺乏相应的能力和资源应对气候变化而出现崩溃，气候危机会影响国际安全，最终使每个国家利益受损。

第三，针对气候安全问题初步达成共识，但无法建立有效的气候安全治理机制。通过进一步的磋商谈判，各国针对气候安全问题初步达成共识，但缺乏具有法律约束力的执行机制和行动协议，各国缺乏有力的行动承诺和资源投入，难以避免“搭便车”问题。联合国各机构各自为政应对气候变化问题，气候安全问题的紧迫性可能被缓慢的多边进程拖累，将会与发展型的《公约》谈判一样陷入“执行难”的困境。

第二节　联合国系统应对气候安全问题进展

人类活动对全球环境所造成的不利影响日趋严重，气候变化是其中最重要的问题之一，对人类社会发展的各个方面造成严重威胁。世界范围内的气候变化已经不仅局限于环境问题，更关系到世界各国的国家安全与政治稳定，关系到人类社会的可持续发展，是重大的国际政治问题。气候安全威胁涉及战争与和平、冲突与移民、经济繁荣与发展等多个方面，甚至关乎国家安全与存亡，继而影响着整个人类的发展。联合国报告将气候安全威胁与人类文明灭绝相联系，以凸显气候安全威胁对全世界所造成的重要影响。2005 年，联合国秘书长报告《大自由——实现人人共享的发展、安全和人权》明确提出，21 世纪应当扩大安全的内涵，环境退化、致命的传染性疾病、气候变化等是当今国际社会面临的新安全威胁，报告提出的观点顺应了冷战后国际政治形势的发展变化，反映了新形势下国际社会对安全问题的普遍认知①。目前，联合国秘书长安东尼奥·古特雷斯正

① 董勤. 气候变化安全化对国际气候谈判的影响及中国的应对［J］. 阅江学刊，2018，10（1）：71－81.

在倡导并推动联合国系统的改革进程，以更加反映当今世界的需求，该进程要求重塑联合国议程，如优先采取行动防止暴力冲突，重组整个联合国系统的机构和活动，使联合国在当今变化纷杂的世界中找到其适合的目的和使命，将政治、经济、技术、文化和自然等方面的应对举措作为突出的优先事项和重要任务。联合国系统如何协同处理与气候相关的安全风险问题，特别是安理会作为特别关注国际安全的联合国机构，是这一努力进程的重要组成部分。

一、安理会及各成员国积极应对气候安全问题

联合国安理会及成员国积极推动应对气候安全问题。英国、德国分别在2007年和2011年在联合国安理会推动讨论气候变化与安全问题，有些国家认为这具有一定的挑衅性，或认为气候变化与安全问题不相关，或认为这两个问题同时存在。近年来，人们开始逐渐意识到气候变化和环境压力（如土地退化）对国际和平构成的风险与威胁。这一变化对近期的联合国相关行动的影响很小，因为涉及理解与认识的变化，需要一定的时间才能改变。该进程得到了联合国安理会新成员的积极推动，他们承诺推动这一议程。气候安全问题的推动者通过组织会议辩论与政策讨论促进国际社会加深对气候变化产生的安全威胁的认知。2006年10月，时任英国外交大臣玛格丽特·贝克特（Margaret Beckett）在英国驻德大使馆就气候安全问题发表演讲，她明确表示气候变化是一个不可替代的安全议程，强调如果不能有效控制气候变化将会导致更多的失败国家与武装冲突，这会极大地削弱国际社会通过预防冲突和反恐行动所取得的和平建设成果。2007年4月，英国以安理会轮值主席的身份主持召开了安理会第5663次会议。本次会议聚焦气候、能源与安全之间的关系，欧盟及其主要成员国表示，不稳定的气候可能成为加剧武装冲突的重要因素，进而对国际安全构成严重威胁，如果国际社会不针对气候变化及当前经济增长模式所带来的危险来制定共同应对战略，那么气候变化与能源安全问题就会加剧国家之间的紧张局势。欧盟还对国际社会发出警告，气候变化将在全球范围内损害一些国家或地区政府保障安全与维持稳定的能力，尤其是一些对气候变化最脆弱的国家与地区已经面临内部族群关系紧张、传染病失控和气候灾害等难以应对的复杂局面，气候变化使这些国家和地区保障安全与维持政治稳定的能力受到巨大挑战。因此，欧盟提出应把气候变化视为真正的国家或国际安全威胁进行处理。

从会议辩论及各国的反应来看，国际社会普遍认可气候变化是安全问题。2009年6月3日，联合国大会形成第63/281号决议，要求联合国秘书长征询各

成员国、相关国际组织与区域组织的相关意见，向第64届联大会议提交一份全面报告，全面阐释气候变化可能对安全产生的影响。根据联大决议，联合国秘书长广泛而深入地征求了联合国成员国的意见，并在综合成员国意见的基础上形成了题为《气候变化和它可能对安全产生的影响》的秘书长报告，集中反映了国际社会对气候安全的认知。2011年7月1日，德国常驻联合国代表给联合国秘书长写信详细阐述了德国对气候变化安全威胁的认识。强调气候变化已经成为国际社会面临的主要挑战之一，对世界和平与安全产生长期且真实的影响。此后，德国以安理会轮值主席的身份组织召开了安理会第6587次会议，会议主题是气候变化与国际安全，辩论会议上绝大部分国家对德国的立场与观点给予积极回应，并表达了对气候安全问题的高度关注和大力支持，明确表态支持安理会在气候安全治理方面发挥积极作用。如美国在2007年安理会第5663次会议辩论时只是笼统地表示气候变化、能源安全与可持续发展是相互关联的问题，但在2011年安理会第6587次会议上，美国不仅明确表示气候变化是一个安全问题，而且强调气候变化导致的海平面上升使小岛屿国家因国土被淹没而面临新型的亡国风险，全球至少数十个国家面临严峻的生存性威胁。据统计，2011年7月安理会第6587次会议上，共有66个不同国家、地区、国家集团或国际组织的代表作了发言，除5位代表在发言时没有针对气候安全问题做出明确表态外，有61位代表明确表态，认为气候变化是一个安全问题，这表明气候安全问题得到了国际社会的广泛认可与大力支持。国际社会呼吁尽快针对气候安全问题形成新的国际治理规范①。瑞典于2017~2018年加入安理会，充分利用对气候安全的承诺来赢得对其竞选活动的支持。自2017年以来，包含气候风险评估和管理战略的联合国安理会决议数量成倍增加，这些决议涉及联合国安理会议程的具体情况和危机应对的必要性，以及维和行动任务部署等方面，尤其是非洲之角和萨赫勒负责评估气候风险的联合国特派团，包括乍得湖、西非经共体（联合国西非和萨赫勒办事处）、马里稳定团（马里）、达尔富尔联合行动（达尔富尔）、联索援助团和非索特派团（索马里）等。

二、安理会积极推动国际社会就气候安全问题达成共识

安理会通过举办“阿里亚办法会议”、发布安理会决议等方式为达成气候安全共识发挥了重要作用。2017年12月，意大利主持联合国安理会“阿里亚办法

① 董勤．气候变化安全化对国际气候谈判的影响及中国的应对［J］．阅江学刊，2018，10（1）：71-81.

会议”（Arria – Formula Meetings）[①]，为全球温度上升的安全影响做好应对准备。2018 年，共有 46 个联合国安理会成员国在各种论坛活动上继续提出该问题。3 月 22 日世界水日，荷兰在联合国安理会召开了乍得湖流域冲突与气候有关的水资源短缺影响的会议，参加人员包括联合国副秘书长阿米娜·穆罕默德、独立冲突顾问 Chitra Nagarajan 和来自乍得湖流域委员会的穆罕默德·比拉。专家建议对该地区的气候安全风险进行全面评估，并定期向联合国安理会提交调查结果，强调该地区实现和平的关键是加强以人权为基础的治理机制和方法，这些机制和方法要具有冲突、气候变化和性别敏感性。2017 年联合国安理会将气候变化纳入关于乍得湖地区和平与安全的第 2349 号决议，呼吁改进联合国风险评估和风险管理战略。2018 年 7 月，瑞典担任安全理事会主席期间，主持了一场关于气候安全风险的公开辩论。联合国副秘书长阿米娜·穆罕默德强调气候变化与乍得湖地区冲突之间的复杂关系，并强调应对气候变化行动应成为预防冲突以及确保和平与安全的一个重要组成部分。10 月，秘书长安东尼奥·古特雷斯向联合国安理会通报了自然资源作为冲突根源的作用，并强调联合国正在寻求加强应对日益严重的气候安全风险及其威胁的能力。此后，荷兰、玻利维亚、科特迪瓦、比利时、多米尼加、德国、印度尼西亚和意大利等国家，组织召开了关于“水、和平与安全”的阿里亚办法会议，旨在加强对全球范围内水资源数量与水质变化的监测，并强调及时进行信息共享和加强预测预警对联合国安理会预防冲突议程的必要性。这些事态的发展使人们日益认识到联合国安理会的作用不仅是应对危机，也包括防止危机的发生。尽管关于是否同意将气候变化纳入联合国安理会议程，以及将其作为引发国家冲突和安全问题的一个重要因素，还存在不同认识，但辩论中没有人反对将气候安全风险作为一个重要问题。目前的发展趋势表明，联合国安理会将继续推动解决该问题。2019 年 1 月，多米尼加在担任安理会轮值主席期间将应对气候变化纳入联合国安理会议程，并组织召开了关于气候灾害对国际

---

① 阿里亚办法会议是一项非正式安排，使安理会在国际和平与安全问题上有更大的灵活性。冷战结束后不久，随着安理会比以往任何时候都更加忙碌，许多成员国认为，及时获得信息至关重要。但是安理会缺乏一种可以使其利用安理会局外人提供的专门知识和信息的工作方法。有时，它也无法在正式会议上就某个特定问题达成共识，尤其是在将该事项作为议程项目和非正式形式添加之前是最有效的选择。1992 年 3 月在委内瑞拉担任安理会主席期间，克罗地亚牧师弗拉·乔科·佐夫科（Fra Joko Zovko）联系了迭戈·阿里亚大使，他渴望向安理会成员转达波斯尼亚和黑塞哥维那暴力的目击者陈述。由于找不到正式的会议召开方式，阿里亚决定邀请安理会成员在联合国代表休息室与弗拉·乔科会面。这种经历使阿里亚有了将这种创新的非正式会议形式制度化的想法，这种形式后来被称为“阿里亚办法”。在理事会成员的同意下，随后的阿里亚会议从代表休息室转移到联合国会议室，并得到同声传译的支持。最近，许多阿里亚会议已在大型联合国会议室（如托管理事会会议厅）举行。

和平与安全的影响的公开辩论。

三、建立气候安全机制和专家工作组提供了重要支撑

联合国建立的气候安全机制和专家工作组为协调应对气候安全问题发挥了重要作用。自 1992 年里约热内卢地球峰会以及 1994 年《联合国气候变化框架公约》生效以来，世界各国日益将气候变化视为对全球安全的最大威胁，但联合国安理会参与应对威胁的规模与气候变化问题的紧迫性不相称，整个联合国系统没有采取整体协调的应对方法。2017 年 12 月，瑞典外交部长玛戈·沃尔斯特伦提出了气候安全的一个关键问题，在气候变化与经济社会等因素相互作用引发的不稳定、不安全和冲突风险等方面，联合国系统对解决这些问题存在制度上的缺陷，这一点在《行星安全海牙宣言》中得到了回应。解决气候安全问题需要采取“两步走”的方法：一是针对气候变化与社会政治背景之间的关系提出比较完善的应用型研究成果，包括联合国秘书长和安理会在内的联合国相关机构注意到的不稳定、不安全和某些情况下出现的暴力冲突风险。二是在进行气候风险信息分析后采取适当的政策反应。

2018 年，在联合国系统内部要求提供气候安全风险信息的需求日益增长。11 月，为响应各成员国更加关注气候安全风险问题的呼吁，联合国正式建立了气候安全协调机制。联合国政治事务部在联合国开发计划署和联合国环境规划署的工作人员加入下转变为政治与建设和平事务部（DPPA），气候安全机制的具体任务是通过综合协调联合国不同机构及外部专家的意见，向安理会和其他联合国机构提供气候风险的综合评估，目的是加强以证据为基础的政策决策能力，分配评估全球应对气候安全风险的任务，这是确保联合国在气候变化的世界中适应新目标的重要步骤。

独立的气候安全风险专家工作组为气候安全机制的协调工作提供了重要支持，为联合国安理会制定相关议程以及风险管理战略提供了科学支持。通过综合不同领域的专业知识，将评估分析结果融入整个联合国系统，以加强联合国内部在气候风险决策和规划方面的能力。2018 年，该小组发布了乍得湖、伊拉克、索马里和中亚等地区气候安全风险评估报告，报告以该领域的研究分析为基础，对气候安全风险以及其他社会、政治和经济方面的状况进行了综合评估。气候安全机制和专家工作组采取的这两项举措，受到了成员国的一致好评。整体上，气候安全机制作为一项试点举措需要进一步加强，它同时具有战略和实践意义，并形成了一个小型团队，作为联合国系统新的组成部分。由于气候安全风险和相关

问题可能被纳入联合国安理会以及更广泛的联合国系统议程的工作框架，因此气候安全机制可能面临工作人员缺乏、时间和预算不足等问题，这将导致其无法完成任务，该机制也有可能用于分析和指导联合国系统内其他机构开展相关任务。因此，各成员国需要继续积极参与，支持完善该机制以确保其发挥潜力。

四、联合国政治与建设和平事务部采取了一定措施，未来需强化整体协调应对

除联合国安理会外，政治和建设和平事务部已采取了一定措施。根据安理会最近的决议，联合国已采取初步措施，将提升抵御气候风险的能力规划纳入联合国维和行动的相关工作。在政治和建设和平事务部设立一个小型机制，这有助于提升联合国的整体应对能力。行动的重要意义在于有可能为生活在脆弱局势中的人民带来更持久的和平与安全，但也存在一定的局限性，如果联合国将对气候变化安全影响的调查仅限于出现的最绝望、最严重的情况，那么当出现气候危机时，国际社会仍将面临措手不及的不利局面。因此，需要进一步完善联合国行动机制，以确保受气候变化不利影响的人群和国家得到及时回应，推动国际社会针对气候安全问题进行交流对话。

目前，安理会在应对气候安全问题上的作用与角色定位还比较有限，主要集中于分析冲突地区及脆弱国家的气候安全问题。安理会需要建立更好的气候安全风险信息收集、分析和预警机制，以便能够做出适当响应。对当前和未来安全风险进行深入合理分析是安理会履行其主要职能，防止冲突与维持和平的关键。联合国需要加强气候安全相关方面的能力，进一步支持风险评估以及秘书长应对气候安全风险的相关工作，这完全符合 2011 年主席声明和安全理事会关于乍得湖盆地、西非、萨赫勒和索马里决议的意图。如果国际社会不主动解决气候变化对安全造成的影响，那么气候驱动型危机的爆发将使更多的国家和人群选择做出军事反应，相应地，地区武装冲突会进一步加剧。发达国家普遍认同脆弱国家面临的气候风险，支持安理会在应对气候安全问题方面发挥积极作用。

应对气候安全问题，要发挥联合国各相关机构的整体协调作用。安理会在解决气候变化对安全的影响方面能够发挥重要作用。联合国的应对不应仅仅是安理会做出反应，而是应该整合联合国系统的所有相关机构做出响应，这需要坚持系统思维，审视整个社会的脆弱性以及全球经济的各个部门，通过解决危害人类安全和稳定的根本因素来预防危机，采取通用、集成、预防、系统化、转型和包容性的方法，促进联合国各部门履行相关职能，以解决现有的行动差距。一是推动

开展重点国家和区域综合风险评估，研究制定统一、标准化的气候风险评估方法。二是针对气候变化影响可能破坏局势稳定的情况开展预防性外交。三是促进跨境与跨区域合作，以应对共同的气候变化脆弱性和风险点。四是监测气候安全临界点。例如，针对全球关键流域、粮食的生产区域、生态系统退化区域和脆弱的供应链受到破坏的风险进行全面评估，以及对金融系统进行压力测试等。五是对冲突后局势提供有针对性的支持，尤其是在气候变化造成较大脆弱性的地方。太平洋地区国家明确表示，这些职能最好由秘书长气候安全特别代表进行协调应对。

第三节　联合国气候安全议题的可能影响与潜在风险

安理会处理气候安全问题，一方面，可以为国际社会合作应对气候变化进程提供新的动力，推动国际社会有效应对气候风险与安全问题；另一方面，与《公约》协商一致的谈判原则不同，安理会是大国博弈的平台，可能会加重我国承担的国际应对气候变化义务，未来会面临更大的减排与出资压力。

一、安理会气候安全议题对气候谈判进程的影响

目前，国际气候谈判主要在《公约》《巴黎协定》等框架下进行，安理会气候安全议题可能对国际气候谈判机制产生重大影响，很多发达国家主张安理会应当成为讨论和决策气候变化问题的重要机构，安理会可能成为与《公约》并行的气候谈判与决策机制。目前从联合国各部门职能分工以及安理会辩论看，《公约》仍是联合国应对气候变化问题的主渠道，安理会仅介入气候安全问题的应对，其程度和范围相对有限，不会影响《公约》的正常运行，反而会成为《公约》的有益补充，进而带动整个联合国系统形成合力，共同应对气候变化。考虑到气候变化的长期性以及气候安全问题的紧迫性，安理会的有效参与可能为全球应对气候变化注入新的动力，也有可能会加快气候公约多边谈判的进程。为实现《巴黎协定》提出的全球平均温升控制在2℃或1.5℃的目标，国际社会应加大减排力度，从预防气候安全的角度来看，安理会适当介入有利于倒逼国际社会强化应对气候变化行动，主动降低气候风险。

二、对我国中长期温室气体减排目标的影响

联合国环境署《温室气体排放差距报告2018》① 表明，各国自主贡献减排目标与维护全球气候安全的要求相比存在巨大缺口，除非迅速提高减排目标，否则到21世纪末全球平均气温升幅将达到3℃～3.5℃。因此，维护全球气候安全、提高国家自主贡献目标必然成为后《巴黎协定》时代国际气候谈判的重点议题。我国作为安理会常任理事国与最大的温室气体排放国，会被要求做出更大贡献，这会加大我国在气候谈判中面临的减排压力。《公约》有193个缔约方参与，强调"共同但有区别的责任"，并采取协商一致的原则进行谈判。而安理会由15个理事国组成，其中5个常任理事国，不是普遍参与的决策机制，而是大国博弈的舞台。当前我国温室气体排放量最大、经济总量位居世界第二，是五大常任理事国中唯一尚未实现碳排放达峰的国家，容易成为各方关注的焦点，甚至可能成为相关主张的"少数派"，而且由于气候安全问题的道义性质，我国不宜行使否决权，因此，提升我国在安理会气候安全问题上的话语权，更好地维护国家利益和国际形象，这些均面临巨大挑战。从国内来看，当前我国正处于经济社会转型升级的关键期，为实现第三个百年奋斗目标，落实党的十九大提出的社会主义现代化强国建设"两步走"的战略部署，气候安全问题将影响我国中长期应对气候变化战略目标的制定，需强化行动提高减排目标，尽快实现碳达峰与碳中和目标，为生态环境根本好转、美丽中国建设提供有力保障，更好地满足人民日益增长的优美生态环境需要。

三、可能加重我国承担的国际应对气候变化义务

尽管美国特朗普政府退出《巴黎协定》，中国仍坚定履行《巴黎协定》的相关义务，信守气候治理国际承诺，表明了我国引领国际气候治理的决心和信心。要实现《巴黎协定》提出的长期目标，我国作为最大的排放国和安理会常任理事国，无疑需要对解决全球气候安全问题做出适当贡献，这可能会加大我国在温室气体减排和气候出资方面的压力。第二次辩论中哥斯达黎加提出安理会常任理事国都是主要排放国家，并因其否决权而具有特殊权力，理应在温室气体减排承诺上做出表率，然后扩大至排放量和经济能力相当的其他国家。玻利维亚也呼吁建立一个国际气候环境法庭，以制裁那些不遵守减排承诺的国家，并提议将全球

---

① Olhoff, A. , Christensen, J. M. The Emissions Gap Report 2018 [R]. United Nations Environment Programme, Nairobi, 2018.

防务和安全支出削减20%，用于解决气候变化问题。无疑，作为负责任的发展中大国，我国要应对可能面临的提高减排力度及出资的压力。另外，也要谨慎对待国际气候变化损失与危害机制带来的出资压力，随着时间推移，中国、印度等温室气体排放大国也可能会面临损失和损害责任承担问题[①]，我国作为全球最大的温室气体排放国，随着经济发展和温室气体排放快速增长，面临在损失与危害补偿方面出资的压力，可能会被发达国家和小岛国联盟等要求承担出资义务。对此需加强研判、做好应对方案，并加快推动国内温室气体减排目标的落实。

---

① 何霄嘉，马欣，李玉娥，王文涛，刘硕，高清竹．应对气候变化损失与危害国际机制对中国相关工作的启示［J］．中国人口·资源与环境，2014，24（5）：14－18.

第十二章　通过全球合作推动解决气候安全问题

应对气候变化安全威胁，解决全球气候变化挑战需要知识技术分享、建立合作伙伴关系和走出政策碎片化的现实困境。中国作为全球应对气候变化的重要参与者、贡献者、引领者，要秉持人类命运共同体理念，引领全球应对气候变化进程，积极推动将气候安全治理纳入国家安全体系和国际安全体系，通过气候外交和大国合作，加强气候安全治理与气候风险适应的国际合作应对，共建清洁、低碳、美丽、韧性新世界。同时，加快推进国内绿色低碳发展转型，加快构建气候适应型社会，为中国中长期经济社会持续健康发展提供气候安全保障。

第一节　在国际合作框架下有效应对全球气候安全问题

中国作为世界最大的碳排放国，在国际气候谈判与实施《巴黎协定》过程中面临较大的压力，气候变化给国家安全、区域安全、全球安全带来的风险凸显，很有可能会引发新的“中国威胁论”。从国家总体发展战略角度看，中国实现低碳发展转型的任务仍然艰巨，需要继续加快能源结构调整、促进产业结构升级、实现能源高效利用以及推动科技创新。由于国家战略与外交政策之间存在相互推动、双向建构的关系，新时代中国深度参与全球气候治理，势必会倒逼国内经济社会发展转型和生态文明建设。尽管近年来中国努力以实践引领应对全球气候变化国际合作，但国内始终面临较为严峻的生态环境压力，未来能否在低碳发展的国际政治经济竞争中实现转型发展，既关乎美丽中国建设与社会主义现代化强国建设战略目标的顺利实现，又涉及新时代中国与世界关系的良性互动[①]，实现低碳崛起仍然面临较大压力。作为负责任的大国，中国要在国际合作框架下积

① 赵斌．新时代中国气候外交：挑战、风险与战略应对［J］．当代世界，2019（3）：30－35.

极应对全球气候安全问题。

第一，积极参与、推动与引导联合国气候安全议题。作为安理会常任理事国，中国可在气候安全议题上展示出一定的灵活度，在提高减排雄心以及扩大对最不发达国家、小岛国等气候风险形势严峻国家的资金和技术支持等方面展现与自身实力相称的领导力。在坚持《联合国气候变化框架公约》作为全球应对气候变化主渠道作用的同时，支持安理会发挥积极作用，推动联合国系统形成分工明确、协调统一、团结高效的应对气候安全治理体系。推动安理会在气候风险评估、预警、报告及协调应对方面发挥更大作用，加大针对遭受气候灾害国家的人道主义援助，持续降低气候变化对武装冲突的推动作用，着力提升气候风险形势严峻国家或地区的适应气候变化能力建设。

第二，积极开展气候风险的国际合作与应对。气候变化既是全球环境问题，也是全球治理问题。中国主动承担全球环境责任、推动全球合作不仅是负责任大国的具体体现，也是中国自身实现可持续发展、推动经济高质量增长、生态环境高水平保护以及维护国家安全的重要举措。国际上要从构建人类命运共同体与加强全球治理合作构建国际新秩序的视角阐明中国的相关立场与贡献，在可持续发展框架下推动相关政策制定与审慎评估，确保应对气候变化的政策能够兼具环境、能源、经济和社会发展效益，降低中国履约《巴黎协定》的总成本。坚持“共同但有区别的责任”的原则，加强同“立场相近发展中国家”、“基础四国”、小岛国、最不发达国家和非洲国家等的协调沟通，继续推进同美国、欧盟、俄罗斯、加拿大、日本、澳大利亚等发达国家的政策对话与务实合作，在充分理解各方立场和利益诉求的基础上，协调并推动全球气候合作，不断探索全球气候安全治理新模式、新路径与新举措。

第三，加强应对气候变化南南合作，塑造全球气候领导力。应对气候安全问题，需要各国加强合作，共同努力提升适应气候变化的能力。中国将认真履行《联合国气候变化框架公约》《巴黎协定》等相关义务，结合自身国情与能力，继续加强应对气候变化南南合作，帮助发展中国家特别是小岛屿国家、最不发达国家解决资金、技术和能力建设等适应方面的缺口。作为联合发起国，中国将积极支持全球适应委员会为应对气候变化贡献解决方案，支持各国将气候风险纳入其经济发展战略和投资计划，优先满足世界上最贫穷和最脆弱人群的适应需要，加强与“一带一路”沿线国家在适应气候变化领域的务实合作，针对遭受气候灾害的国家提供及时的人道主义援助，针对气候脆弱国家提供力所能及的资金和技术支持，支持发展中国家提升应对气候灾难风险的能力，为提升全球气候安全水平做出中国贡献。通过国际合作应对气候安全和风险问题，既要积极支持脆弱国家提高应对气候变化的基础能力，也要争取发达国家与国际机构的资金与技术推动国内低碳转型进程以及适应型社会的构建。

第二节　推动落实《巴黎协定》，加大气候适应资源投入

气候变化对人类社会发展带来巨大影响，加强气候风险管理非常必要，发展中国家与脆弱国家受气候变化的不利影响最大，而应对能力却十分薄弱。发展中国家不仅在开展节能减排工作方面需要帮助，在增强适应气候变化能力，特别是应对气候风险能力以及降低气候灾害方面面临的需求更为迫切，提升适应气候变化领域的基础能力需要较大的资金、技术等资源投入，发展中国家普遍存在巨大的适应资金需求缺口需要弥补。

第一，不断完善国际气候变化影响损失和损害应对机制。由于减缓气候变化具有典型的公共物品属性，“搭便车”行为可能会导致各缔约方将“适应”置于比“减缓”更优先的位置，加上全球各国的政治和经济博弈，如何激励各国广泛参与，需要设计有效的合作机制，规避和防止一些国家“搭便车”和“坐享其成”。减缓气候变化是长期的艰巨任务，考虑到气候变化的趋势和影响的现实性，适应气候变化是更为现实的紧迫任务[①]。《巴黎协定》强化了对气候损失和损害问题的关注以及风险管理机制的构建，第八条明确提出气候变化影响相关损失和损害华沙国际机制应得到加强，并提议在以下领域开展国际合作：预警系统、应急准备、缓发事件、可能涉及不可逆转和永久性损失和损害的事件、综合性风险评估和管理、风险保险设施、气候风险分担安排和其他保险方案、非经济损失、社区的抗御力、生计和生态系统。发展中国家是受气候变化影响和损失乃至永久性损害的最重要的主体。“损失和损害问题”是2013年华沙气候峰会的核心问题之一，经过易受气候变化不利影响的发展中国家的不懈努力，正式建立了“华沙国际损失和损害机制”。2015年巴黎气候大会将其转变为永久机制，帮助那些对气候变化的负面影响特别脆弱的发展中国家应对与气候变化的影响相关的损失和损害问题（包括极端天气事件和海平面上升）。过去美国等发达国家所担

① 安树民，张世秋．《巴黎协定》下中国气候治理的挑战与应对策略［J］．环境保护，2016，44(22)：43－48.

心的损失和损害责任承担问题，随着时间推移，中国作为全球最大的温室气体排放国，也会面临相应的责任风险。因此，中国应对此进行审慎分析、评估和研究，并加快国内温室气体减排。

第二，加大适应气候变化资源投入有效应对气候风险。人类社会受到气候变化危机所带来的不利影响，造成农业生产力下降、水资源短期加剧、遭受极端天气事件风险的可能性增加、生态系统退化、人类健康风险加大等。气候冲击严重影响了发展中国家，特别是贫穷及最脆弱的国家，这些国家缺乏适应气候变化所需的社会基础、技术、资源与资金。有效的适应战略需要在社区、国家、区域以及国际等不同层面共同开展行动，在科学、经济、政治及社会各个层面达成共识。成功的适应措施需要对气候变化在区域、国家以及地方各个层面造成的风险进行综合评估，结合应对气候变化的脆弱性评估、适用技术与能力评估、地方政府的适应行动与政策实践等适应的重要领域进行通盘考虑。气候风险的紧迫性与国际减缓努力的不确定性，迫切需要各国加大适应气候变化的资源投入。

第三，推动实施《巴黎协定》需要建立完善的国际气候融资机制。在美国特朗普政府退出《巴黎协定》的背景下，中国信守应对气候变化的国际承诺，坚持承担气候治理的大国责任，推动建立全球气候融资机制，这对《巴黎协定》的有效实施具有重要意义，也有利于提升中国在全球气候治理中的话语权和主导权。目前，国际气候融资高度依赖政府开发援助（ODA）资金体系与融资工具，全球范围内尚未建立完善的气候融资体系，社会部门的投资积极性与参与度不高，全球层面气候公共物品供给不足的问题明显，中国可积极推动建立与政府开发援助并行的国际融资体系，按照“共同但有区别的责任”原则，推动各国为全球气候融资机制做出贡献，引导国际融资机构、多边合作机构等为国际气候融资做出贡献，通过建立多渠道、可预测、可选择的气候融资工具为全球应对气候变化提供资金支持。经过多年努力，中国在气候融资与绿色金融等领域取得了积极进展，气候变化南南合作基金的成立增强了中国在国际气候融资领域的影响力，未来可以以深化气候变化南南合作为契机，结合“一带一路”倡议的实施，支持发展中国家，尤其是最不发达国家和脆弱国家加强适应气候变化能力的建设，把有效应对气候变化的不利影响以及气候风险因素纳入“一带一路”倡议规划当中，积极探索具有气候韧性的可持续发展道路，加强对“一带一路”沿线国家气候韧性基础设施建设的资金支持，支持研发气候韧性技术、气候灾害风险监测预警技术、防灾减灾技术等，在气候适应标准制定、基础设施建设运营、气候风险管理等领域积极开展国际合作与交流[①]。

第三节 努力降低气候风险，建设低碳、有韧性、美丽新世界

应对气候变化与经济社会发展、防灾减灾等方面密切相关，适应和减缓是降低气候风险和保障气候安全的重要手段。需要加强气候变化的科学研究，提高决策者和社会各界对气候风险的认识。根据国情因地制宜地制定适应行动，加强灾害风险管理，提高应对能力，努力降低气候变化的不利影响。采取措施控制温室气体排放，控制长期气候风险。加快推进绿色低碳转型与结构调整进程，加强灾害风险管理，主动适应气候变化，多措并举维护气候安全[②]。

第一，加快推进国内绿色低碳发展转型，从源头降低气候风险。2015 年达成的气候变化《巴黎协定》，是继《公约》《京都议定书》后国际气候治理历程中第 3 个具有里程碑意义的重要文件。《巴黎协定》明确提出，要提高适应气候变化不利影响的能力，并以不威胁粮食生产的方式增强气候适应能力和实现温室气体低排放发展，使资金流动符合温室气体低排放和气候适应型发展的路径。当前，中国正处于决胜全面建成小康社会的关键时期，面临生态文明建设、经济社会发展转型、持续改善生态环境质量等多重挑战，要从国家战略角度加快推动绿色低碳发展转型进程，推动落实 2030 年碳排放达到峰值以及 2060 年碳中和目标，通过深化调整产业结构、节能与提高能效、优化能源结构、控制非能源活动温室气体排放、增加森林碳汇、推动科技创新等举措，努力控制温室气体排放[③]。这不仅关乎国内生态文明建设与可持续发展事业取得实效，也关乎中国维护全球气候安全、构建人类命运共同体的责任担当，要加快推进实施。

第二，主动适应气候变化，加快构建气候适应型社会。随着中国极端天气事件趋多趋强，农业、林业、水资源、健康等重点领域，沿海、干旱区、城市群、高原、生态脆弱区等重点区域，南水北调、三峡大坝、青藏铁路等重大工程面临的气候风险水平总体呈上升趋势，亟须全面提升防御气候风险的能力。因此，要

---

① 刘倩，范纹佳，张文诺，汪永生．全球气候公共物品供给的融资机制与中国角色［J］．中国人口·资源与环境，2018，28（4）：8－16.

②③王玉洁，周波涛，任玉玉，孙丞虎．全球气候变化对我国气候安全影响的思考［J］．应用气象学报，2016，27（6）：750－758.

加快构建气候适应型社会，加强对于国内气候风险的识别、评估与应对，制定针对重点行业、重点区域、重点人群、重点生态系统的应对方案，建立并完善气候风险预估、灾前预警、灾中救助和灾后恢复等一体化气候灾害综合响应体系，有效降低中国重点区域和重要领域面临的气候灾害风险，为实现经济社会的高质量发展提供气候安全保障。实施积极应对气候变化的国家战略，加快制定并实施《国家适应气候变化战略2035》，在农业、水资源、林业及生态系统、海岸带和相关海域、人体健康等领域强化适应行动，充分发挥应对气候安全与生态环境保护、城市建设管理、防灾减灾建设等的协同作用，减少气候变化的不利影响，提升适应气候变化的能力。持续推动气候适应型城市试点建设与城镇化高质量发展，将降低气候灾难经济损失与提升脆弱人群的适应能力作为提升人民群众获得感、幸福感和安全感的重要途径，为协同推动经济高质量发展和生态环境高水平保护提供强有力支撑。

第三，不断强化气候风险管理，积极探索市场化政策措施。建立完善的气候风险评估与管理体系，可以有效降低气候变化造成的不利影响，以及脆弱地区和关键行业面临的气候风险。欧盟针对城市地区制定了高温热浪、洪涝灾害和水资源缺乏的综合应对体系，英国通过建设泰晤士河大坝应对海平面上升和洪水风险，荷兰三角洲地区制定的洪水风险管理机制有效降低了所在地区的气候风险水平。中国生态环境与气候脆弱区、沿海城市与海岸带、气候灾害高发区等，以及农业、林业、水资源、人体健康等领域都面临严重的气候风险，需要增加技术资金投入，强化风险应对措施，可以学习借鉴国外应对气候风险的有效措施，建立涵盖气候风险预估、灾前预警、灾害应急救灾和灾后恢复重建等的综合应对体系，是主动适应气候变化，加强灾害风险管理，维护气候安全的重要手段。通过制定战略规划、完善体制机制、强化适应行动等措施不断提升气候风险与灾害监测的预警与应对能力，不断降低对气候变化的脆弱性和暴露度，有效维护经济安全和气候安全①。由于气候灾害波及范围广、破坏程度深，家庭和企业个体难以应对，需要建立包括政府主导、社会援助、市场机制等不同形式的气候灾害与气候风险治理体系，推动形成政府财政支持、救灾捐赠体系和农业灾害保险等气候灾害风险综合分担机制，通过政府部门和社会各界的通力合作，最大限度地减少气候灾害对经济社会发展造成的风险与损失，帮助受灾人群和地区实现快速恢复。探索建立规范化的灾害捐助制度，引导社会资源参与气候灾害的重建和恢复

---

① 何霄嘉，马欣，李玉娥，王文涛，刘硕，高清竹．应对气候变化损失与危害国际机制对中国相关工作的启示［J］．中国人口·资源与环境，2014，24（5）：14－18.

过程。逐步完善气候灾害保险制度，探索运用保险工具应对气候风险与灾害损失。当前，中国农业灾害险已初具规模，在应对气候灾害方面发挥了积极作用，但存在机制创新不足、市场机制作用发挥不充分、参与程度有限等问题。可充分借鉴慕尼黑气候保险、加勒比海地区飓风灾害基金等保险创新机制，结合中国气候灾害的特点，在现有农业保险的基础上，开发巨灾类保险产品，发展气象灾害保险，通过政府引导和政策支持，不断扩大政策覆盖面，充分发挥气候保险在应对气候灾害、维护农民生计、保持社会稳定等方面的重要作用①。

第四节　强化气候外交和大国合作解决气候安全问题

随着气候变化加快与极端气候事件造成的不利影响持续深化，气候变化不仅对国家安全构成了严峻挑战，也极大地威胁到人类社会的生存与发展。全球化的深入发展对全球治理提出了迫切要求，气候变化等非传统安全问题已经成为全球治理的重要内容，与此同时，国家安全的内涵和实现方式也发生了显著变化，世界各国对气候安全治理问题高度重视。中美两国综合实力和国际事务参与度都很高，气候变化对两国国家安全造成的影响不容忽视。气候变化作为重要的非传统安全问题，需要中美携手、合作应对，中美两国都是能源消费和温室气体排放大国，解决气候安全问题不是一蹴而就的，需要将气候外交纳入中美双边关系加以协商解决，能否在气候安全问题上实现大国合作应对，不仅关系到中美双边关系的深化，也会对全人类的共同福祉产生深远影响②。

深化气候合作有望成为加强中美双边关系的突破口。中美两国作为具有全球影响力的大国，在推进全球气候安全治理方面具有共同利益，许多共同安全领域可成为深化两边关系和增进合作互信的重要平台。奥巴马政府时期中美两国在全球治理，尤其是全球气候治理中的合作明显增强，中美在应对气候变化问题上努力寻求最大共识，共同推动了《巴黎协定》的快速达成，这成为构建两国新型大国关系中的突出亮点。在气候变化后巴黎时代，虽然目前气候安全议题上仍存在一定争议，但中美最终会沿着气候安全事关全人类共同发展的理念携手应对。一方面，中国应对气候变化的政策观念在逐步发生变化，在坚持“共同但有区别

① 何霄嘉，马欣，李玉娥，王文涛，刘硕，高清竹．应对气候变化损失与危害国际机制对中国相关工作的启示［J］．中国人口·资源与环境，2014，24（5）：14－18.

② 张昭曦．奥巴马时期中美安全关系研究［D］．国际关系学院，2017.

的责任原则”的同时注重展现一定的灵活性，在国内推动制定更具约束力的应对气候变化目标；另一方面，美国则更为务实理性，意识到简单“一刀切”的解决方案难以兼顾到各国发展水平的差异，开始对中国的气候关切给予更多理解。在这个大背景下，两国“多元共生”的全球气候变化治理观则逐渐成形，为最终达成气候安全共识奠定了思想基础。在气候安全问题上，中美两国由分歧走向合作的变化过程，一方面体现了全球安全治理体系和治理理念的转变，两国的共同安全关系将由“对立”走向“共生”，打破了安全领域零和博弈占主导地位的“魔咒”，开启了安全互利的新模式[①]。另一方面双方合作应对气候安全问题将会在全球层面产生积极的示范效应。当前全球应对气候变化进程缺乏互信与力度，既有全球政治、经济、安全、科技等领域的博弈与角逐，也有全球气候安全合作治理中的艰难对话交流，这集中体现了中美双边关系的复杂性与特殊性，需要用长远的战略眼光去看待，需要用灵活的思维去处理，中美合则两利、斗则俱伤，以合作而非对抗的方式推动解决全球气候安全问题，是中美两国人民之福，是世界之福。

---

① 张昭曦．奥巴马时期中美安全关系研究［D］．国际关系学院，2017.

参考文献

[1] Arms Control Association. The Intermediate – Range Nuclear Forces (INF) Treaty at a Glance [EB/OL]. https://www. armscontrol. org/factsheets/INFtreaty, October 22, 2018.

[2] Berlin Climate and Security Conference 2019 [EB/OL]. https://www. berlin – climate – security – conference. de/bcsc – 2019.

[3] Born, C. A Resolution For A Peaceful Climate: Opportunities For The UN Security Council [R]. SIPRI, 2017.

[4] Braun, J., Roos, H., Schermers, B., van Geuns, L. & Zensus, C. Energy R&D Made in Germany: Strategic Lessons for the Netherlands [R]. Hague Centre for Strategic Studies, 2019.

[5] Bremberg, N. European Regional Organizations and Climate – related Security Risks: EU, OSCE and NATO [R]. SIPRI, 2018.

[6] Climate and Security Advisory Group. Briefing Book for a New Administration [EB/OL]. https://climateandsecurity. org/briefingbook/, 2016.

[7] Coats, D. R. Statement for the Record: Worldwide Threat Assessment of the US Intelligence Community. Office of the Director of National Intelligence [EB/OL]. https://www. dni. gov/files/documents/Newsroom/Testimonies/2018 – ATA—Unclassified – SSCI. pdf. February 13, 2018.

[8] Cowtan, K., Z. Hausfather, E. Hawkins, P. Jacobs, M. E. Mann, S. K. Miller, B. A. Steinman, M. B. Stolpe, and R. G. Way. Robust Comparison of Climate Models with Observations using Blended Land Air and Ocean Sea Surface Temperatures [J]. Geophysical Research Letters, 2015 (42): 6526 – 6534.

[9] Dullmuth, L. M., Gustafsson, M., Bremberg, N. et al. IGOs and Global Climate Security Challenges: Implications for Academic Research and Policymaking [R]. SIPRI, 2017.

[10] Femia, F., Werrell, C. Syria: Climate Change, Drought and Social Unrest. The Center for Climate and Security. Briefer No. 11 [EB/OL]. https://climateandsecurity. files. wordpress. com/2012/04/syria – climate – change – drought – and – social – unrest_ briefer – 11. pdf. February 29, 2012.

[11] Femia, W. Significant Security Threats from Climate Change on the Horizon [J]. Defense Dossier, 2018, 23 (12): 20 – 23.

[12] Fetzek, S., Schaik, V. L., Europe's Responsibility to Prepare: Managing Climate Security Risks in a Changing World [R]. The Center for Climate and Security, 2018.

[13] Fukuyama, F. The End of History and the Last Man [M]. New York: Free Press, 1992.

[14] Gleick, P. W. Drought, Climate Change and Conflict in Syria [J]. Weather, Climate, and Society, 2014, 6 (3), 331 – 340.

[15] Goodman, S. & Maddox, M. China's Growing Arctic Presence. China – US Focus [EB/OL]. https://www. chinausfocus. com/finance – economy/chinas – growing – arctic – presence. November 19, 2018.

[16] Guy, Kate at al. A Security Threat Assessment of Global Climate Change: How Likely Warming Scenarios Indicate a Catastrophic Security Future [R]. The Center for Climate and Security, 2020.

[17] Hassan, M. W. Climate Change in the Maldives [EB/OL]. http://www. worldbank. org/en/news/feature/2010/04/06/climate – change – in – the – maldives. April 6, 2010.

[18] Horowitz, J. Italy's Populist Parties Win Approval to Form Government. The New York Times [EB/OL]. https://www. nytimes. com/2018/05/31/world/europe/italy – government – populists. html. May 31, 2018.

[19] IISD. Human Security and Climate Change, Thematic Expert for Climate Change and Sustainable Energy (US) [EB/OL]. http://sdg. iisd. org/commentary/policy – briefs/human – security – and – climate – change/, 27 January 2015.

[20] IPCC. Climate Change 2014: Synthesis Report. Contribution of Working Groups I, II and III to the Fifth Assessment Report of the Intergovernmental Panel on Climate Change [R]. Geneva, 2014.

[21] IPCC. Special Report on Global Warming of 1. 5°C [R]. Geneva, 2018.

［22］ Kelley，C. P. ，Mohtadi，S. ，Cane，M. A. ，Seager，R. & Kushnir，Y. Climate Change in the Fertile Crescent and Implications of the Recent Syrian Drought［J］. Proceedings of the National Academy of Sciences of the United States of America，2015，112（11）：3241 - 3246.

［23］ Keys，R. ，Castellaw，J. Parker，R. ，Phillips，Ann C. ，White，J. ，Galloway. G. Military Expert Panel Report：Sea Level Rise and the U. S. Military's Mission［EB/OL］. https：//climateandsecurity. files. wordpress. com/2018/02/military - expert - panel - report_ sea - level - rise - and - the - us - militarys - mission_ 2nd - edition_ 02_ 2018. pdf. 2018.

［24］ Krampe，F. ，Mobjörk，M. Responses to Climate - Related Security Risks：Regional Organizations in Asia and Africa［R］. SIPRI，2018.

［25］ Krampe，F. Climate Change，Peacebuilding and Sustaining Peace［R］. SIPRI，2019.

［26］ Mabey，N. ，Gulledge，J. Finel，B. & Silverthorne，K. Degrees of Risk：Defining a Risk Management Framework for Climate Security［R］. E3G，2011.

［27］ McDonald，M. Discourses of Climate Security［J］. Political Geography，2013，33（1）：42 - 51.

［28］ Mobjörk，M. ，van Baalen，S. Climate Change and Violent Conflict in East Africa：Implications for Policy［R］. Stockholm International Peace Research Institute（SIPRI），2016.

［29］ Mobjörk，M. ，Smith，D. Translating Climate Security Policy into Practice［R］. Clingendael and SIPRI，2017.

［30］ Mobjörk，M. et al. Climate - Related Security Risks：Towards an Integrated Approach［M］. SIPRI and Stockholm University：Stockholm，2016.

［31］ Mobjörk，M. ，Integrated Policy Responses for Addressing Climate - related Security Risks［R］. SIPRI，2016.

［32］ Mobjörk，M. ，Smith，D. & Rüttinger，L. Towards a Global Resilience Agenda：Action on Climate Fragility Risks［R］. Clingendael，adelphi and SIPRI，2016.

［33］ Olhoff，A. ，& Christensen，J. M. The Emissions Gap Report 2018［R］. United Nations Environment Programme，Nairobi，2018.

［34］ Phillips，A. The Costs of Climate Change：From Coasts to Heartland，

Health to Security, Testimony House Committee on the Budget [EB/OL]. https://budget.house.gov/sites/democrats.budget.house.gov/files/documents/Phillips_Testimony.pdf. July 24, 2019.

[35] Piccinni, A., Garrett, N. Natural Resources and Conflict: A New Security Challenge for the European Union [R]. SIPRI, 2012.

[36] Planetary Security Initiative. The EU and Climate Security [EB/OL]. https://www.planetarysecurityinitiative.org/sites/default/files/2017-03/PB_The%20EU_and_Climate_Security.pdf, January 2017.

[37] Planetary Security Initiative. Climate & Security Strategic Capability Game Takeaways [EB/OL]. https://www.planetarysecurityinitiative.org/news/climate-security-strategic-capability-game-takeaways, 22 July 2019.

[38] Rademaker, M., Jans, K., Della Frattina, C., Rõõs, H., Slingerland, S., Borum, A., van Schaik, L. The Economics of Planetary Security: Climate Change as an Economic Conflict Factor [R]. Hague Centre for Strategic Studies, 2016.

[39] Schaar, J. A Confluence of Crises: On Water, Climate and Security in the Middle East and North Africa [R]. SIPRI Insights on Peace and Security, 2019.

[40] Scherer, N., Tänzler, D. The Vulnerable Twenty - From Climate Risks to Adaptation [EB/OL]. https://www.v-20.org/resources/publications/the-vulnerable-twenty-from-climate-risks-to-adaptation, October 2018.

[41] Scherer, N., Tänzler, D. The Vulnerable Twenty. From Climate Risks to Adaptation [R]. Berlin: adelphi, 2018.

[42] Schleussner, C.-F., Donges, J. F., Donner, R. V., Schellnhuber, H. J. 2016. Enhanced Conflict Risks by Natural Disasters. Proceedings of the National Academy of Sciences t [EB/OL]. http://www.pnas.org/content/early/2016/07/20/1601611113.

[43] Siegel, E. The First Climate Model Turns 50 and Predicted Global Warming Almost Perfectly [EB/OL]. https://www.forbes.com/sites/startswithabang/2017/03/15/the-first-climate-model-turns-50-and-predicted-global-warming-almost-perfectly/#5b3a8afa6614. March 15, 2017.

[44] Smith, D., Mobjörk, M., Krampe, F. Eklöw, K. Climate Security: Making it Doable [R]. Clingendael and SIPRI, 2019.

[45] The Center for Climate and Security, A Climate Security Plan for America [R]. Washington, DC, 2019.

[46] The Expert Working Group on Climate – related Security Risks. Central Asia Climate – related Security Risk Assessment [EB/OL]. https://sipri.org/news/2019/new – report – central – asia – expert – working – group – climate – related – security – risks, December 2018.

[47] The Hague Centre for Strategic Studies, At the fourth annual Planetary Security Conference (PSC 2019) [EB/OL]. https://hcss.nl/news/planetary – security – conference – 2019/.

[48] The United States State Department. The Montreal Protocol on Substances that Deplete the Ozone Layer [EB/OL]. https://www.state.gov/e/oes/eqt/chemicalpollution/83007.htm, 2018.

[49] UN Security Council (UNSC). Security Council Strongly Condemns Terrorist Attacks, Other Violations in Lake Chad Basin Region, Unanimously Adaption Resolution 2349 [EB/OL]. https://www.un.org/press/en/2017/sc12773.doc.htm. March 31, 2017.

[50] United Nations (UN). General Assembly resolution 43/53, "Protection of global climate for present and future generations of mankind", A/RES/43/53 [EB/OL]. http://www.un.org/documents/ga/res/43/a43r053.htm. 6 December 1988.

[51] Vivekananda, J. Action on Climate and Security Risks Review of Progress 2017 [R]. Clingendael, 2017.

[52] Vivekananda, J., Wall, M. Florence, S. & Nagarajan, C. Shoring Up Stability, Addressing Climate & Fragility Risks in the Lake Chad Region [R]. Berlin: adelphi, 2019.

[53] Werrell, C. Prepared Remarks: A Responsibility to Prepare. UN Security Council Arria Formula Meeting [EB/OL]. https://climateandsecurity.files.wordpress.com/2017/12/werrell_ responsibility – to – prepare_ unsc.pdf. December 15, 2017.

[54] Werrell, C., Femia, F. UN Security Council on Climate and Security from 2017 – 2019 [EB/OL]. https://climateandsecurity.org/2019/02/05/un – security – council – on – climate – and – security – from – 2017 – 2019, 2019.

[55] Werrell, C., Femia, F. Fragile States: The Nexus of Climate Change,

State Fragility and Migration [EB/OL] . http: //anglejournal. com/article/2015 - 11 - fragile - states - the - nexus - of - climate - change - state - fragility - and - migration/, November 2015.

[56] Werrell, C. , Femia, F. Fetzek, S. & Conger, J. A Security Analysis of the New IPCC Report: Prevent 2°C, Prepare for 1. 5°, and Do So Responsibly [EB/OL] . https: //climateandsecurity. files. wordpress. com/2018/10/a - security - analysis - of - the - new - ipcc - report_ prevent - 2degrees_ prepare - for - 1 - 5 - degrees_ do - so - responsibly_ briefer - 39. pdf, 2018.

[57] Werrell, C. , Femia, F. Goodman, S. & Fetzek. S. A Responsibility to Prepare: Governing in an Age of Unprecedented Risk and Unprecedented Foresight [EB/OL] . https: //climateandsecurity. files. wordpress. com/2017/12/a - responsibility - to - prepare_ governing - in - an - age - of - unprecedented - risk - and - unprecedented - foresight_ briefer - 38. pdf, 2017.

[58] Werrell, C. , Femia, F. The Thirty Years Warming: Climate Change and the Post - Cold War World [J] . The Journal of Diplomacy and International Relations, 2018, 20 (1): 21 - 33.

[59] Wezeman, S. T. Military Capabilities in the Arctic: A New Cold War in the High North? [R] . SIPRI, 2016.

[60] Working Group on Climate, Nuclear and Security Affairs. Report One: A Framework for Understanding and Managing the Intersection of Climate Change, Nuclear Affairs, and Security [R] . The Center for Climate and Security, 2017.

[61] World Economic Forum. Global Risks Report 2019 [EB/OL] . https: // www. weforum. org/reports/the - global - risks - report - 2019.

[62] World Meteorological Organization (WMO) . The Changing Atmosphere Implications for Global Security, Toronto, Canada, 27 - 30 June 1988, Conference Proceedings, WMO No. 710 [EB/OL] . http: //cmosarchives. ca/History/ChangingAtmosphere1988e. pdf, 1988.

[63] World Trade Organization (WTO) . A Handbook on the WTO Dispute Settlement System, 2nd Edition [EB/OL] . https: //www. wto. org/english/tratop_ e/dispu_ e/disp_ settlement_ cbt_ e/a3s1p1_ e. htm, 2018.

[64] Zhou, J. , National Climate - related Security Policies of the Permanent Member States of the United Nations Security Council [R] . SIPRI and Stockholm,

2017.

［65］《第三次气候变化国家评估报告》编写委员会．第三次气候变化国家评估报告［M］．北京：科学出版社，2015.

［66］中国北极发展与安全战略问题［EB/OL］．http：//aoc. ouc. edu. cn/2018/1212/c9822a231035/pagem. htm，2018－12－11.

［67］安树民，张世秋．《巴黎协定》下中国气候治理的挑战与应对策略［J］．环境保护，2016，44（22）：43－48.

［68］北极理事会［EB/OL］．https：//baike. baidu. com/item/%E5%8C%97%E6%9E%81%E7%90%86%E4%BA%8B%E4%BC%9A/10695058？fr = aladdin，2021－05－21.

［69］曹志杰，陈绍军．气候风险视阈下气候贫困的形成机理与演变态势［J］．河海大学学报（哲学社会科学版），2016，18（5）：52－59.

［70］曾维和，咸鸣霞．全球温控1.5℃的风险共识、行动困境与实现路径［J］．阅江学刊，2019，11（2）：45－52.

［71］巢清尘．气候风险呼唤更加重视防灾减灾救灾体系建设［J］．世界环境，2017（1）：39－41.

［72］程保志．试析北极理事会的功能转型与中国的应对策略［J］．国际论坛，2013，15（3）：43－49.

［73］董勤．气候变化安全化对国际气候谈判的影响及中国的应对［J］．阅江学刊，2018，10（1）：71－81.

［74］段居琦，徐新武，高清竹．IPCC第五次评估报告关于适应气候变化与可持续发展的新认知［J］．气候变化研究进展，2014，10（3）：197－202.

［75］冯卫东．联合国报告：气候变化速度及严重程度均超预期［N］．科技日报，2019－09－25.

［76］高江波，焦珂伟，吴绍洪，郭灵辉．气候变化影响与风险研究的理论范式和方法体系［J］．生态学报，2017，37（7）：2169－2178.

［77］龚丽娜，联合国和平行动与中国非传统安全［M］//非传统安全蓝皮书——中国非传统安全研究报告（2016—2017）．北京：社会科学文献出版社，2017.

［78］国家统计局．2019年国民经济和社会发展统计公报［EB/OL］．http：//www. stats. gov. cn/tjsj/zxfb/202002/t20200228_1728913. html，2020－02－28.

［79］何霄嘉，马欣，李玉娥，王文涛，刘硕，高清竹．应对气候变化损失与危害国际机制对中国相关工作的启示［J］．中国人口·资源与环境，2014，24（5）：14－18.

［80］何志扬，庞亚威．中国气候灾害保险的发展及其风险控制［J］．金融与经济，2015（6）：73－76.

［81］姜彤，李修仓，巢清尘，等．《气候变化2014：影响、适应和脆弱性》的主要结论和新认知［J］．气候变化研究进展，2014，10（3）：157－166.

［82］解放军智库．中国开发北极关乎国家安全［EB/OL］https：//news.qq.com/a/20140618/059987.htm：2014－06－18.

［83］李蓬莉．信念、制度参与和国际合作［D］．外交学院，2018.

［84］李淑云．环境变化与可持续安全的构建［J］．世界经济与政治，2011（9）：112－135.

［85］刘丹，华晨．气候弹性城市和规划研究进展［J］．南方建筑，2016（1）：108－114.

［86］刘倩，范纹佳，张文诺，汪永生．全球气候公共物品供给的融资机制与中国角色［J］．中国人口·资源与环境，2018，28（4）：8－16.

［87］刘青尧．从气候变化到气候安全：国家的安全化行为研究［J］．国际安全研究，2018，36（6）：130－151.

［88］刘长松，徐华清．对气候安全问题的初步分析与政策建议［J］．宏观经济管理，2018（2）：49－55.

［89］刘长松．2019年联合国气候峰会有哪些亮点？［N］．中国环境报，2019－09－27.

［90］刘长松．城市安全、气候风险与气候适应型城市建设［J］．重庆理工大学学报（社会科学），2019，33（8）：21－28.

［91］刘长松．建设生态文明，维护生态安全［J］．世界环境，2019（5）：58－60.

［92］刘长松．气候变化与国家安全［J］．中国发展观察，2017（11）：20－22.

［93］刘长松．联合国气候安全问题最新进展及政策建议［J］．世界环境，2021（3）：49－53.

［94］刘长松．我国气候贫困问题的现状、成因与对策［J］．环境经济研究，2019，4（4）：148－162.

［95］卢璐，丁丁，邓红兵，严岩．气候变化：风险评价与应对策略［J］．

经济研究参考，2012（20）：19－22.

［96］彭黎明．风险社会视野下的气候变化风险探讨［J］．学理论，2011（13）：116－117.

［97］秦大河．气候变暖影响中国重大工程安全［EB/OL］．http：//finance. sina. com. cn/g/20070320/05093421406. shtml：2007－03－20.

［98］中华人民共和国2019年国民经济和社会发展统计公报［EB/OL］．http：//www. gov. cn/xinwen/2020－02/28/content_ 5484361. htm，2020－02－28.

［99］腾讯网．中国为何发表北极政策白皮书？北极对于中国越来越重要［EB/OL］．https：//new. qq. com/omn/20180126/20180126A0O89Y. html，2018－01－26.

［100］外交部网站，中国的北极政策［EB/OL］．https：//www. fmprc. gov. cn/web/ziliao_ 674904/tytj_ 674911/zcwj_ 674915/t1529258. shtml，2019－11－06.

［101］王玉洁，周波涛，任玉玉，孙丞虎．全球气候变化对我国气候安全影响的思考［J］．应用气象学报，2016，27（6）：750－758.

［102］王志芳．中国建设“一带一路”面临的气候安全风险［J］．国际政治研究，2015，36（4）：56－72.

［103］吴绍洪，潘韬，贺山峰．气候变化风险研究的初步探讨［J］．气候变化研究进展，2011，7（5）：363－368.

［104］习近平．推动全球治理体制更加公正更加合理为我国发展和世界和平创造有利条件［EB/OL］．http：//cpc. people. com. cn/n/2015/1014/c64094－27694665. html，2015－10－14.

［105］辛晨．气候变化与美国国家安全［D］．外交学院，2016.

［106］杨文博．环境变化视域下可持续安全观念建构研究［D］．辽宁大学，2017.

［107］张海滨．气候变化对中国国家安全的影响——从总体国家安全观的视角［J］．国际政治研究，2015，36（4）：11－36.

［108］张雪艳，何霄嘉，马欣．我国快速城市化进程中气候变化风险识别及其规避对策［J］．生态经济，2018，34（1）：138－140.

［109］张昭曦．奥巴马时期中美安全关系研究［D］．国际关系学院，2017.

［110］赵斌．新时代中国气候外交：挑战、风险与战略应对［J］．当代世界，2019（3）：30－35.

［111］赵行姝．特朗普政府初期美国军方管控气候风险及其行为逻辑[J]．国际安全研究，2018，36（3）：23－41.

［112］郑菲，孙诚，李建平．从气候变化的新视角理解灾害风险、暴露度、脆弱性和恢复力［J］．气候变化研究进展，2012，8（2）：79－83.

［113］郑国光，科学认知气候变化，高度重视气候安全［N］．人民日报，2014－11－24.

［114］郑艳．将灾害风险管理和适应气候变化纳入可持续发展［J］．气候变化研究进展，2012，8（2）：103－109.

［115］郑艳．适应型城市：将适应气候变化与气候风险管理纳入城市规划［J］．城市发展研究，2012，19（1）：47－51.

［116］中华人民共和国国务院新闻办公室．中国的北极政策［N］．人民日报，2018－01－27.

［117］抓住机遇推动实现可持续发展目标［J］．可持续发展经济导刊，2019（7）：6.